高等院校石油天然气类规划教材

油气储运设施腐蚀与防护

崔之健　史秀敏　李又绿　编著

石油工业出版社

内容提要

本书介绍了油气储运设施的腐蚀机理及所处的腐蚀环境，对各种腐蚀环境下的油气储运设施防护技术进行了探讨，从而使读者既能对整体油气储运设施的腐蚀与防护有所了解，又能为研究某个专题提供思路。全书共十章，主要内容包括腐蚀原理，腐蚀环境，腐蚀控制，长输管道的腐蚀与防护，金属油罐的腐蚀与防护，集输系统的腐蚀与防护，海上油气田的腐蚀与防护，城市配气管网的腐蚀与防护，以及腐蚀实验与腐蚀评价等技术。

本书体系完整、层次清楚，深度、广度适宜，可作为普通高校油气储运专业的教学用书，也可供从事油气储运设施腐蚀防护工作的工程技术人员参考。

图书在版编目（CIP）数据

油气储运设施腐蚀与防护/崔之健，史秀敏，李又绿编著．
北京：石油工业出版社，2009.8 （2021.8 重印）
高等院校石油天然气类规划教材
ISBN 978-7-5021-6828-5

Ⅰ．油…
Ⅱ．①崔…②史…③李…
Ⅲ．石油与天然气储运-设施-防腐
Ⅳ．TE97

中国版本图书馆 CIP 数据核字（2009）第 122547 号

出版发行：石油工业出版社
（北京安定门外安华里二区一号楼 100011）
网　址：www.petropub.com
编辑部：（010）64523612　图书营销中心：（010）64523633
经　销：全国新华书店
印　刷：北京中石油彩色印刷有限责任公司

2009 年 8 月第 1 版　2021 年 8 月第 7 次印刷
787×1092 毫米　开本：1/16　印张：13.5
字数：344 千字

定价：27.00 元
（如出现印装质量问题，我社图书营销中心负责调换）

前言

近些年来，我国油气储运工程防腐蚀技术有了很大的发展，在设计、施工和管理各个领域内的技术都日趋成熟，并在科研与生产应用上取得了比较大的成果。

《油气储运设施腐蚀与防护》一书是根据油气储运工程专业教学计划和人才培养要求编写的油气储运工程专业教材。本书本着理论与实际相结合的理念，从腐蚀原理、腐蚀环境、腐蚀控制、长输管道的腐蚀与防护、金属油罐的腐蚀与防护、集输系统的腐蚀与防护、海上油气田的腐蚀与防护、城市配气管网的腐蚀与防护，以及腐蚀实验与腐蚀评价等多方面入手，系统地研究了不同油气储运设施的腐蚀现象，并提出与之相对应的防护措施，反映了油气储运工程防腐蚀技术的新进展。作为教材，本书在内容编排上着重原理介绍，遵循循序渐进的原则，有利于课堂讲解和学生自学。本书内容适合40～60学时左右的课堂讲授。其他相关专业可根据不同教学学时的安排，对讲授内容作酌情选取。

本书由西安石油大学、中国石油大学（华东）、西南石油大学三所学校从事相关教学和科研的人员联合编写。其中第一章、第二章及第五章第四节由中国石油大学（华东）史秀敏编写，第三章第六节、第七章由西南石油大学李又绿编写，西安石油大学崔之健编写其余章节并对全书进行了统编。西安石油大学青年讲师徐士祺参加了部分章节的编写工作，研究生孟鹏、于加、张玮、贯鹏军等人参加了资料整理、打印、校对、绘图等工作。

本书在编写过程中参考、引用了许多专家、学者的著作和教材的相关内容，在此表示衷心的感谢。

由于编者水平所限，其中难免有不当和错误之处，敬请使用本教材的师生和广大读者批评指正。

编　者

2009年4月

目录

第一章　绪　论

随着石油工业的飞速发展，油气储运设施的建设也越来越快。由于腐蚀而造成储运设施的事故，不仅浪费了宝贵的石油资源，而且污染了环境，严重时对人民生命安全造成威胁。但是如果采取适当的防腐蚀措施，腐蚀不仅可以得到一定程度的控制，甚至是可以避免的。由于油气储运设施大多数采用金属材料制造，因此，油气储运设施的腐蚀主要是金属的腐蚀。

第一节　金属腐蚀的基本概念

金属材料是应用最广泛的工程材料，在使用过程中，它们将受到不同形式的直接或间接破坏。在所有可能遭受的破坏中，最常见也是最重要的破坏形式是断裂、磨损和腐蚀。目前这三种主要的破坏形式已分别发展成为三门独立的边缘性学科。

事实上，非金属也存在腐蚀问题。例如砖石的风化、木材的腐烂和塑料橡胶的老化等也都是腐蚀问题，这些腐蚀问题同样需要研究和解决。由于在腐蚀原理上，金属材料和非金属材料之间有很大的差别，而储运设施的腐蚀大多是金属的腐蚀，因此本教材只涉及金属的腐蚀问题。考虑到金属腐蚀的本质，通常把金属腐蚀定义为：金属与周围环境(介质)之间发生化学或电化学作用而引起的破坏或变质。由此可见，金属腐蚀是发生在金属与介质间的界面上。由于金属与介质之间发生化学或电化学多相反应，使金属从单质转变成离子状态，所以，金属及其环境所构成的腐蚀体系以及该体系中发生的化学和电化学反应就是金属腐蚀学的主要研究对象。

金属腐蚀学是在金属学、金属物理学、物理化学、电化学、力学等学科基础上发展起来的一门综合性边缘学科。学习和研究金属腐蚀学的主要目的和内容在于：

(1) 通过研究金属材料在腐蚀性环境中其界面或表面上发生的化学和电化学反应，探索腐蚀破坏的作用机理及普遍规律。不仅考察腐蚀过程热力学，而且要从腐蚀过程动力学方面研究腐蚀进行的速度及机理。

(2) 发展腐蚀控制技术及使用技术。腐蚀科学是一门工程应用科学，腐蚀基本理论研究的最终目的是为了控制腐蚀。因此腐蚀学科的任务包括研究腐蚀过程和寻找有效的腐蚀控制方法。

(3) 研究和开发腐蚀测试和监控技术，制定腐蚀鉴定标准和实验方法。

第二节　金属腐蚀的分类

由于金属腐蚀的多样性，因此有不同的分类方法。最常见的是从下列不同角度进行分类：腐蚀环境；腐蚀机理；腐蚀形态；金属材料类型；应用场合；防护方法。

腐蚀分类按腐蚀环境分类最合适。腐蚀环境可分为潮湿环境、干燥气体和熔融盐等。不同的腐蚀环境也意味着不同的机理：潮湿环境下属电化学机理，干燥气体中为化学机理，熔融盐中为物理机理。而且各种腐蚀试验的研究方法主要取决于腐蚀环境。按腐蚀形态分类，如点蚀、缝隙腐蚀、应力腐蚀断裂等，属于进一步的分类。按金属材料类型分类，在手册中是常见的，也是较为实用的，但从分类学观点看，效果不好。按应用场合分类，实为按环境分类的特殊应用。按防护方法分类，则是从防腐蚀出发，根据采取措施的性质进行分类，如：改变金属材料本身(如改变材料组成或组织结构，研发耐蚀合金)；改变腐蚀介质(如加入缓蚀剂，改变介质的 pH 值等)；改变金属/介质体系的电极电位(如阴极保护和阳极保护)；借助表面涂层把金属与腐蚀介质隔开。下面重点介绍前三种分类方法。

一、按腐蚀环境分类

(一) 干腐蚀

(1) 失泽。金属在露点以上的常温干燥气体中腐蚀，生成很薄的表面腐蚀产物，使金属失去光泽，属于化学腐蚀范畴。

(2) 高温氧化。金属在高温气体中腐蚀，在金属表面有时生成一层很厚的氧化皮，氧化皮在热应力或机械应力作用下可能引起剥落，属于高温腐蚀范畴。

(二) 湿腐蚀

湿腐蚀主要是指潮湿环境和含水介质中的腐蚀。常温腐蚀一般属于这一种，属于电化学腐蚀机理。湿腐蚀又可分为以下两类：

(1) 自然环境下的腐蚀，如大气腐蚀、土壤腐蚀、海水腐蚀等。

(2) 工业介质中的腐蚀，如酸、碱、盐溶液中的腐蚀，工业水中的腐蚀，高温高压水中的腐蚀。

(三) 无水有机液体和气体中的腐蚀

这种腐蚀属于化学腐蚀范畴，包括以下两类：

(1) 卤代烃中的腐蚀，如 Al 在 CCl_4 和 $CHCl_3$ 中的腐蚀。

(2) 醇中的腐蚀，如 Al 在乙醇中的腐蚀，Mg 和 Ti 在甲醇中的腐蚀。

这类腐蚀介质不管是液体还是气体，都是非电解质，腐蚀反应都是相同的。

除了以上三种，还包括熔盐和熔渣中的腐蚀(电化学腐蚀)，熔融金属中的腐蚀(物理腐蚀)，在此不再详述。

二、按腐蚀机理分类

(一) 化学腐蚀

化学腐蚀是指金属表面与非电解质直接发生纯化学作用而引起的破坏。其反应历程的特点是金属表面的原子与非电解质中的氧化剂直接发生氧化还原反应，形成腐蚀产物。腐蚀过程中电子的转移是在金属与氧化剂之间直接进行的，因而没有电流的产生。

纯化学腐蚀的情况并不多，主要为金属在无水的有机液体和气体中腐蚀以及在干燥气体中的腐蚀。

金属的高温氧化，在 20 世纪 50 年代前一直作为化学腐蚀的典型例子。但在 1952 年，瓦格纳(C. Wagner)根据氧化膜的近代观点提出，高温气体中金属的氧化最初是一种化学反应，但随后膜的生长过程则属于电化学机理。这是因为金属表面的介质已从气相改变成既能电子导电，又能离子导电的半导体氧化膜。金属在阳极(金属/膜界面)离解后，通过膜把电子传递给膜表面上的氧，使其还原变成氧离子(O^{2-})，而氧离子和金属离子在膜中又可以进行离子导电，即氧离子向阳极(金属/膜界面)迁移和金属离子向阴极(膜/气相界面)迁移，或在膜中进行第二次化合。所有这些均已超出化学腐蚀的范畴，故现在已不再把金属的高温氧化视为单纯的化学腐蚀了。

(二) 电化学腐蚀

电化学腐蚀是指金属表面与离子导电的介质(电解质)发生电化学反应而引起的破坏。任何以电化学机理进行的腐蚀反应至少包含有一个阳极反应和阴极反应，并以金属内部的电子流和介质中的离子流形成电流回路。阳极发生氧化反应，即金属离子从金属转移到介质中，并将电子留在金属上；阴极发生还原反应，即介质中的氧化剂吸收来自阳极的电子。例如，碳钢在酸中的腐蚀，在阳极区铁被氧化为 Fe^{2+} 离子，所放出的电子由阳极(Fe)流至阴极(钢中杂质 Fe_3C)上被 H^+ 离子吸收而还原成氢气，即

阳极反应：

$$Fe \longrightarrow Fe^{2+} + 2e$$

阴极反应：

$$2H^+ + 2e \longrightarrow H_2 \uparrow$$

总反应：

$$Fe + 2H^+ \longrightarrow Fe^{2+} + H_2 \uparrow$$

可见，与化学腐蚀不同，电化学腐蚀的特点在于它的工作历程可分为两个相对独立并可同时进行的过程。在腐蚀的金属表面上，由于存在着在空间或时间上分开的阳极区和阴极区，腐蚀反应过程中电子通过金属从阳极区传递到阴极区，其结果必有电流产生。电化学腐蚀而产生的电流与反应物质的转移，通过法拉第定律定量地联系起来。

由上述电化学机理可知，金属的电化学腐蚀实质上是短路的原电池作用的结果。这种原电池称为腐蚀原电池，简称腐蚀电池。电化学腐蚀是最普通，也最为常见的腐蚀。金属在大气、海水、土壤和其他各种电解质溶液中的腐蚀都属此类。电化学作用既可单独引起金属的腐蚀，又可和机械作用、生物作用共同导致金属腐蚀。当金属受应力的同时受到电化学作用时，可引起应力腐蚀断裂。金属在交变应力和电化学共同作用下，可引起腐蚀疲劳。若金属同时受到机械磨损和电化学作用，则可引起磨损腐蚀。微生物与电化学的共同作用，引起微生物腐蚀，也称细菌腐蚀。

(三) 物理腐蚀

物理腐蚀是指金属由于单纯的物理溶解作用而引起的破坏。熔融金属中的腐蚀就是固态金属与熔融金属(如铅、锌、钠、汞等)相接触引起的金属溶解或开裂。这种腐蚀不是由于化学反应，而是由于物理溶解作用，形成合金，或液态金属渗入晶间造成的。热浸锌用的铁

锅，由于液态锌的溶解作用，可使铁锅腐蚀。

三、按腐蚀形态分类

（一）全面腐蚀

全面腐蚀是指腐蚀发生在整个金属表面，但各点的腐蚀速率不一定相同。如果各处的腐蚀速率相同，则为均匀腐蚀，否则就为不均匀腐蚀。碳钢在强酸、强碱中发生的腐蚀属于全面腐蚀。

（二）局部腐蚀

局部腐蚀是指腐蚀的发生局限在金属表面上的特定区域或部位上，主要包括：

1. 点蚀

这种破坏主要集中在某些活性点上，并向金属内部深处发展。通常其腐蚀深度大于蚀坑的直径。若坑口直径大于蚀坑的深度时，又称坑蚀。坑蚀和点蚀并没有严格的界限。不锈钢和铝合金在含有氯离子的溶液中常呈现这种破坏形式。

2. 缝隙腐蚀

由于同种金属或异种金属相接触，或是金属与非金属相接触而金属在腐蚀介质中，形成了特定宽度的缝隙。缝隙中受腐蚀的程度远大于金属表面的其他区域。这种腐蚀通常是由于缝隙中氧的缺乏、缝隙中酸度的变化和缝隙中某种离子的累积而造成的。缝隙腐蚀是一种很普遍的现象，几乎所有的金属材料都有可能发生缝隙腐蚀。法兰连接面、螺母紧压面、搭接面、焊缝气孔、锈层下以及沉积在金属表面上的淤泥、积垢、杂质都会形成缝隙而引发缝隙腐蚀。

3. 电偶腐蚀

当两种不同的金属在同一环境中相接触，组成电偶并产生电流的流动，从而造成电偶腐蚀。电偶腐蚀也称双金属腐蚀或接触腐蚀。

4. 晶间腐蚀

晶间腐蚀是发生在金属或合金晶间处的一种选择性腐蚀。晶间腐蚀会导致强度和延性的下降，因而造成金属结构的损坏甚至引发事故。晶间腐蚀是由于在某些条件下晶间非常活泼，如晶间处有杂质，或晶间区某一合金元素增多或减少，导致晶粒与晶间的电位不同。

（三）应力作用下的腐蚀

应力作用下的腐蚀易造成以下几种破坏：

（1）应力腐蚀断裂；

（2）氢脆和氢致开裂；

（3）腐蚀疲劳；

（4）磨损腐蚀。

第三节　金属腐蚀程度的表示方法

金属腐蚀程度的大小，根据腐蚀破坏形式的不同，有各种不同的评定方法。对于全面腐蚀来说，通常用平均腐蚀速率来衡量。腐蚀速率可用失重法(或增重法)、深度法和电流密度法来表示。

一、失重法和增重法

金属腐蚀程度的大小可用腐蚀前后试样质量的变化来评定。由于在生活和贸易中，人们习惯把质量称为重量，因此根据质量变化评定腐蚀速率的方法习惯上仍称为“失重法”或“增重法”。

失重法就是根据腐蚀后试样质量的减小，用下式计算腐蚀速率：

$$v_{-}=\frac{m_0-m_1}{St} \tag{1-1}$$

式中　v_{-}——腐蚀速率，$g/(m^2 \cdot h)$；

m_0——腐蚀前试样的质量，g；

m_1——清除腐蚀产物后试样的质量，g；

S——试样表面积，m^2；

t——腐蚀时间，h。

这种方法适用于均匀腐蚀，而且腐蚀产物完全脱落或很容易从试样表面清除掉的情况。

当腐蚀后试样质量增加且腐蚀产物牢固地附着在试样表面时，可用增重法，用下列公式计算腐蚀速率：

$$v_{+}=\frac{m_2-m_0}{St} \tag{1-2}$$

式中　v_{+}——腐蚀速率，$g/(m^2 \cdot h)$；

m_2——带有腐蚀产物的试样的质量，g。

二、深度法

在工程上，构件腐蚀变薄的程度直接影响构件的使用寿命，更具有实际意义。但以质量变化表示的腐蚀速率没有把腐蚀深度表示出来，而且在衡量不同密度金属的腐蚀程度时，用腐蚀深度来表示腐蚀速率也更适用。

将金属失重腐蚀速率换算为腐蚀深度的公式为：

$$v_1=8.76\frac{v_{-}}{\rho} \tag{1-3}$$

式中　v_1——腐蚀深度表示的腐蚀速率，mm/a；

v_{-}——失重腐蚀速率，$g/(m^2 \cdot h)$；

ρ——金属的密度，g/cm^3。

根据金属年腐蚀深度的不同，可将其耐蚀性按十级标准(表 1－1)和三级标准(表 1－2)分类。

表 1-1　金属腐蚀性十级标准

耐蚀性分类		耐蚀性等级	腐蚀速率，mm/a
Ⅰ	完全耐蚀	1	<0.001
Ⅱ	很耐蚀	2	0.001～0.005
		3	0.005～0.01
Ⅲ	耐蚀	4	0.01～0.05
		5	0.05～0.1
Ⅳ	尚耐蚀	6	0.1～0.5
		7	0.5～1.0
Ⅴ	欠耐蚀	8	1.0～5.0
		9	5.0～10.0
Ⅵ	不耐蚀	10	>10.0

表 1-2　金属耐蚀性三级标准

耐蚀性分类	耐蚀性等级	腐蚀速率，mm/a
耐蚀	1	<0.1
可用	2	0.1～1.0
不可用	3	>1.0

三、电流密度法

电化学腐蚀中，腐蚀的标志是阳极金属的溶解。根据法拉第定律，每通过的电量为 1F，即 96500C 的电量，阳极溶解金属的物质的量为 $1/n$mol。若电流强度为 I，通电时间为 t，则通过的电量为 It。阳极所溶解的金属 Δm 为：

$$\Delta m = \frac{AIt}{nF} \tag{1-4}$$

式中　A——金属的相对原子质量；

n——金属的价数，即金属阳极反应方程式中的电子数；

F——法拉第常数，$F=96500\text{C/mol}$。

对于均匀腐蚀来说，整个金属表面积 S 可看成阳极面积，故腐蚀电流密度 i_{corr} 为 I/S。因此可由式（1-4）求出腐蚀速率 v_- 与腐蚀电流密度 i_{corr} 间的关系：

$$v_- = \frac{\Delta m}{St} = \frac{Ai_{corr}}{nF} \tag{1-5}$$

由此可见，腐蚀速率与腐蚀电流密度成正比，因此可用腐蚀电流密度 i_{corr} 表示金属的电化学腐蚀速率。若 i_{corr} 的单位取 $\mu A/cm^2$，金属密度的单位取 g/cm^3，则失重腐蚀速率与腐蚀电流密度间的关系为：

$$v_- = 3.73 \times 10^{-4} \frac{Ai_{corr}}{n} \tag{1-6}$$

以腐蚀深度表示的腐蚀速率与腐蚀电流密度的关系为：

$$v_1 = \frac{\Delta m}{St\rho} = \frac{Ai_{corr}}{nF\rho} \tag{1-7}$$

若 i_{corr}的单位为 $\mu A/cm^2$，ρ 的单位为 g/cm^3，则：

$$v_1 = 3.27 \times 10^{-3} \frac{Ai_{corr}}{n\rho} \quad (1-8)$$

若 i_{corr}的单位为 A/m^2，ρ 的单位仍取 g/cm^3，则：

$$v_1 = 0.327 \frac{Ai_{corr}}{n\rho} \quad (1-9)$$

必须指出，金属的腐蚀速率一般随时间而变化。腐蚀试验时，应测定腐蚀速率随时间的变化规律，选择合适的时间以测得稳定的腐蚀速率。

局部腐蚀速率及其耐蚀性的评定比较复杂，一般不能用上述方法表示腐蚀速率。

第四节　研究金属腐蚀和油气储运系统防腐蚀的重要性

在国民经济各部门中，都离不开金属材料。金属材料的生产已成为国力强弱的标志之一，我国已成为全球金属材料的生产大国。但消耗了相当能量而获得的金属材料，除某些贵金属外，在自然条件（大气、天然水体、土壤）或人为条件（酸、碱、盐及其他介质）下，每时每刻发生着腐蚀。其根本原因是因为这些金属材料处于热力学的不稳定状态，一旦有可能，它们就要恢复到原来在自然界中相对稳定的化合物状态。

金属腐蚀遍及国民经济和国防建设各个领域，危害十分严重。首先，腐蚀会造成重大的直接或间接的经济损失。据工业发达国家的统计，因腐蚀造成的经济损失约占当年国民经济生产总值的 1.5%～4.2%。美国国会 1978 年发表的数字表明，1975 年美国因腐蚀造成的经济损失约 700 亿美元，为美国当年生产总值的 4.2%。我国尚未进行全国性的腐蚀调查，但据 1981 年国家科委腐蚀科学学科第三分组对全国 10 家化工企业的腐蚀损失调查表明，1980 年这些企业因腐蚀造成的经济损失约为其当年生产总值的 3.9%。

其次，金属腐蚀特别是应力腐蚀破裂和腐蚀疲劳，往往会造成灾难性事故，危及人身安全。例如，1965 年 3 月，美国一条输气管道因应力腐蚀破裂而着火，造成 17 人死亡。1980 年 3 月，北海油田一采油平台发生腐蚀疲劳破坏，致使 123 人丧生。1985 年 8 月 12 日，日本一家波音 747 客机因应力腐蚀断裂而坠毁，死亡 500 余人。

再者，腐蚀不仅损耗大量金属，而且浪费了大量能源。据统计每年因腐蚀要损耗10%～20%的金属。另外，石油、化工、农药等工业生产中，因腐蚀所造成的设备跑、冒、滴、漏，不仅造成经济损失，还可能产生有毒物质的泄漏，造成环境污染，危及人民的身体健康。同时，腐蚀还可能成为生产发展和科技进步的障碍。例如，法国的拉克气田 1951 年因设备发生 H_2S 应力腐蚀破裂得不到解决，不得不推迟到 1957 年才全面开发。美国的阿波罗登月飞船储存 N_2O_4 的高压容器曾发生应力腐蚀破裂，若不是及时研究出加入 0.6%NO 解决这一问题，登月计划将推迟若干年。

腐蚀是影响管道系统可靠性及其使用寿命的关键因素。据美国国家输送安全局统计，美国 45%管道损坏是由外壁腐蚀引起的。我国的地下油气管道投产 1～2a 后即发生腐蚀穿孔的情况已屡见不鲜。它不仅造成因穿孔而引起的油、气、水泄漏损失以及由于维修所带来的材料和人力上的浪费、停工停产所造成的损失，而且还可能因腐蚀引起火灾。特别是天然气管道因腐蚀引起的爆炸，威胁人身安全，污染环境，后果极其严重。

埋地管道是埋在地下的最大的钢铁构件，可长达几千公里，要穿越各种不同类型的土壤和河流湖泊。土壤冬、夏季的冻结与融化，地下水位变化，以及杂散电流等复杂的地下条件是造成外腐蚀的环境。管道内输送介质的腐蚀性差异也很大。例如输送天然气时含有有害物质 H_2S 和 CO_2，输送原油时含有 S 和 H_2O，成品油中含有 O_2 和 H_2O，这些都是造成管道内腐蚀的环境。

腐蚀也是影响油气储存系统安全及其使用寿命的一个关键因素。钢质储罐遭受内、外环境介质的腐蚀。内腐蚀是由储存介质(油、气、水)、罐内积水及罐内空间部分的凝积水汽的作用造成的。储罐腐蚀造成产品的损失、污染环境，将带来很高的维修费用、土壤净化费用和巨大的环保处罚。

油气田集输系统的腐蚀也十分严重。据统计，仅 1992 年，中原油田 11 座联合站因腐蚀而不同程度地改造 47 座次，生产系统腐蚀速率高达 1.5～3mm/a。1989～1992 年三年中，中原油田单井管线腐蚀穿孔 1889 次，报废管线 7 条共 33.95km，集油支线穿孔 825 次，报废 9.63km，有 47 条集油干线发生腐蚀穿孔，已报废 55.68km。

综上所述，油气储运系统腐蚀的危害很大。因此，重视油气储运系统中腐蚀问题，防止和减轻腐蚀，不仅有显著的经济效益，而且还有巨大的社会效益。作为油气储运工作者，除了具有丰富的油气储存和运输的专业知识外，还要掌握先进的防腐蚀技术，真正做到安全、保质、保量储存和运输油气资源。

第二章　电化学腐蚀的基本原理

金属材料与电解质溶液相接触时，在界面上将发生有自由电子参加的广义氧化和还原反应，结果导致接触处的金属变为离子、络离子而溶解，或者生成氢氧化物、氧化物等稳定化合物，从而破坏了金属原有的特性。这个过程称为电化学腐蚀，实质上是以金属为阳极的腐蚀原电池过程。

第一节　腐蚀原电池

一、原电池

最简单的原电池就是我们日常生活中使用的干电池。它是由中心碳棒(正电极)、外包锌皮(负电极)及两极间的电解质(NH_4Cl)溶液所组成。当外电路接通时，灯泡发光。电极过程如下：

阳极(锌皮)上发生氧化反应，使锌离子化：

$$Zn \longrightarrow Zn^{2+} + 2e$$

阴极(碳棒)上发生消耗电子的还原反应：

$$2H^{+} + 2e \longrightarrow H_2$$

随着反应的不断进行，锌不断地被离子化，释放电子，在外电路中形成电流。锌离子化的结果，是锌被腐蚀掉。

在进一步讨论原电池反应前，先来讨论电极系统的概念。

电极系统有两个相组成，一个是电子导体，称为电子导体相，另一个是离子导体，称为离子导体相，且当有电荷通过它们互相接触的界面时，有电荷在两相间转移。电极系统的主要特征是：伴随着电荷在两相之间的转移，不可避免地同时在两相界面上发生物质的变化——由一种物质变为另一种物质，即化学变化。因为电极系统中相接触的是两种不同类型的导体，电荷势必要从一个相穿越界面转移到另一个相中，这一过程必然要依靠两种不同的荷电粒子(电子和离子)之间互相转移电荷来实现。这个过程也就是物质得到或释放电子的过程，而这正是电化学变化的基本特征。

因此，电极反应可定义为：在电极系统中，伴随着两种非同类导体相之间的电荷转移，两相界面上所发生的电化学反应。

电极系统和电极反应的区别是明显的，那么电极的含义是什么呢？实际上，所谓电极，在电化学中因不同场合有两种不同的含义：第一种含义是仅指组成电极系统的电子导体相或电子导体材料，因此铜电极是指金属铜，锌电极是指金属锌。此外，常遇到的铂电极、汞电极和石墨电极等也都是这种含义。另一种含义是指电子导体和离子导体组成的体系，它由一连串的“相”所组成，一般情况是一端相为金属，另一端相为电解质，以金属/溶液表示之。例如 $Cu/CuSO_4$ 称为铜电极，$Zn/ZnSO_4$ 称为锌电极。

原电池的电化学过程是由阳极的氧化过程、阴极的还原过程以及电子的转移过程组成，电子和离子的运动构成了电回路。

二、腐蚀原电池及其化学反应

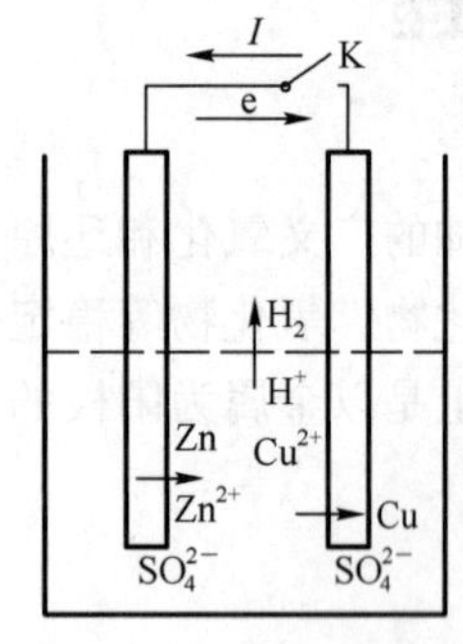

图 2－1　腐蚀原电池

腐蚀原电池实质上是一个短路原电池，即电子回路短接，电流不对外作功（如发光等），自耗于腐蚀电池内的阴极的还原反应中。将锌与铜接触并置于盐酸的水溶液中，就构成了以锌为阳极，铜为阴极的原电池，如图 2－1 所示。阳极锌失去的电子流向与锌接触的阴极铜，并与阴极铜表面溶液中的氢离子结合，形成氢原子并聚合成氢气逸出。将一块金属置于电解质溶液中，同样也会发生氧化、还原反应，组成腐蚀原电池，只不过金属的表面既是阳极又是阴极，而且阴、阳极很难用肉眼去分辨。

不论是何种类型的腐蚀原电池，它必须包括阳极、阴极、电解质溶液和电路这四个不可分割的组成部分，缺一不可。这四个组成部分构成了腐蚀原电池工作的三个必需的环节，即：

（1）阳极过程——金属溶解，以离子形式进入溶液，同时把等量的电子留在金属上。

（2）电流的流动——电流的流动在金属中是依靠电子从阳极经导线流向阴极，在电解质溶液中则是依靠离子的迁移。

（3）阴极过程——通过外电路从阳极流过来的电子被溶液中的氧化剂所吸收。

腐蚀原电池的三个环节既相互独立又彼此紧密联系和相互依靠。只要其中一个环节受阻而停止工作，则整个腐蚀过程也就停止。可以清楚地看出，一个遭受腐蚀的金属表面上至少同时要进行两个电极反应，其中一个是金属阳极的溶解反应，另一个是氧化剂的还原反应。此外，在阳极过程和阴极过程中的产物还会因扩散作用使其在相遇处有可能导致腐蚀次生反应的发生，形成难溶性产物。

如果将锌片放入盐酸溶液中，立即就会发现有气体逸出，锌溶解并形成氯化锌。化学反应方程式为：

$$Zn + 2HCl \longrightarrow ZnCl_2 + H_2 \uparrow$$

离子方程式为：

$$Zn + 2H^+ \longrightarrow Zn^{2+} + H_2 \uparrow$$

即锌被氧化成锌离子(Zn^{2+})，而氢离子被还原成氢气。

上述反应也可以写成两个局部反应：

氧化(阳极)反应

$$Zn \longrightarrow Zn^{2+} + 2e$$

还原(阴极)反应

$$2H^+ + 2e \longrightarrow H_2 \uparrow$$

两个反应在金属锌表面上同时进行，阳极产生的电子和阴极消耗电子的速度相同。原电池的阳极反应可写成通式：

$$Me \longrightarrow Me^{n+} + ne$$

每个反应中单个原子产生的电子数（n）等于金属的价数。腐蚀原电池的阴极反应可写成通式：

$$D + ne \longrightarrow [D \cdot ne]$$

其中 D 为能吸收电子的物质。除 H^+ 外，能吸收电子发生还原反应还有：

$O_2 + 4H^+ + 4e \longrightarrow 2H_2O$ （在含氧的酸性溶液中）

$O^{2+} + 2H_2O + 4e \longrightarrow 4OH^-$ （在含氧的中性、碱性溶液中）

$Me^{m+} + (m-n)\ e \longrightarrow Me^{n+}$ （金属离子的还原反应，$m>n$）

$Me^{n+} + ne \longrightarrow Me$ （金属的沉积反应）

在金属和合金的实际腐蚀中，可以是一个以上的氧化反应，也可以产生一个以上的还原反应。如工业盐酸中常见的杂质是 $FeCl_3$，腐蚀过程中的三价铁离子比氢离子更容易消耗电子，因此在工业盐酸中发生腐蚀，同时有 Fe^{3+} 和 H^+ 的还原反应。

三、宏观电池和微观电池

腐蚀原电池由阴极和阳极组成。根据电极的大小是否可以用肉眼分辨，可将腐蚀原电池分为宏观电池和微观电池两种。

（一）宏观电池

用肉眼能明显看到的、由不同电极组成的腐蚀原电池称为宏观电池。常见的有电偶电池、浓差电池和温差电池。

1. 电偶电池

当两种具有不同电极电位的金属或合金相互接触(或用导线连接起来)，并处于电解质溶液中时，电位较负的金属遭受腐蚀，而电位较正的金属却得到保护，这种腐蚀电池称为电偶电池。如轮船的船体是钢，推进器是青铜制成，铜的电位比钢正，所以海水中航行的轮船，其船体受到腐蚀。

形成电偶腐蚀的主要原因是异类金属或合金的电位差。电偶电池中两种金属的电极电位相差越大，电偶腐蚀越严重。除此之外，阴、阳极的面积比和周围电解质的导电性及温度等对腐蚀均有一定的影响。

2. 浓差电池和温差电池

同类金属或合金浸于同一电解质溶液中，由于溶液的浓度、温度或介质与电极表面处相对不同，可构成浓差或温差电池。

1）盐浓差电池

将一长铜棒的一端与稀的硫酸铜溶液接触，另一端与浓的硫酸铜溶液接触，则与稀硫酸铜接触的一端因其电极电位较负，作为电池的阳极将遭受腐蚀。而与浓硫酸铜接触的一端因其电极电位较正，作为电池的阴极，铜离子将在这一端的铜棒表面上析出。电池组成如下表示：

$$(-)\ Cu \mid CuSO_4(稀) \parallel Cu \mid CuSO_4(浓)\ (+)$$

在稀 $CuSO_4$ 溶液中，Cu 电极作为阳极，反应方程式为：

$$Cu \longrightarrow Cu^{2+} + 2e$$

在浓 $CuSO_4$ 溶液中，Cu 电极作为阴极，反应方程式为：

$$Cu^{2+} + 2e \longrightarrow Cu$$

铜离子被还原沉积在电极表面上。

2）氧浓差电池

氧浓差电池是由于金属与含氧量不同的溶液相接触而形成的。位于高氧浓度区域的金属为阴极，位于低氧浓度区域的金属为阳极，阳极金属将被溶液腐蚀。地下管道腐蚀的主要形式是氧浓差电池。据调查某输油管道曾发生过 186 次腐蚀穿孔，其中 164 次发生在管道下部，而且主要发生在粘土地带。由于粘土和管道的下部都是相对氧浓度较低处，所以这个例子中管道的腐蚀就是由氧浓差电池造成的。海船的水线腐蚀也属于氧浓差电池。

3）温差电池

金属处于不同温度的电解质溶液的情况下往往形成这类电池。它常常发生在换热器、浸入式加热器以及其他温度相差较大的设备中。Cu 在硫酸盐的水溶液中，高温端为阴极，低温端为阳极。组成温差电池后，低温端的阳极溶解，高温端得到保护。而 Fe 在盐溶液中却是热端为阳极，冷端为阴极，因此热端被腐蚀。例如检修钢换热器时，可发现其高温端比低温端腐蚀严重，这正是由温差电池造成的。

（二）微观电池

微观电池是用肉眼难以分辨出电极的极性，但确实存在氧化还原反应过程的原电池。微观电池是因金属表面电化学的不均匀引起的。不均匀性的原因是多方面的：

1. 金属化学成分不均匀

一般工业纯的金属中常含有杂质，如碳钢中有 Fe_3C、铸铁中有石墨、锌中含铁等等。当这类金属与电解质溶液接触时，金属中的杂质则以微电极的形式与基体金属构成了许许多多短路的微电池。倘若杂质作为微阴极，就会加速基体金属的腐蚀；反之，若杂质作为微阳极，则基体金属就会减缓腐蚀而受到保护。碳钢中的 Fe_3C、铸铁中的石墨都是微阴极，它们会加速碳钢和铸铁的腐蚀。

2. 金属组织不均匀

金属和合金的晶粒与晶间的电位不同，晶间是缺陷、杂质、合金元素富集的地方，导致它比晶内更为活泼，具有更负的电极电位。这样晶间成为阳极，晶粒作为阴极，构成微观电池，发生沿晶腐蚀。单相固溶体结晶时，由于成分偏析，形成贵金属富集区和贱金属富集区，贵金属富集区成为阴极，贱金属富集区成为阳极，构成微观电池。除此以外，合金存在第二相时，多数情况下第二相充当阴极，加速基体腐蚀。

3. 物理状态不均匀

金属在加工过程或使用过程中往往产生部分变形或受力不均匀，以及在热加工冷却过程中引起的热应力和相变产生的组织应力等。变形和应力大的部位，其负电性增强，常成为微观电池的阳极而受到腐蚀。另外，温差、光照的不均匀性也会引起微观电池的形成。

4. 金属表面膜的不完整

金属的表面一般都存在一层初生膜。如果这种膜不完整、有孔隙或破损，则孔隙或破损处的金属相对于表面膜来说，电位较负，成为微观电池的阳极。这是导致小孔腐蚀和应力腐蚀的主要原因。

5. 周围介质不均匀性

由于周围的电解质从组成、浓度、温度、流速上等等有微小的差异，形成微观电池。

在生产实际中，想使整个金属表面的物理和化学性质、金属各部位所接触的介质的物理和化学性质完全相同，使金属表面各点的电极电位完全相同是不可能的。由于种种因素使得金属表面的物理化学性质存在着差异，使金属表面上各部位的电位不相等，这就是所谓的电化学不均匀性。它是形成腐蚀原电池的基本原因，但并不是导致电化学腐蚀过程发生的必要条件。金属在溶液中发生电化学腐蚀，其根本原因是溶液中存在着能使金属氧化成为离子或化合物的氧化剂，它在还原反应中的平衡电位必须高于金属电极氧化反应的平衡电位。

综上所述，腐蚀原电池的原理与一般原电池的原理相同，只不过腐蚀原电池是外电路短接的电池。它在工作中也产生电流，只是其电能不能被利用，只能以热的形式散失，工作的结果是金属的腐蚀。

第二节　双　电　层

自然界中除少数贵金属外，很多金属和合金均有自发腐蚀的倾向。同样环境下，有的金属经久耐用，有的金属则迅速被破坏，这与金属在环境中的电极电位有关，而电极电位实际上是度量金属与电解质之间的双电层大小的一种物理量。

一、双电层的形成

金属是由具有一定结合力的原子或离子结合而成的晶体。晶体点阵上的质点离开点阵需要能量，需要外力作功。任何一种金属与电解质溶液相接触时，其界面上的原子(或离子)之间必然发生相作用，形成双电层。

(一) 离子双电层

金属电极与电解质溶液接触，可以自发形成双电层，也可以在外电源作用下强制形成。自发形成双电层的过程非常迅速，一般可以在百万分之一秒内完成。

1. 电负性离子双电层

金属表面上的金属正离子，由于受到溶液中极性水分子的水化作用，克服了晶体中原子间的结合力，而进入溶液被水化成阳离子。这样在 Me/溶液的相界面上就发生了带电粒子在金属相和溶液相之间的转移过程，有下面的反应发生：

$$Me^{n+}\cdot ne(\text{在金属上})+mH_2O\longrightarrow Me^{n+}\cdot mH_2O(\text{在溶液中})+ne(\text{在金属上}) \quad (2-1)$$

并且瞬时达到平衡。一方面极性水分子吸引金属晶格中的 Me^{n+} 离子，另一方面，金属中的电子阻止 Me^{n+} 迁出晶格，作用的结果是：晶格中有一部分具有较高能量 Me^{n+} 摆脱自由电子的库仑力，进入溶液，并将电子留在金属上，形成金属侧带负电、溶液侧带正电的结果。进入溶液的 Me^{n+} 由于表面过剩电子的库仑引力的作用，不能离开很远，只能在电极表面附近。双电层的建立，引起了电位差，这种电位差对 Me^{n+} 继续进入溶液有阻滞作用，相反有利于 Me^{n+} 返回金属表面。这两个相反的过程的速度逐渐趋于相等时，即达到动态平衡状态，最终在相界面建立起稳定的离子双电层，离子双电层就这样自发形成了。

电负性较强的金属(如锌、镉、镁、铁等)在酸、碱、盐类的溶液中都形成这种类型的双电层。

2. 电正性离子双电层

当极性水分子对 Me^{n+} 的吸引力小于自由电子对 Me^{n+} 的库仑力时，就不能使 Me^{n+} 脱离金属。相反，电解质中部分阴离子却沉积在金属表面上，使紧靠金属的溶液层中积累了过剩的阴离子，使溶液带负电，而金属带正电。正电性金属在含有正电性金属离子的溶液中形成这类双电层，如铜在铜盐溶液中，汞在汞盐溶液中，铂在铂盐溶液中或金银盐溶液中。

由此可见，离子双电层的建立是带电粒子在相界面上迁移的结果。产生迁移的推动力是带电粒子在两相中的电化学位不等，带电粒子自动从电化学位高的相转入电化学位低的另一相。通过带电粒子的转移，使得它们在两相中的电化学位逐步趋于相等。当电化学位相等时，不存在带电粒子的净迁移，此时在两相间建立了稳定的动态平衡。例如，锌电极上，金属锌上 Zn^{2+} 电化学位高于溶液中 Zn^{2+} 电化学位，所以 Zn^{2+} 从金属锌上转移进入溶液，即金属锌溶解，发生氧化反应：

$$Zn \longrightarrow Zn^{2+} + 2e$$

结果金属表面带负电，溶液带正电。而铜在铜盐溶液中，由于金属铜上 Cu^{2+} 电化学位低于溶液中 Cu^{2+} 电化学位，所以 Cu^{2+} 将从溶液转移进入金属铜上，即金属铜沉积，发生还原反应：

$$Cu^{2+} + 2e \longrightarrow Cu$$

结果金属表面带正电，溶液带负电，形成离子双电层。

(二) 偶极双电层

偶极水分子在“电极/溶液”界面上的竞争吸附形成双电层，极性水分子在界面的吸附取向受电极表面带电状态的影响。如果电极表面带负电荷，则极性水分子带正电的一端朝向金属电极；反之，若电极表面带正电，则极性水分子带负电的一端朝向金属电极。这两种情况形成的双电层电位差较大。当电极不带电时，水的定向排列的随机性大，定向吸附能力最弱，最易被无机阳离子及中性分子取代。

1. 吸附双电层

1) 无机阴离子吸附双电层

无机阴离子如 Cl^-、F^-、Br^-、I^-、CN^- 及 SO_4^{2-} 等都可能发生特征吸附，即非库仑力吸附，排挤掉部分电极表面的水偶极子，直接靠到电极的表面。如果电极表面带过剩正电荷，则这种具有特征吸附的阴离子的电荷量将大于电极表面正电荷的数量，所以又称超级吸附。如果电极表面带过剩负电荷，并不影响阴离子的特征吸附，它们仍然可以被吸附到紧靠电极表面的液层中。由于它们的吸附并不依靠库仑力的作用，而是由近程力引起的，阴离子水化程度低，易冲破水化外壳，被特征吸附于表面，所以大多数阴离子都有比阳离子更强的特征吸附能力。

2）氧电极和氢电极双电层

当氧原子和氢原子被吸附于电极表面时，形成氧电极和氢电极。因为氧是强氧化剂，有夺取电子的能力，因此本身在一定程度上带负电，所以金属带正电。至于氢原子，众所周知，它是强还原剂，被吸附的氢原子中的电子有向金属表面转移的趋势，故在一定程度上使金属侧带负电，吸附的氢原子带上正电荷。

由以上双电层的建立过程可以看出，金属本身是电中性的，电解质溶液也是电中性的。但当金属以阳离子形式进入溶液时，溶液中的正离子沉积在金属表面上，溶液中的极性分子在电极表面定向排列，阴离子特征吸附。溶液中的离子、分子被还原时，都将使金属表面与溶液的电中性遭到破坏，形成异种电荷的双电层。

金属与溶液界面上的双电层电位差，是由四部分电位差加和而成：首先是离子双电层电位差。其次是三种特征吸附双电层电位差。它们共同作用对电位差作出贡献。

$$\Delta\Phi = \Delta\Phi_1 + \Delta\Phi_2 + \Delta\Phi_3 + \Delta\Phi_4 \tag{2-2}$$

式中 $\Delta\Phi_1$ 为离子双电层电位差，由库仑力引起，电位差建立于相界面的两侧；$\Delta\Phi_2$、$\Delta\Phi_3$、$\Delta\Phi_4$ 为特征吸附双电层电位差，由近程力作用引起，电位差建立于溶液相一侧。

当 $\Delta\Phi_1=0$ 时，即电极界面上离子双电层电位差为零，则有

$$\Delta\Phi = \Delta\Phi_0 = \Delta\Phi_2 + \Delta\Phi_3 + \Delta\Phi_4 \tag{2-3}$$

$\Delta\Phi_0$ 称为电极的零电荷电位。$\Delta\Phi_0$ 并不等于零，因为特性吸附双电层电位差不会都等于零。例如只要有溶液水存在，$\Delta\Phi_2$ 就不会为零，所以 $\Delta\Phi_0$ 也不会为零。

二、双电层结构

从 1879 年赫姆霍兹（Helmholtz）等提出了“平行板电容器”的双电层结构模型后，已陆续提出了不少模型，解释了部分实验中的问题，但仍不够完善。

（一）紧密层模型

紧密层模型是由 Helmholtz 和 Perin 提出。他们认为“电极/溶液”界面的双电层类似于平行板电容器，如图 2-2 所示。带电离子的半径为双电层的厚度 d，集中分布在电容器的两个极板上，两个极板分别在两相表面。因此双电层电位差建立在相界面上，双电层之外不存在过剩的离子。该模型在溶液浓度很高、电极表面的电荷密度较大时，理论值和实验值吻合得较好。原因是电极表面电荷密度大，库仑作用力强，使过剩电荷难以扩散到远离电极表面以外，只能紧靠着界面形成紧密双电层结构（Φ_M 为紧密层的电位）。这种模型实际上是忽略了热运动使离子扩散到溶液深处的作用。事实上，溶液中的带电粒子是按照位能场中粒子的分布律分配于临近液体中，所以将双电层视为紧密结构，显然是一种近似处理。

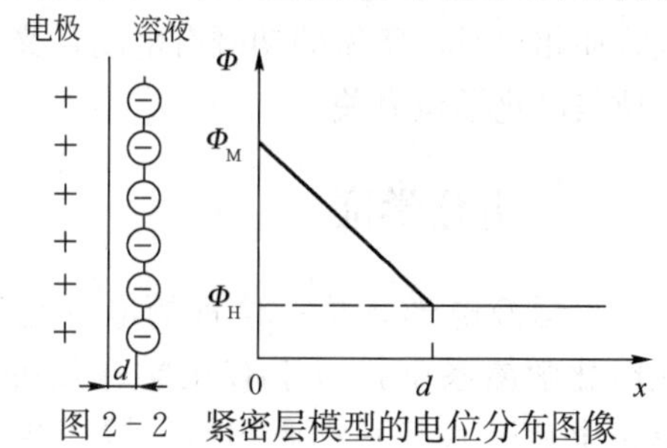

图 2-2　紧密层模型的电位分布图像

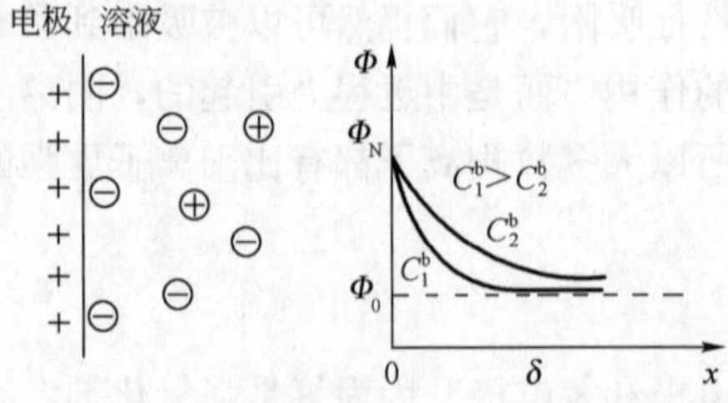

图 2-3 分散层模型的电位分布图像

(二) 分散层模型

1910～1913 年古伊(Gouy)和奇普曼(Chapmen)根据离子热运动原理，认为离子有均匀分布在溶液中的倾向，同时又受到异号电荷的吸引作用，约束着离子不能无规则地分布在溶液中，最终是按位能场中粒子的分布律即玻尔兹曼(Boltzmann)分布律排列。分散层分散性随溶液的温度、浓度而变化。温度越高，分散性越强；而浓度越大，界面电荷密度越大，则库仑力越强，分散性越小。因此，分散层厚度有很大的差别。在纯水中，分散层厚度可达 1μm，而在浓的电解质溶液中只有几纳米，甚至不到 1 纳米。分散层结构模型如图 2-3 所示，分散层厚度用 δ 表示，Φ_N 为分散层电位差。

该理论对于稀溶液体系可以应用，而对于浓溶液则出现较大的偏差。这是因为该理论模型完全不考虑紧密双电层的存在，这显然与实际不符，不能对一些实验事实作出满意的解释。

(三) 紧密—分散层模型

斯特恩(Stern)于 1924 年把赫姆霍兹(Helmholtz)模型和古伊(Gouy)、奇普曼(Chapmen)模型结合起来，采用了各自合理的部分，建立了紧密—分散层模型。他认为双电层应由紧密层和分散层两部分组成。紧密层内近似于平行板电容器；在离开电极表面距离粒子半径外，与分散层理论相似，随 x 增大，Φ 减小，直至逐渐趋于零，如图 2-4 所示。电极体系的电位由两部分组成：

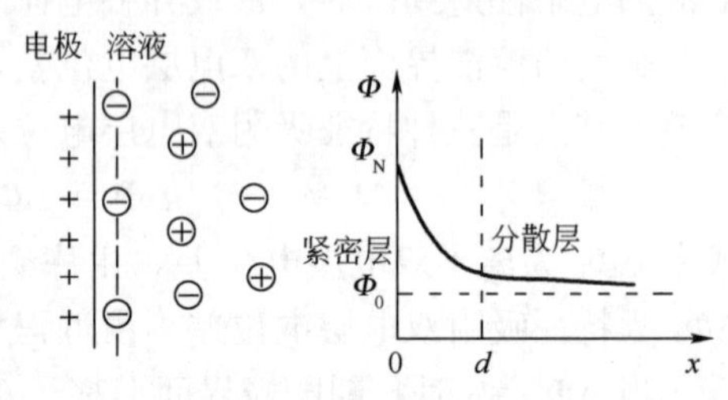

图 2-4 紧密—分散层模型的电位分布图像

$$\Phi = \Phi_M + \Phi_N \tag{2-4}$$

式中 Φ_M——紧密层电位差；

Φ_N——分散层电位差。

该理论能够较好地解释许多的实验现象。但对不同粒径的带电离子的微分电容，与实际相差甚远，因此该理论还有待于进一步完善。

第三节 电极电位

电极电位是金属电位与溶液电位之差。根据电学理论，金属电位和溶液电位是当单位正电荷从无穷远移入金属相内或溶液相内所做的功。由于不存在脱离物质的电荷，所以电荷移入物质相内时，所做的功既有电功，又有化学功。化学功只与化学位有关，而考虑电功的化学位与电化学位有关。

一、电化学位

根据静电学，某一位置的电位是指把单位正电荷从无穷远处移到该处所作的电功。在电化学体系中，由于有化学作用的存在，电位的概念就变得较为复杂。因为携带单位正电荷进入某一物质相时，除了电学作用之外，必然还有化学作用。单位正电荷进入物质相时实际所作的功是电学作用和化学作用的联合效果。我们无法只测定电学部分而不涉及化学作用的部分，所以物体内某一点的内电位虽然在物理上有明确的意义，但却是不能测量的。可以把内电位分为两部分——外电位 φ 和表面电势 χ。外电位是把单位正电荷从无穷远处的真空中移到大约离物体表面 10^{-4}cm 处所作的电功，这一部分是可以测量的，因为没有化学作用的问题，或化学作用的短程力尚未开始起作用。但将单位正电荷从表面通过界面移到物相内部时，势必要涉及化学反应的问题。单位正电荷越过表面层需作的电功，称之为表面电势 χ。可见，将一单位正电荷从无穷远处移入相内时，所作的总电功是这两项电功之和，即

$$\phi = \varphi + \chi \tag{2-5}$$

ϕ 称为内电位或伽伐尼（Galvani）电位。

实际上不存在脱离物质的电荷，因此，当带有电荷的物质越过相表面进入相内部时，除了需对表面层作电功外，还必须考虑携带电荷的物质与相内原有物质之间的化学作用力所作的化学功。这就是荷电物质在相中的化学位 μ_i。

我们可以看到，假如将 1mol 的 Me^{n+} 从无穷远处移入相内部时，它所涉及的全部能量变化就是正离子 Me^{n+} 需作的化学功与电功之和。正离子 Me^{n+} 所作的化学功就是 Me^{n+} 在相中的化学位，所作的电功是 1mol 的 Me^{n+} 携带的电量与相的内电位的乘积。1mol 的 Me^{n+} 共携带 nF（F 为法拉第常数）库仑的正电荷的电量，其相应的电功为 $+nF\phi$。所以

$$\mu_{Me^{n+}} + nF\phi = \overline{\mu}_{Me^{n+}} \tag{2-6}$$

在电化学中定义为电化学位，故 $\overline{\mu}_{Me^{n+}}$ 是 Me^{n+} 在相中的电化学位，它具有能量的量纲。

我们知道化学平衡的条件是 $\sum_j \gamma_j \mu_j = 0$，其中 γ_j 表示反应式中物质 j 的计量系数，规定生成物的系数为正，反应物的系数为负。那么一个电极反应式的平衡条件可表示为：

$$\sum_j \gamma_j \overline{\mu_j} = 0 \tag{2-7}$$

如果这个条件不满足，这个电极反应就会自发向某个方向进行。下面举几个电极反应的例子，具体了解电极反应的平衡条件。

【例 1】

$$Cu \longrightarrow Cu^{2+}_{(sol)} + 2e_{(Me)} \tag{2-8}$$

$$\overline{\mu}_{Cu} = \mu_{Cu}$$

$$\overline{\mu}_{Cu^{2+}} = \overline{\mu}_{Cu^{2+}} + 2F\phi_{sol}$$

$$\overline{\mu}_{e(Me)} = \mu_{e(Me)} - F\phi_{(Me)}$$

故式(2-8)的平衡条件为：

$$\overline{\mu}_{Cu^{2+}} + 2\overline{\mu}_{e(Me)} - \overline{\mu}_{Cu} = 0$$

将上列各物质的电化学位代入上式，经过整理，就得到电极反应的平衡条件为：

$$\phi_{(Me)} - \phi_{sol} = \frac{\mu_{Cu^{2+}} - \mu_{Cu}}{2F} + \frac{\mu_{e(Me)}}{F} \tag{2-9}$$

【例 2】

$$Ag\ (Me) + Cl^{-}_{(sol)} \longrightarrow AgCl_{(s)} + e_{(Me)} \tag{2-10}$$

这一反应的平衡条件为：

$$\overline{\mu}_{AgCl} + \overline{\mu}_{e(Me)} - \overline{\mu}_{Ag} - \overline{\mu}_{Cl^-} = 0 \tag{2-11}$$

式中 $\bar{\mu}_{AgCl} = \mu_{AgCl}$ $(n=0)$

$\bar{\mu}_{e(Me)} = \mu_{e(Me)} - F\phi_{(Me)}$ $(n=-1)$

$\bar{\mu}_{Ag} = \mu_{Ag}$

$\bar{\mu}_{Cl^-(sol)} = \mu_{Cl^-(sol)} - F\phi_{(sol)}$ $(n=-1)$

将各物质的电化学位代入式（2-11），经整理后得到式（2-10）的平衡条件为：

$$\phi_{(Me)} - \phi_{(sol)} = \frac{\mu_{AgCl} - \mu_{Ag} - \mu_{Cl^-}}{F} + \frac{\mu_{e(Me)}}{F} \quad (2-12)$$

讨论电极反应的平衡条件是为了能够根据一些测量结果来判断所研究的电极反应是否处于平衡；若没有达到平衡，则判断反应进行的方向。

二、有关电极电位的几个定义解释

（一）绝对电极电位

从上面两个电极反应例子的讨论中可以看出，每一个电极反应的平衡条件都可以表示成这样一个公式：等式的一边是电极材料的内电位与溶液的内电位之差，等式的另一边是两项，一项是参与电极反应的各物质(除电子外)的化学位的代数和除以伴随 1mol 物质变化在两种导体之间转移的电量的库仑数，另一项则总是 $\mu_{e(Me)}/F$。因此电极反应的平衡条件式可以改写成

$$\Phi_e = [\phi_{(Me)} - \phi_{(sol)}]_e = \frac{\sum_j \gamma_j \mu_j}{nF} + \frac{\mu_{e(电极材料)}}{F} \quad (2-13)$$

式中 $\Phi_e = [\phi_{(Me)} - \phi_{(sol)}]_e$，称为该电极系统的绝对电极电位。

故一个电极系统的绝对电极电位就是电极材料相与溶液相之间的内电位差。式中在 Φ 的右下脚特意注明“e”，以表示这个等式只有在电极反应达到平衡时才成立。在一定条件(温度、压力、反应物的浓度或活度等)下，电极反应达到平衡时，电极系统的绝对电极电位应等于定值。原则上说，如果我们已知某一电极反应在某种条件下达到平衡时的数值，那么只要测量这个电极系统的绝对电极电位，根据测量值与 Φ_e 的关系，就可以判断这个电极反应是否达到平衡或反应进行的方向。

由于表面电势 χ 无法测量，根据内电位的定义，一个相的内电位也就无法测量。而两个相的内电位之差能不能测量呢？回答是不能。下面以铜电极为例进行说明。

在铜电极系统中，电极材料是铜，离子导体是水溶液。为了测量铜电极和水溶液两相之间的电位差，需要一个电位差计(或万用表)。而任何测量电位差的仪表都有两个输入端，它的一个输入端用铜导线与铜电极相连，另一端应与电极系统的水溶液相连接，但这是不能实现的。唯一可行的测量办法就是用另一种金属 Me，将金属 Me 的一端插入溶液中，另一端通过铜导线与测量仪表的另一端相连。仪表读数为 E，它应该包括 Cu/溶液、溶液/Me 和 Me/Cu 三个绝对电极电位，即

$$E = [\phi_{(Cu)} - \phi_{(sol)}] + [\phi_{(sol)} - \phi_{(Me)}] + [\phi_{(Me)} - \phi_{(Cu)}] \quad (2-14)$$

如果在 Cu/溶液的界面上进行的电极反应是：

$$Cu \rightleftharpoons Cu^{2+}_{sol} + 2e\ (Cu)$$

而在溶液/Me 的界面上进行的电极反应是：

$$Me \rightleftharpoons Me_{sol}^{n+} + ne(Me)$$

Me/Cu 只是两个电子导体间的接触，只传输电荷而不引起物质的变化，即

$$e(Me) \rightleftharpoons e(Cu)$$

当它们都处于平衡时有：

$$\phi_{(Cu)} - \phi_{(sol)} = \frac{\mu_{Cu^{2+}} - \mu_{Cu}}{2F} + \frac{\mu_e(Cu)}{F} \tag{2-15}$$

$$\phi_{(Me)} - \phi_{(sol)} = \frac{\mu_{Me^{n+}} - \mu_{Me}}{nF} + \frac{\mu_e(Me)}{F} \tag{2-16}$$

$$\phi_{(Me)} - \phi_{(Cu)} = \frac{\mu_e(Me) - \mu_e(Cu)}{F} \tag{2-17}$$

代入式（2－14）得：

$$E = \frac{\mu_{Cu^{2+}} - \mu_{Cu}}{2F} - \frac{\mu_{Me^{n+}} - \mu_{Me}}{nF} \tag{2-18}$$

这一等式，在 Cu/溶液和溶液/Me 两个电极系统中的电极反应都达到平衡时才成立。这个 E 值就是两个电极系统构成的原电池的电位差。

从以上的讨论中可以看出：

（1）一个电极系统的绝对电极电位是无法测量的；

（2）一个电极系统的绝对电极电位的相对变化可以用原电池的电动势来反映。

（二）参比电极

既然一个电极系统的绝对电极电位无法测得，只好想办法得到电极电位的相对值，即相对电极电位。一个电极系统的相对电极电位是指这个电极与某一个电极组成原电池后测得的电动势。

为了测量绝对电极电位的相对值，需要选择一个电极系统与被测电极系统组成原电池。所选择的电极系统，电极反应要保持平衡，参加该电极反应的反应物的化学位应保持恒定，用于这样目的的电极系统被称为参比电极。

由参比电极与被测电极系统组成的原电池的电动势，被习惯地称为被测电极系统相对该种参比电极的电极电位。由于有各种各样的参比电极，因此写出电极电位时，一般都应说明是相对于哪种参比电极。

（三）平衡电极电位

平衡电极电位是指当金属电极与溶液界面的电极过程建立起平衡时，即电极反应的电量和物质量在氧化、还原反应中都达到平衡时的电极电位，也即当如下的反应建立了电化学平衡后的电极电位：

$$Me^{n+} \cdot ne \rightleftharpoons Me^{n+} + ne$$

此时电荷和金属离子在上式中从左到右与自右至左两个过程的迁移速度相等，也即电荷和物质达到了平衡。在这种情况下，在金属/溶液界面上建立一个不变的电位差值，这个电位差值就是金属的平衡电极电位。

另外，当谈到电极电位时，总是同一定的电极反应相联系的，通常用 E_e 表示平衡电位。

有时需要在 E_e 的下方用符号来说明是什么电极反应。例如

$$E_{e(Cu^{2+}/Cu)} = \frac{\mu_{Cu^{2+}} - \mu_{Cu}}{2F} - \frac{\mu_{Me^{n+}} - \mu_{Me}}{nF}$$

（四）标准电极电位

从化学热力学中我们知道，对于溶液相中和气相中的物质来说，化学位与它的活度和逸度的关系分别是

$$\mu = \mu^0 + RT\ln\alpha$$
$$\mu = \mu^0 + RT\ln f$$

式中 α 表示液相物质的活度，f 表示气相物质的逸度。μ^0 是 α 或 f 为单位值时的化学位，叫做标准化学位。

电极反应式(2-8)的平衡电位(以 Me^{n+}/Me 电极系统为参比电极)可以写作：

$$E_{e(Cu^{2+}/Cu)} = \frac{\mu^0_{Cu^{2+}} - \mu^0_{Cu}}{2F} + \frac{RT}{2F}\ln\alpha_{Cu^{2+}} - \frac{\mu_{Me^{n+}} - \mu_{Me}}{nF} \quad (2-19)$$

令

$$E^0_{e(Cu^{2+}/Cu)} = \frac{\mu^0_{Cu^{2+}} - \mu^0_{Cu}}{2F} \quad (2-20)$$

式(2-19)则可写成

$$E_{e(Cu^{2+}/Cu)} = E^0_{e(Cu^{2+}/Cu)} + \frac{RT}{2F}\ln\alpha_{Cu^{2+}} - \frac{\mu_{Me^{n+}} - \mu_{Me}}{nF} \quad (2-21)$$

$E^0_{e(Cu^{2+}/Cu)}$ 叫做标准电极电位。所以标准电极电位是指参加反应的物质都处于标准状态下(即 $\alpha=1$，$p_i=101325Pa$)测得的电动势的数值。

（五）非平衡电极电位

如果在一个电极表面上失去电子靠某一个过程，而得电子则靠另一个电极过程，那么电极电位的建立并不表征反应在电极上已达到平衡状态。例如将铁浸到盐酸溶液中，其阳极过程是：

$$Fe \rightarrow Fe^{2+} + 2e$$

而阴极过程为：

$$2H^+ + 2e \rightarrow H_2\uparrow$$

与上述两个过程相对应的阳极电流密度为 i_a，阴极电流密度为 i_c。在这种情况下，两个反应各自朝一定的方向进行。表征这种不可逆电极反应的电极电位称为非平衡电极电位。如果最后电荷从金属迁移到溶液和自溶液迁移到金属的速度能达到相等，那么建立的非平衡电极电位是稳定的。

当然，如果电荷从金属迁移到溶液和自溶液迁移到金属的速度始终不能达到相等，则建立的非平衡电极电位是不稳定的。在实际生产中，与金属接触的大部分溶液不是金属本身离子溶液，因此所涉及的电极电位大都是非平衡电极电位。在研究腐蚀问题时，非平衡电极电位有着重要的意义。

（六）标准氢电极

在各种参比电极中，最重要的是标准氢电极。标准氢电极是将镀了铂黑的 Pt 浸在氢的分压为 1 个大气压的 H_2 气氛下，H^+ 活度为 1mol/L 的溶液中构成的电极系统。这个电极系

统的电极反应式为：

$$\frac{1}{2}H_{2(g)} \rightleftharpoons H^{+}_{(sol)} + e(Pt)$$

Cu/Cu^{2+}电极系统相对于标准氢电极的电极电位为：

$$E_{e(Cu^{2+}/Cu)} = E^{0}_{e(Cu^{2+}/Cu)} + \frac{RT}{2F}\ln\alpha_{Cu^{2+}} - \frac{\mu_{H^+} - \frac{1}{2}\mu_{H_2}}{F}$$

由于 $p_{H_2}=1$ 和 $\alpha_{H^+}=1$，故：

$$\mu_{H^+} = \mu^{0}_{H^+} + RT\ln\alpha_{H^+} = \mu^{0}_{H^+}$$

$$\mu_{H_2} = \mu^{0}_{H_2} + RT\ln p_{H_2} = \mu^{0}_{H_2}$$

但化学热力学中规定：$\mu^{0}_{H^+}=0$，$\mu^{0}_{H_2}=0$。故在用标准氢电极作为参比电极时，式(2－21)简化为

$$E_{e(Cu^{2+}/Cu)} = E^{0}_{e(Cu^{2+}/Cu)} + \frac{RT}{2F}\ln\alpha_{Cu^{2+}} \tag{2-22}$$

由于标准氢电极的电位为零，因此标准氢电极作为参比电极计算最为简单，这也是它作为最主要的参比电极的原因。在文献中的各种电极电位的数值，除特别表明外，一般都是以标准氢电极作为参比电极的数值。标准氢电极英文的缩写为 *SHE*。

实际测量中，用标准氢电极作参比电极很不方便，因而常常采用其他的参比电极。用其他参比电极测得的电极电位可由下式换算成相对于标准氢电极的电位值：

$$E_{SHE} = E_{参比} + E_{测} \tag{2-23}$$

式中　E_{SHE}——相对 SHE 的电位；

$E_{参比}$——参比电极的电位；

$E_{测}$——相对参比电极实测的电位。

（七）能斯特（Nernst）方程

对于电极反应式(2－8)，如果以标准氢电极作为参比电极，则式(2－18)可写成

$$E_{e(Cu^{2+}/Cu)} = \frac{\mu_{Cu^{2+}} - \mu_{Cu}}{2F} \tag{2-24}$$

这个式子可以推广到一般情况。对电极反应的一般式：

$$\gamma_1 S_1 + \gamma_2 S_2 + \cdots \Leftrightarrow \gamma_{m+1} S_{m+1} + \gamma_{m+2} S_{m+2} + \cdots + ne \tag{2-25}$$

平衡电位为：

$$E_e = \frac{\sum_j \gamma_j \mu_j}{nF} \tag{2-26}$$

如果参加反应的物质都存在于溶液中，它们的化学位可以表示为：

$$\mu_j = \mu^{0}_j + RT\ln\alpha_j$$

代入式(2－26)就有：

$$E_e = \frac{\sum_j \gamma_j \mu^{0}_j}{nF} + \frac{RT}{nF}\sum_j \gamma_j \ln\alpha_j = \frac{\sum_j \gamma_j \mu^{0}_j}{nF} + \frac{RT}{nF}\ln(\prod_j \alpha_j^{\gamma_j})$$

令定义

$$E_0 = \frac{\sum_j \gamma_j \mu_j^0}{nF} \tag{2-27}$$

E_0 为标准电位，就得到：

$$E_e = E_0 + \frac{RT}{nF}\ln(\prod_j \alpha_j^{\gamma_j}) \tag{2-28}$$

这就是著名的能斯特(*Nernst*)方程式。标准电极电位为参与电极反应的金属离子的活度或生成气体的分压为 1 个大气压时的平衡电极电位。

显然，用能斯特公式可以计算平衡电极电位，而非平衡电极电位只能通过测量得到。

第四节　电位—pH 图及应用

电位—pH 图是在研究金属的热力学稳定性时提出来的。首先由比利时学者波尔贝克斯(*Pourbaix*)等人在 20 世纪 30 年代用于金属腐蚀问题的研究。最简单的电位—pH 图仅涉及一种金属元素(包括其氧化物和氢氧化物)与水构成的体系。目前有 90 多种元素与水构成的电位—pH 图已汇编成册。用这些图来判断金属腐蚀的热力学倾向，使电位—pH 图成为分析和研究金属腐蚀的主要工具。

一、电位—pH 图中曲线的三种类型

(一) 有 H^+ 或有 OH^- 及有电子参与的反应

氢电极反应

$$2H^+ + 2e \rightarrow H_2 \uparrow \tag{2-29}$$

的电极电位为

$$E = E^0 + \frac{RT}{F}\ln\frac{a_{H^+}^2}{p_{H_2}/p^0}$$

若在 25℃时，$p_{H_2} = 101325\text{Pa}$ ($p^0 = 101325\text{Pa}$)，则有：

$$E = E^0 - 0.0591\text{pH(V)} = -0.0591\text{pH(V)} \tag{2-30}$$

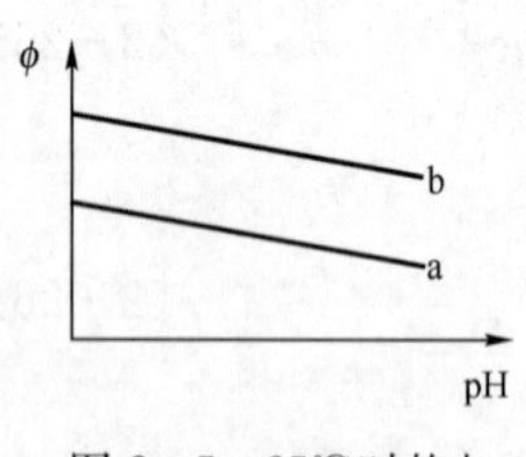

图 2-5　25℃时的电位—pH 图

显然，在电位—pH 图(图 2-5)中上式为一倾斜的直线 a，它表示可逆电极电位和溶液酸度的对应关系。如电极的电位高于直线 a 时，电极反应朝使 pH 值减小、α_{H^+} 增加的方向进行，以达到新的平衡态，所以高于直线 a 是属于氧化态物质 H^+ 的稳定区。反之，当电极电位低于直线 a 时，反应朝生成 H_2 方向进行，所以直线 a 以下是还原态物质 H_2 的稳定区。

若氢电极是处于 25℃，p_{H_2} >101325Pa 的条件下的直线是在直线 a 的下方；p_{H_2} <101325Pa 的条件下的直线是在直线 a 的上方。

氧电极电极反应

$$O_2 + 4H^+ + 4e \rightarrow 2H_2O \tag{2-31}$$

已知在 25℃的标准电位 E^0 =1.229V，则电极电位为：

$$E = 1.229 - 0.0591\text{pH(V)} \tag{2-32}$$

图 2-5 中的 b 线表明了可逆氧电极与溶液 pH 值的平衡关系。如电极的电位高于直线 b 时，电极反应朝使 pH 值减小、α_{H^+} 增加的方向进行，以达到新的平衡态，所以高于直线 b 是属于氧化态物质 O_2 的稳定区。反之，当电极电位低于直线 b 时，反应朝生成 H_2O 方向进行，所以直线 b 以下是还原态物质 H_2O 的稳定区。当 $pO_2>101325\text{Pa}$ 时，则电位—pH 直线在直线 b 的上方，当 $p_{O_2}<101325\text{Pa}$ 时，则电位—pH 直线在直线 b 的下方。

氢电极和氧电极的电位—pH 直线，总称为水的电位—pH 图，由于它们的斜率相同，所以是两条相互平行的直线。当体系处于两条直线之间的条件时，会进行两个电极反应。低电位的氢电极作为阳极而释放出电子，电极反应为：

$$H_2 \rightarrow 2H^+ + 2e$$

高电位的氧电极作为阴极而吸收电子，电极反应为：

$$O_2 + 4H^+ + 4e \rightarrow 2H_2O$$

总反应为：

$$2H_2 + O_2 \rightarrow 2H_2O$$

表示 H_2 和 O_2 将自动地进行反应生成 H_2O。

（二）没有 H^+、OH^- 参与，而有电子参与的反应

反应

$$Fe^{2+} \rightarrow Fe^{3+} + e$$

$$Fe \rightarrow Fe^{2+} + 2e$$

的电极电位为：

$$E = E^0 + \frac{RT}{nF}\ln\frac{\alpha_{氧化态}}{\alpha_{还原态}} \tag{2-33}$$

从上述电极电位的表达式中可以看出，电极电位仅与金属的离子浓度有关，而和溶液的 pH 值无关。当氧化态物质和还原态物质的活度确定之后，在电位—pH 图上，将是一条平行于横轴的直线，如图 2-6 所示的 c 线。在 c 线以上是氧化态物质的稳定区，c 线以下是还原态物质的稳定区。

当溶液中氧化态物质与还原态物质活度比值发生改变时，c 线的高度将改变。

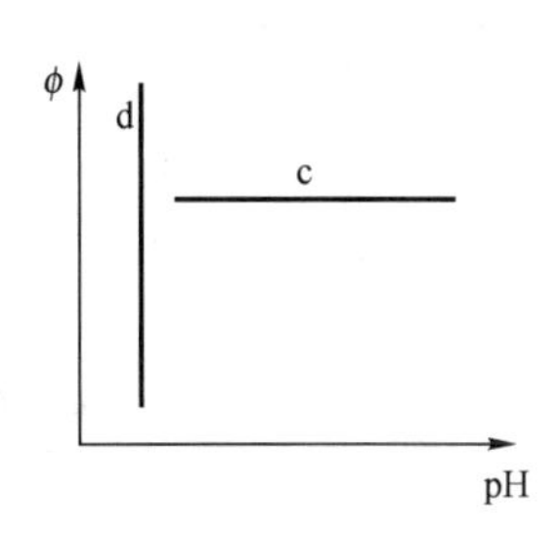

图 2-6 没有 H^+、OH^- 参与的电极反应的平衡条件

（三）有 H^+ 或 OH^- 参与、而无电子参与的反应

水解反应

$$Fe^{3+} + 3H_2O \rightarrow Fe(OH)_3 + 3H^+$$

由于反应中有 H^+ 参与，所以反应的方向与 pH 有关。此反应的平衡常数表达式为：

$$K = \alpha_{H^+}^3 / \alpha_{Fe^{3+}} \tag{2-34}$$

当 $\alpha_{Fe^{3+}}=1$ 时，由 25℃的 K 值计算得平衡时的 pH=1.54，是一条与纵轴平行的线，如图 2-6 中的 d 线。当 Fe^{3+} 的浓度改变时，平衡的 pH 值也将改变，即 d 线的位置将左右移动。pH 值越大，α_{H^+} 的越小，Fe^{3+} 的浓度也越小，即反应朝着使 Fe^{3+} 的浓度减小的方向进

行。因此，d线的右方是$Fe(OH)_3$的稳定区，相反，d线的左方是Fe^{3+}的稳定区。如同时考虑几个反应，像以下两个反应

$$Fe^{3+} + e \rightarrow Fe^{2+}$$

$$Fe^{3+} + 3H_2O \rightarrow Fe(OH)_3 + 3H^+$$

则Fe^{3+}的稳定区在左上角。在这个区域以外，Fe^{3+}都是不稳定的，将自动发生反应生成Fe^{2+}或$Fe(OH)_3$。

不管多复杂的体系，存在更多的电极反应，都可以按上述方法写出电极反应和电极电位方程式，作出电位—pH图，进而分析各种物质稳定存在的区域。

从已绘出的电位—pH图中，可以直观地判断反应进行的方向和物质稳定存在的条件。显然改变溶液的pH值及参加反应物质的浓度，可改变各曲线的位置，进而达到控制反应及改变反应产物的目的。

二、Fe-H_2O系电位—pH图

在本节中已经看到，理论电位—pH图的建立可以按以下程序进行：

(1) 列出体系中可能存在的各种组分及其标准化学位数值；

(2) 根据各组分的特征和相互作用，推断体系中可能发生的各种化学反应和电极反应，查表得出或计算出电极反应的标准电位数值；

(3) 计算出各反应的平衡条件；

(4) 根据各反应的平衡条件，在电位—pH坐标系中作图，经综合整理即得到该体系的电位—pH图。

我们就按照这一程序来建立Fe—H_2O系的电位—pH图。

例如25℃时，Fe—H_2O系中可能存在的各组分物质和它们的标准化学位列在表2-1中，各组分物质的相互反应和它们的平衡条件列于表2-2中，平衡条件是根据各反应的类型，按式计算出来的。

表2-1　Fe—H_2O系中的物质组成及其标准化学位μ^0（25℃）

物　态	名　称	化学符号	μ^0，kJ/mol
溶液态	水	H_2O	−238.446
	氢离子	H^+	0
	氢氧根离子	OH^-	−157.297
	亚铁离子	Fe^{2+}	−84.935
	铁离子	Fe^{3+}	−10.586
	亚铁酸氢根离子	$HFeO_2^-$	−337.606
固态	铁	Fe	0
	氢氧化亚铁	$Fe(OH)_2$	−483.545
	氢氧化铁	$Fe(OH)_3$	−694.544
气态	氢气	H_2	0
	氧气	O_2	0

表 2-2　Fe—H_2O 系中的反应和平衡条件

序　号	反　应　式	ϕ^0，V	平 衡 条 件
(a)	$2H^+ + 2e = H_2$	0	$\phi_a = -0.0591pH$
(b)	$2H_2O = O_2 + 4H^+ + 4e$	1.229	$\phi_b = 1.229 - 0.0591pH$
1	$Fe^{2+} + 2e = Fe$	−0.440	$\phi_1 = -0.440 + 0.0296\log\alpha_{Fe^{2+}}$
2	$Fe(OH)_2 + 2H^+ + 2e = Fe + 2H_2O$	−0.045	$\phi_2 = -0.045 - 0.0591pH$
3	$Fe(OH)_3 + H^+ + e = Fe(OH)_2 + H_2O$	0.271	$\phi_3 = 0.271 - 0.0591pH$
4	$Fe(OH)_3 + e = HFeO_2^- + H_2O$	−0.810	$\phi_4 = 0.810 - 0.0591\log\alpha_{HFeO_2^-}$
5	$Fe(OH)_3 + 3H^+ + e = Fe^{2+} + 3H_2O$	1.057	$\phi_5 = 1.057 - 0.1773pH - 0.0591\log\alpha_{Fe^{2+}}$
6	$Fe^{3+} + e = Fe^{2+}$	0.771	$\phi_6 = 0.771 + 0.0591\log\frac{\alpha_{Fe^{3+}}}{\alpha_{Fe^{2+}}}$
7	$Fe(OH)_2 + 2H^+ = Fe^{2+} + 2H_2O$	—	$\log\alpha_{Fe^{2+}} = 13.29 - 2pH$
8	$Fe(OH)_2 = HFeO_2^- + H^+$	—	$\log\alpha_{HFeO_2^-} = -18.30 + pH$
9	$Fe(OH)_3 + 3H^+ = Fe^{3+} 3H_2O$	—	$\log\alpha_{Fe^{3+}} = 4.84 - 3pH$
10	$HFeO_2^- + 3H^+ + 2e = Fe + 2H_2O$	0.493	$\phi_{10} = 0.493 - 0.0886pH + 0.0296\log\alpha_{HFeO_2^-}$

反应(1)$Fe^{2+} + 2e = Fe$，这是没有 H^+ 参与的电极反应。其平衡条件为：

$$\phi_1 = \phi^0 + \frac{0.059}{n}\log\frac{\alpha_A^a}{\alpha_B^b}$$

从表 2-2 中可查到：$\phi^0 = -0.440V$，$n=2$，所以

$$\phi_1 = -0.440 + 0.0296\log\alpha_{Fe}^{2+} \tag{2-35}$$

分别设 $\alpha_{Fe^{2+}}$ 为 10^0mol/L、10^{-2}mol/L、10^{-4}mol/L、10^{-6}mol/L，则根据式(2-35)，可在电位—pH 图中得到一组平行的水平线(即图 2-7 中第①组平行线)。

再看反应(2)：

$$Fe(OH)_2 + 2H^+ + 2e = Fe + 2H_2O$$

已知 $\phi^0 = -0.045V$，可得到反应(2)的平衡条件为：

$$\phi_2 = \phi^0 - \frac{0.0591m}{n}pH + \frac{0.0591}{n}\log\frac{\alpha_{Fe(OH)_2}}{\alpha_{Fe}\alpha_{H_2O}^2}$$
$$= -0.045 - 0.0591pH \tag{2-36}$$

由于 ϕ_2 只与 pH 值有关，与其他反应物质浓度无关，所以电位—pH 图中得到的是一条斜率为−0.0591 的斜线(即图 2-7 中直线②)。

再看反应(7)：

$$Fe(OH)_2 + 2H^+ = Fe^{2+} + 2H_2O$$

其平衡常数为：

$$K = \frac{\alpha_{Fe^{2+}}\alpha_{H_2O}^2}{\alpha_{Fe(OH)_2}\alpha_{H^+}^2} = \frac{\alpha_{Fe^{2+}}}{\alpha_{H^+}^2}$$

所以

$$\log K = \log\alpha_{Fe^{2+}} - 2\log\alpha_{H^+} = \log\alpha_{Fe^{2+}} + 2pH$$

已知 25℃时，$K = 10^{13.29}$，将此值代入上式得：

$$\log a_{Fe^{2+}} = 13.29 - 2pH \tag{2-37}$$

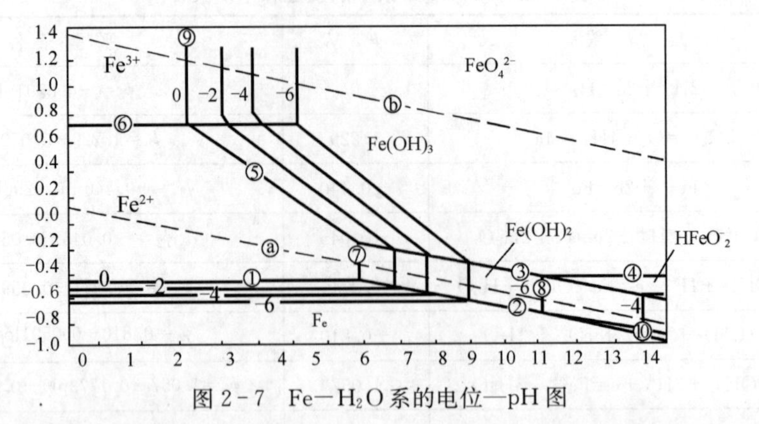

图 2-7 Fe—H_2O 系的电位—pH 图

根据上式，可得到 $a_{Fe^{2+}}$ 随 pH 值变化的一组平行的垂直线(即图 2-7 中第⑦组平行线)。

用同样的方法，可以得到 Fe-H_2O 系中各个反应的平衡条件(见表 2-2)及其电位—pH 图线。抹去各图线相交后多余的部分，就可汇总成整个体系的电位—pH 图，如图 2-7 所示。该图中每一组直线上的圆圈内的编号对应于表 2-2 中各平衡条件的编号；各直线旁的数字则代表可溶性离子活度的对数值。图中两条平行的虚线 a、b 即为水的电位—pH 图，分别代表表 2-2 中反应(a)和(b)在 p_{H_2} =101325Pa 和 p_{O_2} =101325Pa 时的平衡条件。

图 2-7 是基于 Fe，$Fe(OH)_2$，$Fe(OH)_3$ 为固相时的平衡反应得到的。若以 Fe，Fe_2O_3，Fe_3O_4 作为固相，则可得到表 2-3 和图 2-8。

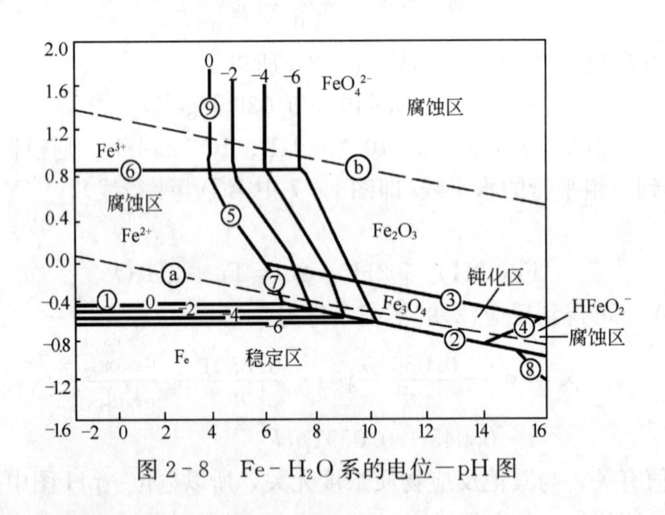

图 2-8 Fe-H_2O 系的电位—pH 图

三、Fe-H_2O 系的电位—pH 图的分析

以图 2-7 为例进行讨论：图中每一条线都对应于一个平衡反应，也就是代表一条两相平衡线。如线①表示固相铁和液相的亚铁离子之间的两相平衡线。而三条平衡线的交点就应表示三相平衡点，如①、②和⑦三条线的交点是 Fe、$Fe(OH)_2$ 和 Fe^{2+} 离子的三相平衡点。所以，电位—pH 图也被称为电化学相图。从图中可以清楚地看出各相的热力学稳定范围和各种物质生成的电位和 pH 值条件。例如，在线①、②、⑩以下的区域是铁的热力学稳定区域。即在水中，在这个电位和 pH 值范围内，从热力学的观点看，铁是能够稳定存在的。若要生成 $Fe(OH)_2$，则必须满足线②、③、⑦、⑧所包围的范围内的电位和 pH 值。

表 2-3　Fe—H_2O 系中的反应和平衡条件

编　号	反 应 式	平 衡 条 件
(a)	$2H^+ + 2e = H_2$	$\phi_a = -0.0591pH$
(b)	$2H_2O = O_2 + 4H^+ + 4e$	$\phi_b = 1.229 - 0.0591pH$
1	$Fe^{2+} + 2e = Fe$	$\phi_1 = -0.440 + 0.0296\log\alpha_{Fe^{2+}}$
2	$Fe_3O_4 + 8H^+ + 8e = 3Fe + 4H_2O$	$\phi_2 = -0.085 - 0.0591pH$
3	$3Fe_2O_3 + 2H^+ + 2e = 2Fe_3O_4 + H_2O$	$\phi_3 = 0.221 - 0.0591pH$
4	$Fe_3O_4 + 2H_2O + 2e = 3HFeO_2^- + H^+$	$\phi_4 = -1.82 + 0.0296pH - 0.089\log\alpha_{HFeO_2^-}$
5	$Fe_2O_3 + 6H^+ + 2e = 2Fe^{2+} + 3H_2O$	$\phi_5 = 0.728 - 0.177pH - 0.0591\log\alpha_{Fe^{2+}}$
6	$Fe^{3+} + e = Fe^{2+}$	$\phi_6 = 0.771 + 0.0591\log\alpha_{Fe^{3+}}/\alpha_{Fe^{2+}}$
7	$Fe_3O_4 + 8H^+ + 2e = 3Fe^{2+} + 4H_2O$	$\phi_7 = 0.980 - 0.236pH - 0.089\log\alpha_{Fe^{2+}}$
8	$HFeO_2^- + 3H^+ + 2e = Fe + 2H_2O$	$\phi_8 = 0.493 - 0.089pH + 0.0296\log\alpha_{HFeO_2^-}$
9	$Fe_2O_3 + 6H^+ = 2Fe^{3+} + 3H_2O$	$\log\alpha_{Fe^{3+}} = -0.72 - 3pH$

可以从电位—pH 图中了解金属的腐蚀倾向。在腐蚀学中，人为规定可溶性物质在溶液中的浓度小于 10^{-6}mol/L 时，它的溶解速度可视为无限小，即可把该物质看成是不溶解的。因此，金属电位—pH 图中的 10^{-6}mol/L 等溶解度线就可以作为金属腐蚀与不腐蚀的分界线。该图可被划分为三种类型的区域，即：

(1) 稳定区——该区域内金属处于热力学稳定状态，不发生腐蚀。在它所包含的电位和 pH 值条件下，铁不发生腐蚀。但有 H^+ 离子还原为 H 原子或氢分子，故热力学上有向金属中渗氢和产生氢脆的可能性。

(2) 腐蚀区——该区域内稳定存在的是金属的各种可溶性离子。对金属而言，则处于热力学不稳定状态，有可能发生腐蚀。

(3) 钝化区——该区内稳定存在的是难溶性的金属氧化物、氢氧化物或难溶性盐。这些固态物质若能牢固覆盖在金属表面上，则有可能使金属失去活性而不发生腐蚀。

又可以根据电位—pH 图寻求控制腐蚀的途径。如上所述，在不同的电位和 pH 值条件下，金属腐蚀的倾向是不同的，因此，我们可以通过改变电位或 pH 值来控制金属的腐蚀。

也能从电位—pH 图判断金属电沉积的可能性。由图 2-7 可知，线ⓐ在线①之上，故在酸性溶液中，阴极上易于析氢而不易于沉积铁。在中性和碱性溶液中，又容易在阴极表面生成铁的氧化物或氢氧化物而钝化。所以，在简单铁离子的水溶液中，铁的沉积是很困难的。

四、应用电位—pH 图的局限性

以上介绍的电位—pH 图是根据热力学的数据绘制的，所以也称为理论电位—pH 图。如上所述，借助于这种理论的电位—pH 图可以较方便地来研究许多金属腐蚀问题。但也必须注意，此图有它的局限性：

(1) 由于金属的理论电位—pH 图是一种热力学的电化学平衡图，故它只能用来预示金属腐蚀倾向的大小，而无法预测腐蚀速率的大小。

(2) 由于是热力学平衡图，是以金属与其离子之间或溶液中的离子与含有该离子的腐蚀产物之间建立的平衡为条件，而实际的腐蚀体系往往是偏离平衡状态。这样利用表示平衡状态的热力学平衡图来分析非平衡状态的情况，必然存在误差。

(3) 电位—pH 图只考虑了 OH^- 阴离子对平衡产生的影响。但在实际的腐蚀环境中，可能存在其他的阴离子，最常见的是 Cl^-、SO_4^{2-}、PO_4^{3-} 等。这些阴离子对平衡的影响未加考虑，显然也会产生误差。

(4) 理论的电位—pH 图上的钝化区，只表明其金属表面生成了固体膜，生成的固体膜可能是金属氧化物、氢氧化物。但固体膜是否具有保护作用，理论的电位—pH 图无法告诉我们。

(5) 绘制理论的电位—pH 图中溶液的浓度是一个平均浓度，即认为整个金属表面附近液层同整体溶液的浓度相同，各处的 pH 值也相同。但实际并非如此，金属表面的 pH 值和溶液内部的 pH 值会有一定的差别。

虽然理论电位—pH 图有以上所述的局限性，但若补充一些有关金属钝化方面的实验或经验数据就可得到实验或经验电位—pH 图，并结合考虑有关动力学因素，那么它在金属腐蚀的研究中将具有更广泛的用途。

第五节　极化与去极化

电化学腐蚀的热力学告诉我们，金属腐蚀的趋势大小是由电极电位值决定的，两个电极的电位差是腐蚀进行的动力。电化学腐蚀的特征之一是有电流产生。但当电流流过电极时，电极的电位能否保持不变？若不能维持原来的电位值，究竟会如何变化？这些问题是这一节讨论的重点。

一、极化现象与极化曲线

（一）极化现象

1. 极化现象的概念

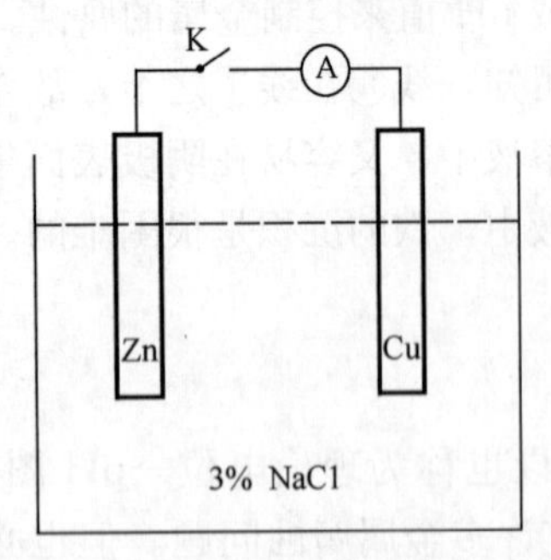

图 2-9　Zn-Cu 在 3%NaCl 溶液中形成的腐蚀电池

如将面积为 $5cm^2$ 的锌片和铜片浸在 3%的 NaCl 溶液中，并用导线把两个电极、开关(K)和电流表(A)串联起来，如图 2-9 所示。在闭合开关前，两个电极各自建立的稳定电位，其中铜的电位为 0.05V，锌的电位为−0.83V，原电池的内阻 $R_{内}=110\Omega$，外阻 $R_{外}=120\Omega$。在开关接通时，电流表指示的起始电流为 I_0。I_0 用欧姆定律计算：

$$I_0=\frac{E_{Cu}^0-E_{Zn}^0}{R_{内}+R_{外}}=\frac{0.05-(-0.83)}{110+120}=0.00382(A)$$

随后我们发现，电流表的数值急剧下降，最后稳定在 $I_t=200\mu A$。电流为什么会减小呢？回路中的总电阻在刚接通和接通一段时间后并没有变化，根据欧姆定律，电流的下降只可能是电位差下降了，即当有电流通过后，两电极的电位之差将比没有通过电流时要小。这种由于电极上有电流通过而造成电位变化的现象称为极化现象。由于有电流通过而发生电极电位偏离原来电极电位 $E_{i=0}$ 的变化值叫极化值：

$$\Delta E = E - E_{i=0} \tag{2-38}$$

通过电流而引起原电池两极间电位差减小的现象叫做原电池极化。通过电流时，阳极电位向正方向偏移，叫做阳极极化；阴极电位向负方向偏移，叫做阴极极化。极化的结果使腐蚀电池两极间的电位差减小，腐蚀电流减小，使腐蚀速率减小。

2. 平衡电极极化

将可逆电极的电极反应式写成如下通式：

$$\mathrm{R} \rightleftharpoons \mathrm{O} + ne \tag{2-39}$$

用电流密度来表示反应速度，则 $\vec{i}$ 表示氧化反应速度，$\overleftarrow{i}$ 表示还原反应速度。当一个电极反应处于平衡状态时，即既没有净电荷的迁移，也没有净物质的转移，正反两个反向的反应速度相等，即氧化速度与还原速度相等，可表示为 $|\vec{i}| = |\overleftarrow{i}| = i_0$，$i_0$ 称为交换电流密度。显然 i_0 表示在平衡电位下氧化和还原反应速度相等时的电流密度。它的大小反应电极反应的难易程度，i_0 大，电极反应容易进行。i_0 数值与电极的成分、体系中的氧化和还原反应的浓度、温度及电极表面状态有关。同一电极反应在不同电极材料上的交换电流密度相差很大，而相同电极材料上不同的电极反应的交换电流密度相差也很大。

对平衡电极来说，当通过外电流时其电极电位偏离平衡电位的现象，称为平衡电极的极化。为了明确表示出由于极化使其电极电位偏离平衡电位的程度，把某一极化电流密度下的电极电位与其平衡电位间之差的绝对值称为该电极反应的过电位，以 η 表示。根据过电位的定义，阳极极化过电位的表达式为：

$$\eta_a = E - E_{e,a} \tag{2-40}$$

阴极极化过电位的表达式：

$$\eta_c = E_{e,c} - E \tag{2-41}$$

3. 非平衡电极极化

平衡电极平衡时的净电流等于零。孤立的平衡电极单独存在时，既不表现为阳极也不表现为阴极，或者说是没有极化的电极。要使平衡电极极化，必须提供极化电流。极化电流可能是外部电源供给的，也可能是包含该电极的原电池产生的。但对于非平衡体系来说，电极上至少发生 2 个以上的电极反应，失电子是一个电极反应，得电子是另一个电极反应，因此一个电极反应在两个方向(阳极方向和阴极方向)上的电化学速度不等，即 $|\vec{i}| \neq |\overleftarrow{i}|$。若电极反应主要向阳极反应的方向进行，则 $|\vec{i}| > |\overleftarrow{i}|$；若电极反应主要向阴极反应的方向进行，则 $|\vec{i}| < |\overleftarrow{i}|$。非平衡电极的净电流 i 是两个相反方向的电流之差，如果非平衡电极有稳定的电位值，已是极化了的电位值。

（二）极化的原因

1. 阳极极化的原因

（1）阳极过程是金属溶解释放电子的过程，金属离子化产生的电子迅速通过电子导体流至阴极，而往往金属的溶解速度跟不上电子的迁移速度，这必然破坏了双电层的平衡，使双电层的电子层密度减小，电极电位向正方向偏移，产生了阳极极化。这种由于阳极过程进行缓慢而引起的极化称为活化极化或电化学极化。

（2）由于阳极表面金属离子的扩散速度跟不上金属的溶解速度，会使阳极表面的金属离子浓度升高，阻碍金属的继续溶解，产生阳极极化。这种由于扩散过程缓慢而引起的极化称为浓差极化。

（3）在腐蚀过程中，由于金属表面生成了保护膜，使金属的溶解过程受阻，金属的溶解速度大大降低，其结果也使阳极的电位向正方向偏移。这种作用称为电阻极化。但要注意，电阻极化主要取决于体系的欧姆电阻，并不与电极反应过程中某一化学步骤或电化学步骤相对应，不是电极反应的某种控制步骤的直接反映。但由于习惯叫法，许多著作都沿用电阻极化这一术语，事实上是把欧姆电位降也当作一种类型的极化。

2. 阴极极化的原因

（1）阴极过程是消耗电子的过程。若阴极接受电子的物质由于某种原因，与电子结合的速度跟不上阳极电子的迁移速度，则使阴极处有电子的堆积，电子密度增大，使阴极电位越来越负，即产生阴极极化。

（2）由于阴极表面的反应物或生成物的扩散速度较慢，小于阴极反应速度，导致阴极附近的反应物的浓度小于整体溶液的浓度，生成物的浓度大于整体溶液的浓度，结果使阴极电位降低，即产生阴极极化。

故总极化是由活化极化、浓差极化和电阻极化组成。实际腐蚀体系因条件而异，可能是某种或某几种极化对腐蚀起控制作用。

如果电极上只进行一个电极反应时，上述极化值的绝对值就是过电位。过电位是可逆电极偏离平衡态时的电位变化值。

3. 去极化

消除或减弱引起极化的因素，从而促使电极反应过程加速进行，这就是去极化作用。在浓差极化下搅拌溶液，以加速粒子的运动，可以减弱浓差极化；加入某种溶剂，除去阳极表面上氧化膜，可以减小电阻极化，从而加速金属的溶解。从防腐角度看，极化的减弱会加速腐蚀，因此防腐的途径之一是增加极化作用。

使阴极极化作用减弱的反应主要是氢离子和氧的还原反应，氢离子和氧起到了阴极的去极化作用，我们把氢离子和氧叫做阴极去极化剂。

（三）极化规律与极化曲线

1. 极化规律

我们规定，氧化电流为正值，还原电流为负值，净电流为阳极电流与阴极电流之差。则当电极过程为阳极反应时，即净电流 I 为正值，电极电位向正方向偏移，极化值 ΔE 也为正，$I \cdot \Delta E>0$；当电极过程为阴极反应时，即净电流 I 为负值，电极电位向负方向偏移，极化值 ΔE 也为负，$I \cdot \Delta E>0$；若净电流为零，即电极既不表现为阳极，也不表现为阴极，电极电位为平衡电极电位，电极没有极化，极化值 $\Delta E=0$，$I \cdot \Delta E=0$。

综上所述，电极反应的极化值与净电流的关系可表示为：

$$I \cdot \Delta E \geqslant 0 \qquad (2-42)$$

2. 极化曲线

表示电极电位和电流或电流密度之间关系的曲线叫做极化曲线。阳极电位和电流或电流密度的关系曲线称为阳极极化曲线，阴极电位和电流或电流密度的关系曲线称为阴极极化曲线。

极化曲线的形状各异，有的比较平缓，有的比较陡峭，从这些差异上可以得到有关电极过程的许多信息。电位对电流或电流密度的导数称为真实极化率。若极化曲线较陡，则表明电极的极化率较大，电极反应过程的阻力也较大；反之，极化曲线若较平坦，则表明电极的极化率较小，电极反应过程的阻力也较小，反应就较容易进行。

极化曲线对解释金属腐蚀的基本规律有重要意义。测量腐蚀体系的阴、阳极极化曲线，可以揭示腐蚀的控制因素及缓蚀剂的作用机理。分别测量两种金属处于同一电解质溶液中的极化曲线，可以判断这两种金属接触时的腐蚀情况。测量阴极区和阳极区的极化，可以研究局部腐蚀。在腐蚀电位附近及弱极化区进行极化测量，可以快速求得腐蚀速率，由此来鉴定和筛选耐蚀材料和缓蚀剂。通过测量极化曲线还可以获得阳极保护和阴极保护的重要参数。总之，用实验方法测定极化曲线是腐蚀研究中的重要手段。

二、伊文思腐蚀极化图

上面介绍了电极的极化曲线，借助电极的极化曲线可作出腐蚀电池的极化曲线。

（一）伊文思腐蚀极化图简介

简化的腐蚀电池的极化曲线见图 2－10。它是由英国腐蚀科学家 U. R. Evans 及其学生们于 1929 年提出来的，故称为伊文思(Evans)图，它没有考虑极化电位与电流的详细情况。图中 $E_{e,c}$和 $E_{e,a}$分别代表开路状态时阴、阳极的平衡电位。若完全忽略掉电池的回路电阻，则两电极的极化曲线就交于 S 点。S 点所对应的电位应处在 $E_{e,c}$和 $E_{e,a}$之间，故称其为混合电位 E_{mix}。由于腐蚀在 E_{mix}电位下不断进行，所以混合电位就是自腐蚀电位，简称为腐蚀电位 E_{corr}，相对应的电流称为腐蚀电流 I_{corr}。

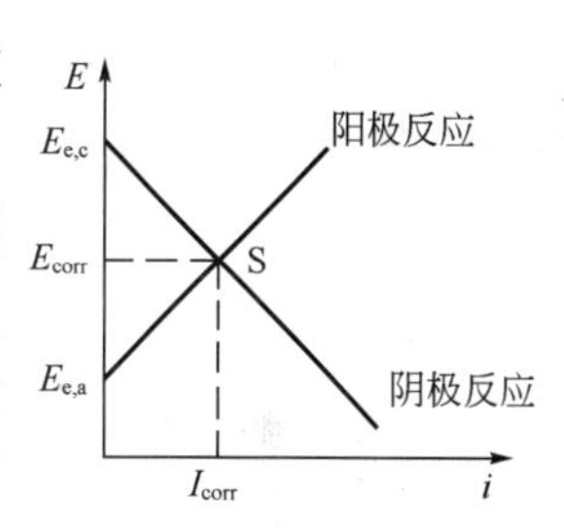

图 2－10　伊文思极化图

腐蚀电位 E_{corr}可以是随时间变化不大，比较稳定的。但要清楚地认识到这种稳定不是一种平衡态，在此电位下阴极反应和阳极反应是不可逆的。如处于 3％NaCl 溶液中 Fe 的电位是－0.5V，在这个电位下发生的阳极反应是 $Fe \rightarrow Fe^{2+} + 2e$，而阴极反应则是 $O_2 + 2H_2O + 4e \rightarrow 4OH^-$。既然同时进行着两个不同的电极反应，所以腐蚀将一直进行下去。一般情况下，腐蚀电池中阴、阳极面积是不相等的，但稳态下流过两极的电流强度是相等的，故用 E—I图较为方便，对于均匀腐蚀和局部腐蚀都适用。在均匀腐蚀中，整个表面既是阳极又是阴极，故可采用E—I图。

上面讨论的是在一个孤立的腐蚀电池中同时进行着两个不同的电极反应所建立起的混合电位的情况。对于两种以上金属组成的腐蚀电池，情况更为复杂。但它们的混合电位必定是处于最高的电极电位与最低的电极电位之间。

（二）腐蚀极化图的应用

腐蚀极化图在研究金属的电化学腐蚀中有重要应用。例如，利用腐蚀极化图可以确定腐蚀过程中的主要控制因素，判断添加剂的作用机理，还可以利用极化图用图解法计算腐蚀速率等。

电化学腐蚀过程的速率既取决于腐蚀阴、阳极平衡电位之差，又取决于腐蚀过程中所受到的阻力。这些阻力来自于阳极极化、阴极极化和溶液的欧姆电阻，即：

$$E_{e,c}-E_{e,a}=\Delta E_a+|\Delta E_c|+IR \tag{2-43}$$

用 P_a、P_c 分别表示阳极和阴极的极化率时，$\Delta E_a=I\cdot P_a$，$|\Delta E_c|=I\cdot P_c$，则有：

$$I=\frac{E_{e,c}-E_{e,a}}{P_a+P_c+R} \tag{2-44}$$

由上式可知腐蚀电流受腐蚀电池的电动势，阴、阳极极化率和欧姆电阻四个因素的影响。

对具体某一腐蚀过程的腐蚀速率起决定作用的因素叫做腐蚀控制因素。各项阻力对于整个腐蚀过程总阻力比值的百分数叫做各项阻力对整个腐蚀过程控制的程度，即

$$C_a=\frac{P_a}{P_a+P_c+R}\times100\%=\frac{\Delta E_a}{\Delta E_a+|\Delta E_c|+IR}\times100\% \tag{2-45}$$

$$C_c=\frac{P_c}{P_a+P_c+R}\times100\%=\frac{|\Delta E_c|}{\Delta E_a+|\Delta E_c|+IR}\times100\% \tag{2-46}$$

$$C_R=\frac{R}{P_a+P_c+R}\times100\%=\frac{IR}{\Delta E_a+|\Delta E_c|+IR}\times100\% \tag{2-47}$$

式中 C_a、C_c 和 C_R 分别为阳极极化控制程度、阴极极化控制程度和欧姆电阻控制程度。其中控制程度最大的因素称为腐蚀过程的主要控制因素，它对腐蚀速率有着决定性的影响。根据主要控制因素的不同，一般有阳极控制、阴极控制、混合控制和电阻控制。它们的腐蚀极化图见图 2-11。图中 Φ_a^0 为阳极的平衡电极电位，Φ_c^0 为阴极的平衡电极电位。

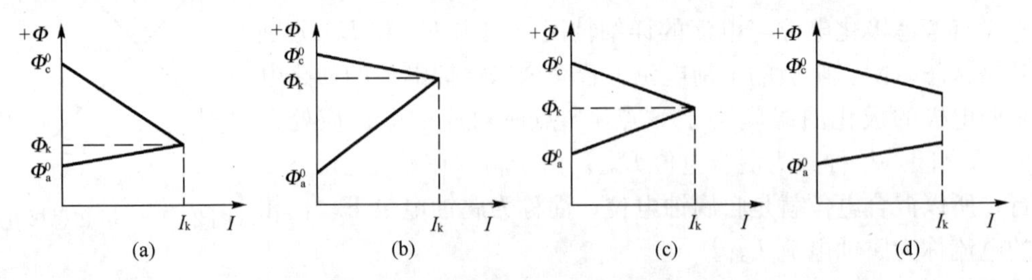

图 2-11 腐蚀极化图解的基本形式

(a) 阴极控制；(b) 阳极控制；(c) 混合控制；(d) 电阻控制

三、腐蚀动力学方程式

（一）活化极化控制下的腐蚀动力学方程式

当腐蚀速率由电化学步骤控制时，该体系为活化极化控制的腐蚀体系。如无钝化膜生成的金属在不含氧及其他去极化非氧化性酸溶液中腐蚀时就属于这种情况，这时唯一的阴极去极化剂为 H^+，这样阳极过程和还原过程都由活化极化所控制。

假设电极上只发生如下简单的电化学反应：

$$R \rightleftharpoons O+ne \tag{2-48}$$

若反应速度用电流密度表示，用 $\vec{i}$ 和 $\overleftarrow{i}$ 分别表示氧化和还原反应的电流密度：

$$\vec{i}=nFk_{CR}\exp\left(-\frac{\vec{E}}{RT}\right) \tag{2-49}$$

$$\overleftarrow{i} = nFk_{CO}\exp\left(-\frac{\overleftarrow{E}}{RT}\right) \tag{2-50}$$

式中 n——反应的电子数；

k_{CR}——还原态物质的浓度；

k_{CO}——氧化态物质的浓度；

R——通用气体常数，$R=8.314\text{J}/(\text{mol}\cdot\text{K})$；

T——绝对温度，K；

F——法拉第常数，$F=96500\text{C/mol}$；

$\overrightarrow{E}$——氧化反应的活化能；

$\overleftarrow{E}$——还原反应的活化能。

当电极处于平衡时，电极电位为平衡电极电位 E_e，氧化反应速度和还原反应速度相等，净反应速度为零，此时的氧化反应电流或还原反应电流就是交换电流密度，即：

$$i_0 = \overrightarrow{i} = \overleftarrow{i} \tag{2-51}$$

$$i_0 = nFk_{CR}\exp\left(-\frac{\overrightarrow{E}_e}{RT}\right) = nFk_{CO}\exp\left(-\frac{\overleftarrow{E}_e}{RT}\right) \tag{2-52}$$

式中 $\overrightarrow{E}_e$ 和 $\overleftarrow{E}_e$ 分别表示平衡电位下氧化和还原反应的活化能。

电化学反应发生在电极的双电层内，显然电极电位的大小能控制电极反应的速度，这是动力学上电化学反应与一般化学反应不同之处。

当 1mol 的 Me^{n+} 通过电极的双电层发生电化学反应时，若电极的极化值为 ΔE，则由于电极电位的变化使发生在双电层中的两个反应(氧化反应和还原反应)的活化能受到极化值 ΔE 的影响。当 $\Delta E>0$，即电极电位正移，则金属晶格中的原子将具有更高的能量，更易于离开金属表面进入溶液。这说明金属氧化反应的活化能减小了，其减小量为 $\beta nF\Delta E$。对于还原反应，与氧化反应则相反，使反应的活化能增加了 $\alpha nF\Delta E$，反应速度变慢。α、β 称为电子转移系数，也叫能量分配系数，它们受电极材料的影响较小，决定于阴、阳极过程的对称性。α、β 在 0 到 1 的范围内变化，且 $\alpha+\beta=1$，阴阳极过程越对称，α 和 β 值越接近于 0.5，具体由实验获得。因此我们得到：

$$\overrightarrow{E} = \overrightarrow{E}_e - \beta nF\Delta E \tag{2-53}$$

$$\overleftarrow{E} = \overleftarrow{E}_e + \alpha nF\Delta E \tag{2-54}$$

将式(2－53)代入式(2－49)，再结合式(2－52)，可以得到由于电极电位变化使氧化反应的活化能减小所导致的氧化反应的电流表达式为：

$$\overrightarrow{i} = nFk_{CR}\exp\left(-\frac{\overrightarrow{E}_e - \beta nF\Delta E}{RT}\right) = nFk_{CR}\exp\left(-\frac{\overrightarrow{E}_e}{RT}\right)\exp\left(\frac{\beta nF\Delta E}{RT}\right)$$
$$= i_0\exp\left(\frac{\beta nF\Delta E}{RT}\right) \tag{2-55}$$

同理，将式(2－54)代入式(2－50)，再结合式 (2－52)，得到：

$$\overleftarrow{i} = i_0\exp\left(-\frac{\alpha nF\Delta E}{RT}\right) \tag{2-56}$$

由式(2－55)和式(2－56)，再根据过电位 η 的表达式，可以推导出电极反应净电流密度的表达式。

若电极反应的氧化速度大于还原速度，则电极反应表现为净阳极反应，即

$$i_a = \vec{i} - \overleftarrow{i} \tag{2-57}$$

此时

$$\eta_a = \Delta E_a = E - E_{e,a} \tag{2-58}$$

将式(2-55)和式(2-56)中的 ΔE 以 η_a 代替，并代入式 (2-57)，得：

$$i_a = i_0\left[\exp\left(\frac{\beta nF\eta_a}{RT}\right) - \exp\left(-\frac{\alpha nF\eta_a}{RT}\right)\right] \tag{2-59}$$

若电极反应的还原速度大于氧化速度，则电极反应表现为净阴极反应，即

$$i_c = \overleftarrow{i} - \vec{i} \tag{2-60}$$

此时

$$\eta_c = |\Delta E_c| = E_{e,c} - E \tag{2-61}$$

将式(2-55)和式(2-56)中的 ΔE 以 $-\eta_c$ 代替，并代入式(2-60)，得：

$$i_c = i_0\left[\exp\left(\frac{\alpha nF\eta_c}{RT}\right) - \exp\left(-\frac{\beta nF\eta_c}{RT}\right)\right] \tag{2-62}$$

从数学关系上看，当 $\eta > 2.3RT/nF$ 时，式(2-59)和式(2-62)中的第二项可忽略。从物理意义讲，即净阳极反应中的还原反应速度和净阴极反应中的氧化速度均可忽略。此时的电极反应亦分别称为强阳极反应和强阴极反应。于是得到：

$$i_a = i_0\exp\left(\frac{\beta nF\eta_a}{RT}\right) \tag{2-63}$$

$$i_c = i_0\exp\left(\frac{\alpha nF\eta_c}{RT}\right) \tag{2-64}$$

将式(2-63)和式(2-64)取对数，经整理后得到：

$$\eta_a = -\frac{2.3RT}{\beta nF}\lg i_0 + \frac{2.3RT}{\beta nF}\lg i_a \tag{2-65}$$

$$\eta_c = -\frac{2.3RT}{\alpha nF}\lg i_0 + \frac{2.3RT}{\alpha nF}\lg i_c \tag{2-66}$$

令

$$-\frac{2.3RT}{\beta nF}\lg i_0 = a_a \tag{2-67}$$

$$\frac{2.3RT}{\beta nF} = b_a \tag{2-68}$$

$$\frac{2.3RT}{\alpha nF}\lg i_0 = a_c \tag{2-69}$$

$$\frac{2.3RT}{\alpha nF} = b_c \tag{2-70}$$

a 和 b 间的关系为 $a = -b\lg i_0$，式(2-65)和式(2-66)改写成：

$$\eta_a = a_a + b_a\lg i_a \tag{2-71}$$

$$\eta_c = a_c + b_c\lg i_c \tag{2-72}$$

式(2-71)和式(2-72)称为 Tafel 方程式。它们是由 Tafel 在 1905 年根据氢离子放电的大量实验结果归纳出来的。常数 b 称为常用对数的 Tafel 斜率。

(二) 活化极化控制下金属腐蚀速率表达式

金属发生电化学腐蚀时，其表面必定进行着两对或两对以上的电化学反应。例如在酸性

溶液介质中

$$Zn \rightleftharpoons Zn^{2+} + 2e \quad (2-73)$$

$$H_2 \rightleftharpoons 2H^+ + 2e \quad (2-74)$$

由于以上两对电极反应的平衡电位不相等，所以当金属锌发生腐蚀时必存在一混合电位——腐蚀电位 E_{corr}，其值在两个平衡电位之间。在金属的自腐蚀电位 E_{corr} 下，锌的净氧化反应速度等于氢离子的净还原反应速度。金属的自腐蚀速率就是锌的净氧化反应速度或氢离子的净还原反应速度，即：

$$i_{corr} = \vec{i}_1 - \overleftarrow{i}_1 = \overleftarrow{i}_2 - \vec{i}_2 \quad (2-75)$$

当 E_{corr} 既远离 $E_{e,1}$ 又远离 $E_{e,2}$ 时，可忽略掉 $\overleftarrow{i}_1$ 和 $\vec{i}_2$，于是式(2－75)简化为：

$$i_{corr} = \vec{i}_1 = \overleftarrow{i}_2 \quad (2-76)$$

由式(2－63)和式(2－64)，很容易得到如下的关系：

$$i_{corr} = i_{0,1}\exp\left(\frac{2.3\eta_{a,1}}{b_{a,1}}\right) = i_{0,1}\exp\left[\frac{2.3(E_{corr} - E_{e,1})}{b_{a,1}}\right] \quad (2-77)$$

或

$$i_{corr} = i_{0,2}\exp\left[\frac{2.3(E_{e,2} - E_{corr})}{b_{c,2}}\right] \quad (2-78)$$

腐蚀速率 i_{corr} 与过电位 η、交换电流密度 i_0 和 Tafel 常数 b 有关。因此如果知道腐蚀体系相应的参数，可求出腐蚀速率。

(三) 金属腐蚀速率的基本动力学方程式

如前所述，当金属发生电化学腐蚀时，腐蚀体系中至少存在两对独立的电化学反应，因此其腐蚀动力学方程式和极化曲线也与单电极反应不同。

当以外加电流的形式对处于自腐蚀状态下的金属电极进行阳极极化时，因为电位变正，将使电极上的净氧化反应速度增加，而净还原反应速度减小。所加阳极外电流为：

$$i_{a,外} = i_{a,1} - i_{c,2} = (\vec{i}_1 - \overleftarrow{i}_1) - (\overleftarrow{i}_2 - \vec{i}_2) = (\vec{i}_1 + \vec{i}_2) - (\overleftarrow{i}_1 + \overleftarrow{i}_2) = \sum\vec{i} - \sum\overleftarrow{i} \quad (2-79)$$

此式表明，外加的阳极极化电流等于电极上所有氧化反应速度(用电流表示)的总和减去所有还原反应速度(用电流表示)的总和。

同理，对腐蚀金属进行阴极极化时，电位变负，将使金属的净还原反应速度增加，净氧化反应速度减小。所加的阴极电流为：

$$i_{c,外} = i_{c,1} - i_{a,2} = (\vec{i}_2 - \overleftarrow{i}_2) - (\overleftarrow{i}_1 - \vec{i}_1) = (\vec{i}_2 + \vec{i}_1) - (\overleftarrow{i}_2 + \overleftarrow{i}_1) = \sum\vec{i} - \sum\overleftarrow{i} \quad (2-80)$$

当自腐蚀电位 E_{corr} 远离 $E_{c,1}$ 和 $E_{c,2}$ 时，忽略反应 1 的还原速度和反应 2 的氧化速度，则式(2－79)和式(2－80)可简化为：

$$i_{a,外} = i_{a,1} - i_{c,2} = \vec{i}_1 - \overleftarrow{i}_2 \quad (2-81)$$

$$i_{c,外} = i_{c,2} - i_{a,1} = \overleftarrow{i}_2 - \vec{i}_1 \quad (2-82)$$

由式(2－71)Tafel 方程，我们可得氧化速度 $\vec{i}_1$ 与极化值 $\Delta E = E - E_{corr}$ 的关系为：

$$\vec{i}_1 = i_{0,1}\exp\left[\frac{2.3(E - E_{e,1})}{b_{a,1}}\right] \quad (2-83)$$

由于

$$i_{corr}=i_{0,1}\exp\left[\frac{2.3(E_{corr}-E_{e,1})}{b_{a,1}}\right] \tag{2-84}$$

所以

$$\vec{i}_1=i_{0,1}\exp\left[\frac{2.3\ (E-E_{e,1})}{b_{a,1}}\right]=i_{corr}\exp\left[\frac{2.3\ (E-E_{corr})}{b_{a,1}}\right]=i_{corr}\exp\left(\frac{2.3\Delta E}{b_{a,1}}\right) \tag{2-85}$$

同理

$$\overleftarrow{i}_2=i_{0,2}\exp\left[\frac{2.3\ (E_{e,2}-E)}{b_{c,2}}\right]=i_{corr}\exp\left[\frac{2.3\ (E_{corr}-E)}{b_{c,2}}\right]=i_{corr}\exp\left(-\frac{2.3\Delta E}{b_{c,2}}\right) \tag{2-86}$$

将处于自腐蚀状态下的金属电极的氧化反应的 Tafel 斜率用 b_a 即 $b_{a,1}$、还原反应的 Tafel 斜率用 b_c 即 $b_{c,2}$ 来表示，显然对同一电极(不管是平衡电极还是非平衡电极)阳极极化值与阴极极化值的绝对值相等，符号相反。因此

$$i_{a,外}=i_{corr}\left[\exp\left(\frac{2.3\Delta E}{b_a}\right)-\exp\left(-\frac{2.3\Delta E}{b_c}\right)\right] \tag{2-87}$$

$$i_{c,外}=i_{corr}\left[\exp\left(-\frac{2.3\Delta E}{b_c}\right)-\exp\left(\frac{2.3\Delta E}{b_a}\right)\right] \tag{2-88}$$

式(2-87)和式(2-88)即为活化极化控制下金属腐蚀速率的基本动力学方程式。

上述公式推导中，腐蚀速率均以电流密率给出，这是因为假定金属发生是均匀的全面腐蚀。对于局部腐蚀来说，一般阴、阳极面积不相等，但在自腐蚀电位下，阴、阳极电流强度相等，所以用于局部腐蚀时，要将上述公式中的电流密度改为电流强度。

四、浓差极化控制下的腐蚀动力学方程式

金属的腐蚀速率由浓差极化控制时称为浓差极化控制的腐蚀过程。一般金属发生氧去极化腐蚀，往往阴极受氧的扩散控制。

(一) 稳态扩散下电流和浓度的关系

在腐蚀电池的阴极区，随着阴极还原反应的进行，阴极表面的去极化剂浓度下降，致使与主体溶液间产生浓度梯度。在浓度梯度的作用下，去极化剂将从主体溶液向电极表面扩散。当从主体溶液扩散来的反应粒子完全补偿了电极反应所消耗的反应粒子时，扩散达到了稳定。

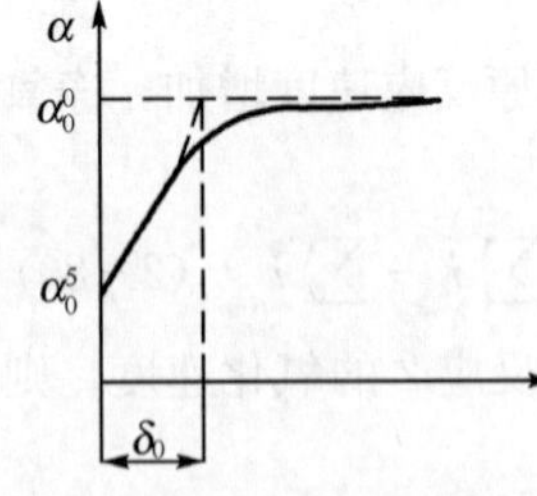

图 2-12 对流存在的稳态扩散电极表面扩散层与反应粒子活动分布

液相传质有三种形式，即对流、扩散和电迁移。若参与阴极反应的粒子不是带电或即便是带电，但有大量的局外电解质存在的情况下，放电离子的电迁移可以忽略。另外电极表面附近，由于受液体流动时层流底层的影响，对流作用很小，因此不带电粒子在电极表面附近的主要传质方式为扩散。对于一平面电极，可只考虑一维扩散，见图 2-12。图中 δ_0 为扩散层厚度，α 为电荷活性。

根据费克(Fick)定律，在稳态扩散过程中，单位时间内通过单位面积的扩散物质的量为：

$$W=-D\left(\frac{dC}{dx}\right)_{x=0} \tag{2-89}$$

式中 W——单位时间内通过单位面积扩散的物质量，mol/(cm^2 · s)；

$(dC/dx)_{x=0}$—— 电极表面附近的溶液中放电粒子的浓度梯度，mol/cm^4；

D——扩散系数，cm^2/s。

负号表示扩散传质方向与浓度梯度方向相反。

扩散系数与温度、粒子的大小以及溶液的浓度有关。在室温条件下的稀溶液中，无机离子在水溶液中的扩散系数一般约为 $1\times10^{-5}cm^2/s$ 左右。氢离子和氢氧根离子在室温下的水溶液中的扩散系数很大，约为 $9.3\times10^{-5}cm^2/s$ 和 $5.2\times10^{-5}cm^2/s$。氧分子在室温下水溶液中的扩散系数约为 $1.9\times10^{-5}cm^2/s$。

在稳态扩散下，由电极反应引起的溶液本体的浓度变化可以忽略，所以扩散层内的浓度梯度等于扩散层外本体溶液的浓度 C^0 与电极表面的浓度 C^s 之差除以扩散层的厚度 δ

$$\left(\frac{dC}{dx}\right)_{x=0}=\frac{C^0-C^s}{\delta} \qquad (2-90)$$

在稳态条件下，忽略对流和电迁移的作用后，整个电极反应速度就等于扩散速度。而消耗 1mol 的反应离子必须通过 nF 的电量，因此电极反应速度可用扩散电流密度表示，而扩散电流密度可表示扩散速度。例如，对阴极过程，阴极反应电流密度 i_c 就等于阴极去极化剂的扩散速度 i_d，即

$$i_c=i_d=-nFW=nFD\frac{C^0-C^s}{\delta} \qquad (2-91)$$

当电化学步骤进行很快时，反应离子扩散到达电极表面，立刻被消耗掉，于是 $C^s=0$，i_d 达到最大值，称为极限扩散电流密度，以 i_L 表示：

$$i_L=nFD\frac{C^0}{\delta} \qquad (2-92)$$

可见，极限扩散电流密度与溶液本体浓度 C^0 成正比，与扩散层厚度 δ 成反比。通过搅拌可使 δ 减小，使 i_L 值增大。

（二）浓差极化下的动力学方程式

因扩散过程为整个电极过程的控制步骤，则其他步骤可认为处于平衡状态，所以电极电位仍可用能斯特(Nernst)方程进行计算：

通电前

$$E_e=E_0+\frac{RT}{nF}\ln C^0 \qquad (2-93)$$

通电后

$$E_i=E_0+\frac{RT}{nF}\ln C^s \qquad (2-94)$$

式(2-94)减去式(2-93)，可得 $\eta_c=|\Delta E|=E_e-E_i$，即

$$\eta_c=\frac{RT}{nF}\ln\frac{C^0}{C^s} \qquad (2-95)$$

将式(2-91)除以式（2-92）可得：

$$\frac{i_c}{i_L}=1-\frac{C^s}{C^0}$$

$$\frac{C^0}{C^s}=\frac{i_L}{i_L-i_c} \qquad (2-96)$$

将式(2-96)代入式(2-95)，即得：

$$\eta_c = \frac{RT}{nF}\ln\left(\frac{i_L}{i_L - i_c}\right) \quad (2-97)$$

式(2-97)称为浓差极化动力学方程式。

(三) 浓差极化控制下腐蚀速率的表达式

由于是浓差极化所控制，整个电极反应过程中扩散步骤是各步骤中最缓慢的步骤，所以腐蚀速率就是极限扩散电流密度 i_L：

$$i_{corr} = i_{c,2} = i_L = \frac{nFDC^0}{\delta} \quad (2-98)$$

由式可知，影响 i_L 的因素，也就影响腐蚀速率：

(1) i_{corr}与 C^0 成正比，即腐蚀速率随去极化剂的浓度的增加而增大；

(2) i_{corr}与 δ 成反比，搅拌溶液或增加溶液流速，会减小扩散层厚度，使腐蚀速率增加；

(3) 升高温度，扩散系数 D 增大，使腐蚀速率加快。

(四) 浓差极化控制下金属腐蚀的极化曲线方程式

若金属腐蚀的阴极过程受扩散控制，式(2-81)中的 $\overleftarrow{i}_2$ 等于极限扩散电流 i_L，即阴极电流为腐蚀电流 i_{corr}，相当于式(2-87)中的 $b_c \to \infty$。故式(2-87)简化为：

$$i_{a,外} = i_{corr}\left[\exp\left(\frac{2.3\Delta E}{b_a}\right) - 1\right] \quad (2-99)$$

此式即为阴极过程是浓差控制时金属腐蚀的阳极极化曲线方程式。

第六节 析氢腐蚀和吸氧腐蚀

一、析氢腐蚀

金属在酸中的腐蚀，如果酸中没有别的氧化剂时，则 $2H^+ + 2e \to H_2$ 是唯一的阴极反应。这种以氢离子的还原反应为阴极过程的腐蚀称为析氢腐蚀或氢去极化腐蚀。

(一) 析氢腐蚀的条件

氢电极在一定的酸浓度和氢气压力下，可建立如下的平衡：

$$2H^+ + 2e \to H_2$$

这个氢电极的电位叫氢的平衡电位 $E_{e,H}$，它与氢离子浓度和氢分压有关。

由于在腐蚀电池中，阴极平衡电位比阳极电位要正，当氢的平衡电位比阳极的电位负时，氢的平衡电位当然比阴极平衡电位更负，所以氢的平衡电位比腐蚀电位负，不可能发生氢离子的还原反应，即析氢腐蚀；如果氢的平衡电位比阳极的电位正，则有可能氢的平衡电位比腐蚀电位正，就有可能发生氢去极化的析氢腐蚀。

由此看来，氢的平衡电位成为能否发生析氢腐蚀的重要标准，而 $E_{e,H} = -0.0591\text{pH}$，酸性越强，pH 值越小，氢的平衡电位越高，就有可能高过阳极的电位，发生析氢腐蚀的可能性增加。因此，在中性溶液中，氢的平衡电位太负，许多金属不可能析氢腐蚀，只有那些电位更负的金属，才有可能发生。

（二）析氢反应的步骤

$2H^{+}+2e \rightarrow H_2$ 是析氢反应的总过程。实际上，氢离子被还原成氢分子要经历一系列的步骤，其主要步骤有：

（1）氢离子、水化氢离子、水分子移向电极表面。

（2）氢离子、水化氢离子、水分子在电极表面上放电、脱水生成氢原子，并吸附在电极上：

$$H^{+}+e \rightarrow H$$

$$H^{+} \cdot H_2O+e \rightarrow H+H_2O$$

$$H_2O+e \rightarrow H+OH^{-}$$

（3）氢原子成对地结合成为氢分子：

$$H(\text{吸附})+H(\text{吸附}) \rightarrow H_2(\text{吸附})$$

$$H(\text{吸附})+[H^{+}(\text{电极})+e] \rightarrow H_2(\text{吸附})$$

（4）氢分子在电极表面脱附，聚集成氢气气泡逸出。

以上这四个步骤实际上是连续进行的，其中任何一个步骤受阻，此步骤就成为氢去极化的控制步骤。由于 H^{+} 是带电离子，质量又小，因此电迁移速度很大，浓差极化作用一般很弱。研究表明，在整个过程中阻滞作用最大的步骤是 H^{+} 的放电过程，即第(2)个步骤起控制作用，因此电极反应 $2H^{+}+2e \rightarrow H_2$ 受电化学极化(活化极化)控制。

（三）析氢过电位

前面我们已经推导了受活化极化控制的腐蚀体系过电位与电流密度的关系。具体对于析氢腐蚀来说，析氢过电位 η_H 与阴极电流密度 i_c 之间的关系，当电位偏离平衡值较小的范围内呈线性关系：

$$\eta_H=\omega \cdot i_c \tag{2-100}$$

当电位偏离平衡电位值较远时，η_H 与 $\lg i_c$ 呈线性关系，即 Tafel 方程

$$\eta_H=a_H+b_H\lg i_c \tag{2-101}$$

研究析氢过电位具有很高的理论意义和实用价值。当前的电化学工业主要是水溶液的电化学，水的电解过程可能叠加到任何阴极或阳极反应上，降低析氢过电位，可以降低电力消耗，提高经济效益。而在某些领域，如化学电源工业中，则相反要寻找增加析氢过电位的合理方法，以延长化学电源的寿命。

二、吸氧腐蚀

在中性或碱性溶液中，由于氢离子的浓度小，析氢电位较负，而某些不太活泼的金属的平衡电位较正，所以这些金属在中性或碱性溶液中的阴极反应往往不是氢离子的还原反应，即不发生析氢腐蚀。而氧还原反应的平衡电极电位较高，因此不太活泼的金属在有氧的溶液中的阴极反应往往是溶解氧的还原反应，即氧为阴极的去极化剂，发生吸氧腐蚀。发生吸氧腐蚀的第一步是氧到达电极表面，由于氧这种去极化剂的特点，完成这一步要经历很多步骤。

（一）氧向电极表面的输送

与氢去极化的阴极过程不同，氧去极化的阴极过程，浓差极化占主导地位。这是由于作为去极化剂的氧分子本性决定的：

（1）氧分子向电极表面的输送只能依靠对流和扩散；

（2）由于氧在溶液中的溶解度不大，所以氧在溶液中的浓度很小；

（3）没有气体的析出，不存在搅拌，反应产物只能依靠扩散的方式离开电极。

氧在各种溶液中的溶解度随温度和压力变化。腐蚀过程中，溶解氧在电极表面不断还原，消耗的氧由大气中的氧来补充。

氧向电极表面的输送是一个较复杂的过程，大致可以分为以下几个步骤：

（1）氧通过空气—溶液界面进入溶液，使溶液中的氧浓度接近饱和；

（2）以对流和扩散方式通过溶液的主要厚度层；

（3）以扩散方式通过电极表面溶液的静止层，从而到达金属表面；

（4）氧在电极表面上吸附。

在上述的四个步骤中，进行最缓慢的是步骤（3），即氧通过静止层的扩散。静止层又称扩散层，其厚度约为 $10^{-2}\sim10^{-5}$ cm。虽然扩散层的厚度不大，但是由于氧只能以扩散这种唯一的方式进行传质，因此一般情况下扩散是最缓慢的步骤，以至于氧向电极表面的输送速度小于氧在金属表面的还原速度，故此步骤成为整个阴极过程的控制步骤。

（二）氧去极化的阴极极化曲线

氧去极化的阴极过程的速度与氧的离子化反应以及氧向金属表面的输送过程都有关系，所以氧去极化的阴极极化曲线较复杂。

1. 阴极过程由氧离子化反应速度控制

如果阴极过程在不大的电流密度下进行，并且阴极表面氧供应充分，则阴极过程的速度由氧离子化过电位控制。与析氢腐蚀相同，在电流密度不大时，吸氧过电位与阴极电流密度呈线性关系。随着电流密度的增加，过电位与阴极电流密度的对数呈线性关系。

2. 氧的阴极还原反应受氧的离子化反应和氧的扩散的混合控制

当阴极极化电流较大时，一般为 $i_L/2<i<i_L$ 时，由于 $V_{反}\approx V_{扩}$，氧总的还原过程与氧的离子化反应和氧的扩散过程都有关系，即受活化极化和浓差极化的混合控制。

3. 阴极过程为氧阴极和氢阴极联合控制

在完全浓差极化下，过电位可以趋于无穷大。但在实际上，当阴极电位负到一定程度时，在电极上除了氧的还原反应外，就有可能开始进行某种新的电极过程。在水溶液中，当氧还原反应电位低到析氢反应的平衡电位时，电极上发生氧的还原反应的同时，发生析氢反应。这时总的阴极电流密度为氧还原反应电流密度和氢离子还原反应电流密度之和，即

$$i_c = i_O + i_H \tag{2-102}$$

（三）吸氧腐蚀的过程及特点

金属发生氧去极化腐蚀时，由于阴极过程主要取决于溶解氧向电极表面的输送速度和氧在电极表面上的放电速度，因此可粗略地将氧去极化腐蚀分为如下三种情况：

(1) 若金属在溶液中的电位较正，并且腐蚀过程中氧的输送速度又较大，则金属的腐蚀速率主要由氧在电极上的放电速度决定，所以阳极极化曲线将与氧的阴极极化曲线相交于氧的阴极极化曲线的活化极化区。这时腐蚀电流密度小于氧的极限扩散电流密度的一半，金属表面上氧的浓度大于溶液中氧的溶解度的一半。铜在强烈搅拌的敞口溶液中的腐蚀就属于这种情况。

(2) 若金属在溶液中的电位比较负并处于活性溶解状态，而氧的传递速度又有限，则金属的腐蚀速率将由氧的极限扩散电流密度决定。阳极极化曲线和阴极极化曲线将相交于氧的浓差极化区。锌、铁和碳钢等金属及其合金在天然水或中性溶液中的腐蚀属于这种情况。

(3) 若金属在溶液中的电位非常负，不论氧的传送速度大小，阴极过程将由氧去极化和氢去极化共同组成，这时的腐蚀电流大于氧的极限扩散电流。例如，镁、锰及镁合金等在中性介质中的腐蚀就属于这种情况。

(四) 影响吸氧腐蚀的因素

如果吸氧腐蚀过程受阴极控制，当供氧速度很大，腐蚀电流小于氧的极限扩散电流密度时，金属的腐蚀速率主要取决于阴极的活化极化，金属中的阴极杂质、合金成分和组织、微阴极面积等都影响吸氧腐蚀速率。但在大多数情况下，供氧速率有限，吸氧腐蚀速率受氧的扩散过程的控制。在这种情况下，金属的腐蚀速率就等于氧的极限扩散电流密度：

$$i_{corr} = i_{L,O} = \frac{nFD_{O_2}C^0_{O_2}}{\delta} \qquad (2-103)$$

因此，凡影响氧的极限扩散电流密度 $i_{L,O}$ 的因素都将影响腐蚀速率的大小。

1. 溶解氧浓度的影响

氧的极限扩散电流密度随溶解氧浓度的增大而增大，因此吸氧腐蚀速率也随解氧浓度的增大而增大，如图 2-13 所示。由极化曲线可知，氧含量低的极化曲线 1 比氧含量高的极化曲线 2 的初始电位负，并且 $i_{L,2} > i_{L,1}$，因而 $i_{corr,2} > i_{corr,1}$，而且极化电位 $\Phi_{corr,2} > \Phi_{corr,1}$。值得注意的是，若金属具有钝化特性，则当氧浓度增大到一定程度时，由于极限扩散将从活化电流密度达到了金属的致钝电流密度，则该金属状态转化为钝态，腐蚀速率将明显下降。可见溶解氧对金属的腐蚀速率对不同的金属有着相反的影响，这一点对研究在中性溶液中具有钝化行为的金属腐蚀有重要意义。

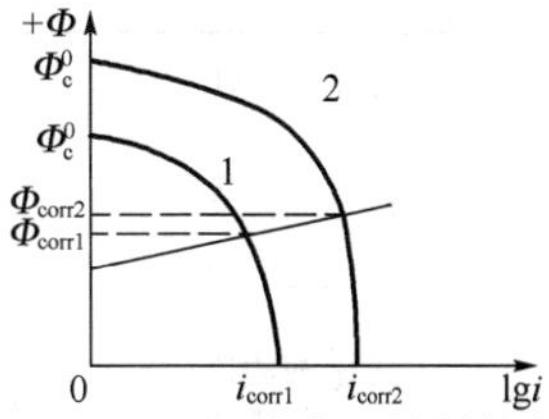

图 2-13 氧浓度对扩散控制的腐蚀过程影响

1—氧浓度小；2—氧浓度大

2. 温度的影响

溶液的粘度随温度升高而降低，从而使氧的扩散系数增加，故温度升高会加速腐蚀过程。但对于敞口体系，温度升高存在着另一相反的作用，氧的溶解度随温度的升高而降低，特别是接近沸点时，溶解度急剧下降，从而使腐蚀速率减小。这两种作用的影响程度在不同温度下是不同的。具体来说，当温度较小时，提高温度减小粘度使扩散系数增加的作用将超过温度升高使溶解度减小的作用。但在温度较高时，情况正好相反。因此腐蚀速率有一个随温度上升而上升又随温度上升而下降的变化过程，即腐蚀速率有一个最大值。例如，铁在水溶液的腐蚀在 80℃附近达到最大值。对于闭口体系，温度升高使气相中的氧的分压增大，从而增加氧在溶液中的溶解度，这与升高温度氧的溶解度减小的作用大致可以抵消，因此腐蚀速率随温度升高而增大。

3. 盐含量的影响

随着盐含量的增加，溶液的电导率增大，电阻极化减小，使腐蚀速率增加。但当盐浓度增加到某一程度后，氧的溶解度会显著减小，所以不会使腐蚀速率增加。例如在中性溶液中，当 NaCl 的质量浓度增加到 3%时(大约相当于海水中 NaCl 的含量)，铁的腐蚀速率达到最大值。

4. 溶液搅拌和流速的影响

流速或搅拌的增大，可使扩散层厚度减小，氧的极限扩散电流密度增加，因而腐蚀速率增大。溶液流速不仅使腐蚀速率改变，还可能使腐蚀类型也要发生改变。当流速较小时，电极表面上方是层流区，流速的增加只是减小层流区的厚度，使氧更容易到达电极表面，腐蚀速率增大。当流速增加到一个临界值时，静止的边界层被湍流液体所穿透，并使表面膜也受到一定程度的破坏，因此腐蚀速率急剧增大，这时腐蚀类型已变为湍流下的磨损腐蚀。当流速进一步上升时，阳极极化曲线不再与阴极极化曲线中的浓差极化部分相交，而与活化极化部分相交。当流速提高到高流速区域时，则腐蚀类型已从磨损腐蚀变为空泡腐蚀。

应当指出，对于有钝化倾向的金属或合金来说，当它们尚未进入钝态时，增加流速或加强搅拌作用都可以使氧的极限扩散电流密度达到或超过致钝电流密度，从而促使金属或合金的钝化，降低腐蚀速率。

三、析氢腐蚀和吸氧腐蚀的比较

在讨论了析氢和吸氧腐蚀的一般规律后，现将它们各自的腐蚀特点列于表 2-4，进行简单的比较。

表 2-4　析氢腐蚀与吸氧腐蚀的比较

比较项目	析氢腐蚀	吸氧腐蚀
去极化剂性质	氢离子可以以电迁移、对流和扩散三种方式进行传质	氧分子只能以对流和扩散方式进行传质
去极化剂浓度	浓度大，酸性溶液中是 H^+ 还原，在中、碱性溶液中是 H_2O 的还原	浓度小，溶解度随温度和盐浓度的升高而下降
控制类型	通常为阴极的活化控制	通常为阴极的浓差极化控制
阴极反应产物	氢气以气泡形式析出	OH^- 或 H_2O 分子以对流和扩散方式离开电极表面
腐蚀速率的大小	单纯的析氢腐蚀速率较大	单纯的析氧腐蚀速率较小

第七节　金属的钝化

金属的钝化在腐蚀与防护科学中具有重要的地位，它不仅具有重大的理论意义，而且在制造耐蚀合金方面具有重要的实际意义。

一、钝化现象

金属的钝化是某些金属或合金腐蚀时观察到的一种特殊现象，最初的观察来自法拉第对纯铁在硝酸中的腐蚀实验。在稀硝酸溶液中，铁的腐蚀速率随硝酸浓度的提高而增大。当浓度增加到30％～40％时，腐蚀速率达到最大。若继续增加硝酸浓度，可以观察到铁的腐蚀速率突然下降，直至腐蚀接近停止。即使这时再把它放回稀硝酸溶液中，也能在一段时间内不发生腐蚀。但如果用玻璃棒擦一擦铁的表面，铁块又迅速溶解。除了铁具有上述现象外，研究发现几乎所有的金属都会不同程度地发生上述现象，最明显的金属有铬、铅、钛、镍、铁、钼和铌等。除了硝酸以外，一些强氧化剂如氯酸钾、重铬酸钾、高锰酸钾等都能使金属的腐蚀速率降低。

我们把金属在一定条件下或经过一定处理后，其腐蚀速率明显降低的现象叫做钝化现象。金属或合金在一定条件下所获得的耐蚀状态，称为钝态。金属或合金在某种条件下，由活性转为钝性的突变过程，叫做金属或合金的钝化。金属或合金钝化后所获得的耐蚀性，称为金属或合金的钝性。

二、钝化途径

钝化可以通过两种途径来实现，即化学钝化和电化学钝化。

（一）化学钝化

由纯化学因素引起的钝化称为化学钝化。它一般是由强氧化剂的作用引起的，如硝酸、硝酸银、氯酸钾、重铬酸钾、高锰酸钾及氧等，它们统称为钝化剂。但某些金属也可以在非氧化性介质中发生钝化，如镁在氢氟酸、钼和铌在盐酸中的钝化。

例如，铁在硝酸中的氧化作用很强，不仅使铁氧化为 Fe^{2+} 离子，甚至氧能和铁直接发生作用。氧在铁表面上发生化学吸附，在化学吸附中，氧对电子亲和力很大，可以从金属夺取电子，形成 O^{2-} 离子，进一步形成氧化物，在表面形成一层致密的氧化物膜。氧化膜的生成，成为离子迁移和扩散的阻力，使金属的腐蚀速率减小，金属发生钝化。

（二）电化学钝化

由电化学因素引起的金属钝化称为金属的电化学钝化。金属电化学钝化后电极电位正移。具有钝化性能的金属在钝化现象出现以前，电极反应速度主要取决于阳极的电化学极化和浓度极化，钝化后电极反应速度则主要取决于钝化膜的电阻极化。通常金属在活化状态下，阳极极化不大，一旦达到钝态，则阳极极化程度很大。

具有电化学钝化性能的金属有着独特的阳极极化曲线。图 2－14 为典型的具有钝化特性金属的阳极极化曲线。整个曲线可以分成四个区：

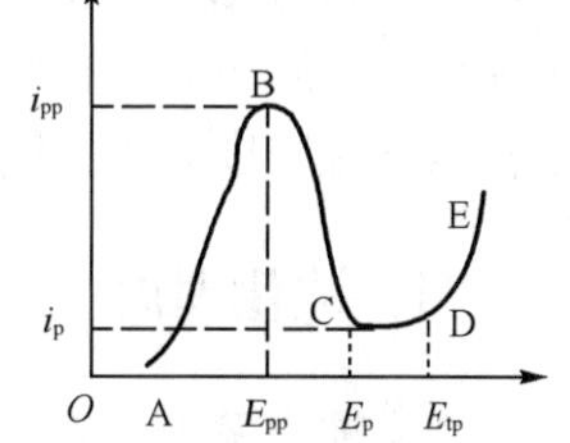

图 2－14 典型的从活动化状态到过钝化状态的金属阳极极化曲线图

（1）A－B 区，活性溶解区。随着电位升高，阳极电流密度增大，金属发生活性溶解。

（2）B－C 区，活化-钝化过渡区。随着电位升高，阳极电流密度迅速降低，金属由活化转入钝化。B点对应的电位叫致钝电位 E_{pp}，对应的电流密度称为致钝电流密度 i_{pp}。

（3）C－D区，稳定钝化区。当电位高于 E_p 时，阳极电流降至很低，并维持在一个很小的电流密度 i_p，则表明金属表面已处在一个稳定的钝态。E_p 称为初始稳态钝化电位，CD段对应的这一微小的电流密度称为维钝电流密度 i_p。

（4）D－E区，过钝化区。当电位超过 E_{tp} 时，随电位升高，阳极电流密度迅速增大。这表示在钝化区生成的保护膜，因氧化作用的加强，被进一步氧化成可溶性的高价化合物，生成的高价化合物没有保护作用，使金属的腐蚀速率再一次加大，E_{tp} 称为过钝化电位。

无论是化学钝化还是电化学钝化，金属表面发生氧离子的吸附，形成氧化物或氢氧化物，是导致钝化的重要条件。

三、金属的自钝性

金属的自钝性是指那些在空气中及含氧的溶液中能自发钝化的金属。如暴露在大气中的铝，在空气中能自发形成钝化膜而变得十分耐蚀。即使其表面因摩擦、撞击等原因破坏了表面膜而露出了新鲜表面，也很快会在新鲜的表面上重新生成钝化膜。因此对于铝这种金属来说，我们往往只能测得铝钝化膜的电位，而真正的铝电极的电位要比它低许多。金属铁和普通碳钢则不能依靠在空气中生成的钝化膜来保持钝性。金属的自钝化是在没有任何外加极化情况下而产生的自然钝化，此种钝化是自腐蚀电流所引起的极化促成了金属的钝化。金属的自钝化必须满足以下两个条件：

（1）钝化剂的氧化-还原平衡电位要高于该金属的致钝电位。

（2）在致钝电位下，钝化剂阴极还原反应的电流密度必须大于该金属的致钝电流密度。

只有满足以上两个条件，才能使金属的腐蚀电位落在该金属的阳极极化曲线上的稳定钝化区的电位范围内。氧化剂的浓度和金属材料的种类对钝化有着重要的影响。铁在稀硝酸溶液中，因 H^+ 和 NO_3^- 的氧化能力或浓度不够高，阴极极化曲线和阳极极化曲线相交于活化区，因此铁发生剧烈的腐蚀。若把硝酸浓度增加，NO_3^-/NO 电极的初始电位会正移，达到一定程度后，阴、阳极的极化曲线的交点落在稳定钝化区电位范围内，铁进入了钝态。由于镍的钝化电位较铁更正，所以使铁进入钝化区的硝酸浓度不一定能使镍也进入钝化区。

若自钝化的电极还原过程是由浓度极化控制，则自钝化不仅与氧化剂浓度有关，还与影响扩散的因素有关，如金属的转动、介质流动和搅拌等。当阴极反应物氧化剂的浓度不够大时，极限扩散电流密度小于致钝电流密度，使阴、阳极机化曲线交于活化区，金属不断溶解。若提高氧化剂浓度，使极限扩散电流密度大于致钝电流密度，则金属进入钝化区。若提高介质与金属表面的相对运动速度，则由于扩散层变薄而提高了极限扩散密度，同样能使极限扩散电流密度大于致钝电流密度，金属也能进入钝化区。

四、钝化理论

金属钝化发生在界面处，所以金属钝化只是使金属的表面在介质中的稳定性发生了改变，而并没有改变金属本体性能。导致金属钝化的因素较为复杂，迄今为止对钝化机理还存在不同的看法，没有一种完整的理论可以解释所有的钝化现象。目前为大多数人所接受的解释金属钝化现象的主要理论有两种，即成相膜理论和吸附理论，它们各自都能较满意地解释部分实验事实。

（一）成相膜理论

这种理论认为，当金属溶解时，可在表面上生成致密的、覆盖性良好的保护膜。这种保护膜作为一个独立的相存在，把金属和溶液机械地隔开，这将使金属的溶解速度大大降低，即使金属转为钝态。

这种理论的证实是曾经在某些钝化的金属上测得了钝化膜的厚度的实验事实。如铁在浓硝酸溶液中的钝化膜厚度为2.5～3nm，碳钢上的钝化膜厚一些，为9～10nm，不锈钢上的钝化膜薄一些，仅为0.9～1nm。用电子衍射法对钝化膜进行相分析，证实大多数钝化膜是由金属氧化物组成的。

成相膜是一种具有保护性的钝化膜。因此，只有在金属表面上能直接生成固体产物时才能导致钝化膜。这种表面膜层或是由于表面金属原子与定向吸附的水分子(酸性溶液)相互作用形成的，或是由于与定向吸附的OH^-(碱性溶液)之间的相互作用而形成的。因此，若溶液中不含有络合剂及其他能与金属离子生成沉淀的组分，则电极反应产物的性质往往主要取决于溶液的pH值及电极电位。

必须指出，虽然生成成相膜的先决条件是电极反应中有固体产物的生成，但并不是所有的固体产物都能形成钝化膜。那种多孔、疏松的沉积层并不能直接导致金属钝化，而只能阻碍金属的正常溶解过程。不过它可能成为钝化的先导，当电位提高时，它可在强电场的作用下转变为高价的具有保护特征的氧化膜，促使金属钝化的发生。

按照成相膜理论，过钝化态是因为表面氧化物组成和结构的变化，这种变化是由于形成更高价离子而引起的。这些更高价离子扰乱了膜的连续性，于是膜的保护作用就降低了，金属就再度溶解，该溶解是在更正的电位下进行的。

卤素等阴离子对金属钝化现象有两方面的影响。当金属还处在活化态时，它们可以和水分子或OH^-等在电极表面上竞争吸附，延缓或阻止溶解过程的进行。当金属表面已有固态钝化膜时，它们又可在金属氧化物与溶液之间的界面上吸附，并借扩散和电场作用进入氧化膜内，成为膜层的杂质组分。这种掺杂作用能显著地改变膜层的离子电导性和电子电导性，使金属的氧化速度增大。

（二）吸附理论

吸附理论认为，钝态不一定要形成氧化膜或难溶性盐膜，金属钝化的原因是氧或含氧粒子在金属表面上吸附。这一吸附只有单分子层厚，它可以是原子氧或分子氧，也可以是OH^-或O^-。吸附层对反应活性的阻滞作用有以下几种观点：一是这些粒子在金属表面上吸附后，改变了“金属/电解质溶液”界面的结构，使金属阳极反应的活化能显著升高，因而降低了金属的活性；二是认为吸附氧饱和了表面金属的化学亲合力，使金属原子不再从其晶格中溶解出来，形成钝化；三是认为含氧吸附粒子占据了金属表面的反应活性点，例如边缘、棱角等处，因而阻滞了整个表面的溶解。可见，吸附理论强调吸附引起的钝化不是吸附粒子的阻挡作用，而是通过含氧粒子的吸附改变了反应的机制，减缓了反应速度。与成相膜理论不同，吸附理论认为金属钝化是由于吸附膜存在使金属表面的反应能力降低了，而不是由于膜的隔离作用。

吸附理论解释了一些成相膜理论难以解释的事实。例如，不少无机阴离子能在不同程度上引起金属的钝态的活化或阻碍钝化过程的发展，而且常常是在较正的电位下才能显示其活化作用，这用成相膜理论很难说清楚。而从吸附理论出发，认为钝化是由于表面吸附了某种含氧粒子所引起的，各种阴离子在足够正的电位下，可能或多或少地通过竞争吸附，从电极表面上排除引起钝化的含氧粒子，这就较好地解释了上述事实。

根据吸附理论还可以解释 Cr、Ni、Fe 等金属及其合金上出现的过钝化现象。我们知道，增大极化可以引起两种结果：一是含氧粒子表面吸附量随电位正移而增多，导致极化作用加强；二是电位正移，加强了界面电场对金属溶解的促进作用。这两种作用在一定电位范围内基本上相互抵消，因而有几乎不随电位变化的维钝电流。在过钝化区，则是后一种因素占主导作用，正电位导致生成可溶性、高价金属的含氧离子(如 CrO_4^{2-})。在此种情况下，氧的吸附不但不起阻止作用，反而促使高价离子的生成。

两种钝化理论都能解释部分实验事实，然而无论哪一种理论都不能较全面、完整地解释各种钝化现象。两种理论都认为钝化是由于在金属表面上生成一层极薄的膜，从而阻碍了金属的溶解，但对成膜的解释却不相同。吸附理论认为，只要形成单分子层的二维薄膜就能导致金属的钝化；而成相膜理论认为，至少要形成几个分子层的三维膜才能使金属达到完全的钝化，使金属的溶解速度大大降低。另外，两者在是否是吸附键还是化学键的成键理论上也有差异。事实上金属在钝化过程中，在不同条件下，吸附膜和成相膜可分别起主导作用。有人将这两种理论结合起来，解释所有的钝化现象，认为含氧粒子的吸附是形成良好钝化膜的前提，可能先生成吸附膜，然后发展成成相膜。这种观点认为钝化的难易主要取决于吸附膜，而钝化状态的维持则主要取决于成相膜。

▶▶▶ 第三章　腐蚀环境与腐蚀形态

地球的自然环境包括大气、海洋、陆地等。在自然环境里生活着的人们使用着各种各样的材料，这些材料在所处环境中不断经受着腐蚀。由于在自然环境中使用的材料数量巨大、品种繁多、使用面广，因此腐蚀现象很普遍，常常对材料的性能造成不良影响，严重的将使结构或设备受到破坏，丧失使用价值，造成较大的经济损失。随着我国石油、天然气勘探开发的进展，油气储运设施中腐蚀问题越来越引起人们的关注。为了减少油气田环境中材料腐蚀造成的损失，有必要探讨其规律性。本章主要介绍金属材料在大气、海洋、土壤环境中的腐蚀问题以及腐蚀形态。

第一节　大 气 腐 蚀

大气腐蚀是指由大气中的水、氧、酸性污染物等物质的作用而引起的腐蚀。材料在大气环境下发生的腐蚀是非常普遍的现象。工程上、生产生活中用得最多的是金属材料，而大气腐蚀所造成的金属损失约占金属总腐蚀量的50%以上。大气腐蚀受材料所处环境因素变化的影响。我国幅员辽阔，不同地区大气差异极大，所以其腐蚀破坏程度差别也很大。在空气中含有硫氧化物、硫化氢、氯化物、煤烟、工业粉尘的工业区，如石油加工生产区，大气腐蚀更加严重。据估计，工业区比沙漠区的大气腐蚀严重50～100倍。现实的情况是，随着矿物能源的过度使用和空气污染的加重，材料的大气腐蚀日趋严重。

一、大气腐蚀的分类

大气的组成决定了大气的腐蚀环境。大气是混合物，在地球表面附近的大气中，虽然其成分复杂，但由于强烈的湍流和对流作用，使得各种成分充分地混合在一起形成均质层大气。其主要成分在全球范围内几乎是不变的，只有大气中的水蒸气含量随地域、季节和时间等条件而有所变化。在大气中氧和水蒸气是参与大气腐蚀过程的主要成分。特别是能使金属表面润湿的水，是决定大气腐蚀速率和腐蚀历程的主要因素。

国际上对大气环境分类的方法有两种：一种是按自然环境分类，即按气候特征分；另一种是按环境腐蚀严重程度划分，即环境腐蚀性分类。由于后者更接近于实际，普遍为腐蚀工作者采用。

氧在大气腐蚀中主要参与电化学腐蚀过程，其中材料表面的水膜则是参与该过程的电解液层。水膜主要由大气中的水蒸气形成，它的成因与大气的相对湿度和暴露在大气中的材料表面状况密切相关。由于水膜的存在，作为电解液直接参与电化学腐蚀过程，并且因液膜厚度的不同而导致大气腐蚀速率的差异，因此，可以根据材料表面的潮湿程度，把大气腐蚀分为三种类型：

（1）干型大气腐蚀：是指大气很干燥、金属表面不存在水膜或金属表面的吸附水膜厚度不超过 10nm 时的腐蚀。干型大气腐蚀的特点是金属表面没有形成连续的电解液膜，腐蚀速率很低，化学氧化的作用较大。金属在清洁、干燥的室温大气条件下，往往在表面形成不可见的保护性氧化膜，使某些金属在室温下失去光泽。这些基本上属于化学腐蚀过程，一般只影响表面美观和表面的导电性，而不会使金属发生明显的腐蚀破坏。

（2）潮型大气腐蚀：是指大气相对湿度足够高，金属表面形成肉眼看不见的薄液膜层时产生的腐蚀。此时，水膜厚度可达 10nm～1μm，形成了连续的电解液薄膜，并开始了电化学腐蚀，腐蚀速率急剧增大。钢铁在未受雨淋和冰雪覆盖时也会生锈就是一例。

（3）湿型大气腐蚀：是指大气相对湿度在 100%以下，金属表面由于雾、雨等形式的水分直接溅落而形成肉眼可见的水膜时发生的腐蚀。湿型大气腐蚀的特点是水膜较厚，约为 1μm～1mm。随着水膜加厚，氧扩散困难，腐蚀速率下降。当水膜厚大于 1mm，就相当于金属全浸在电解质溶液中的腐蚀，腐蚀速率基本不变。

二、大气腐蚀机理

金属的表面在潮湿的大气中会吸附一层很薄的湿气层即水膜，当这层水膜达到 20～30 分子层厚时，就变成电化学腐蚀所必需的电解液膜。所以在潮和湿的大气条件下，金属的大气腐蚀过程具有电化学腐蚀的本质，即大气腐蚀是金属处于表面薄层电解液下的腐蚀过程。因此，大气腐蚀主要是电化学腐蚀，遵从电化学腐蚀的一般规律；同时，由于电解液膜比较薄，而且常常干湿交替，所以大气腐蚀的电极过程又有自身的特点。

（一）大气腐蚀的电化学过程

1. 阴极过程

当金属发生大气腐蚀时，由于表面液膜膜层很薄，氧容易到达阴极表面，阴极过程以氧的去极化为主。

在中性或碱性介质中，阴极过程的反应为：

$$O_2 + 2H_2O + 4e \rightarrow 4OH^-$$

在酸性介质中，阴极过程的反应为：

$$O_2 + 4H^+ + 4e \rightarrow 2H_2O$$

2. 阳极过程

腐蚀的阳极过程就是金属作为阳极发生溶解的过程。在大气腐蚀的条件下，阳极过程的反应为：

$$M + xH_2O \rightarrow M^{n+} \cdot xH_2O + ne^-$$

一般来讲，当大气腐蚀时，随着被腐蚀金属表面水膜的减薄，阳极去极化的作用也会随之减小。其原因可能有两个方面：一是当电极存在很薄的水膜时，阳离子的水化作用发生困难，使阳极过程受到阻滞；二是在非常薄的水膜下，氧易于到达阳极表面，促使阳极的钝化作用。后者是更重要的原因，因而使阳极过程受到强烈的阻滞。

所以可以得出腐蚀的一般规律：随着浸水表面电解液膜变薄，大气腐蚀的阴极过程更容易进行，而阳极过程变得越来越困难。对于潮大气腐蚀，腐蚀过程主要是受阳极过程控制。

对于湿大气腐蚀，腐蚀过程是受阴极过程控制。但与全浸于电解液中的腐蚀相比，已经大为减弱。可见随着水膜厚度的变化，电极过程控制特征发生了明显的变化。了解这一点对采取适当的腐蚀控制措施有着重要的意义。如在湿度不大的阳极控制的腐蚀过程中，用合金化的办法提高阳极钝性是有效的，而对受阴极控制的过程则效果不大，此时应采用降低湿度、减少空气中有害成分的措施减轻腐蚀。

（二）锈层形成后的腐蚀机理

由于大气腐蚀的条件不同，锈层的成分和结构往往是很复杂的。一般认为，锈层对于锈层下基体铁的离子化将起到强氧化剂的作用。伊文思认为大气腐蚀的锈层处在潮湿条件下，锈层起强氧化剂的作用。在锈层内阳极反应发生在金属 Fe_3O_4 界面上：

$$Fe \rightarrow Fe^{2+} + 2e$$

阴极反应发生在 $Fe_3O_4/FeOOH$ 界面上：

$$6FeOOH + 2e \rightarrow 2Fe_3O_4 + 2H_2O + 2OH^-$$

可见锈层参与了阴极过程。

当锈层干燥时，即外部气体相对湿度下降时，锈层和底部基体金属的局部电池成为开路，在大气中氧的作用下锈层内的 Fe^{2+} 重新氧化成为 Fe^{3+}，即发生反应：

$$4Fe_3O_4 + O_2 + 6H_2O \rightarrow 12FeOOH$$

因此，在干湿交替的情况下，带有锈层的钢腐蚀被加速。

一般来说，在大气中长期暴露的钢腐蚀速率逐渐减慢。原因有二：首先是锈层的增厚会导致电阻增大和氧的渗入困难，这些将使锈层的阴极去极化作用减弱；再者附着性良好的锈层内层将减小活性阳极面积，增大阳极极化。

三、大气腐蚀的影响因素

大气腐蚀的影响因素比较复杂，但主要受环境的湿度、温度及大气中污染物及腐蚀产物等的影响。

（一）大气相对湿度的影响

按大气中含水量多少可区分为干大气、湿大气和饱和水大气。大气腐蚀性和其含水量关系极大。干大气中腐蚀微不足道，因为缺乏水作为导电环境。大气含水量常用相对湿度表示，即大气中的水蒸气的含量与相同温度下大气中饱和水蒸气量的比值的百分数。当相对湿度达到100％时，大气中的水蒸气会凝结成水滴，降落或凝聚在金属表面，形成肉眼可见的水膜。即使相对湿度小于100％，由于毛细管凝聚作用、吸附凝聚作用，水蒸气也可以在金属表面形成肉眼看不见的水膜。水膜的生成，对金属在大气中的腐蚀起着决定性的作用。对于多数金属都存在一个临界湿度，在临界湿度以上，腐蚀速率迅速增大。临界湿度与金属和腐蚀产物的性质有关。例如铜的腐蚀产物，其临界湿度接近100％；某些镍的腐蚀产物，其临界湿度约为85％；而铁的临界湿度约为65％。临界相对湿度实际代表金属表面能够形成连续水膜时的最低相对湿度。之所以能够在比饱和湿度低得多的条件下就能出现连续水膜，主要原因在于：金属表面某些覆盖物(污垢)的毛细凝聚作用、金属表面本身的化学凝聚作用和物理吸附作用等。金属表面凝结水膜并非纯净水，多数是含空气和盐类的电解液，有较强腐蚀性。临界相对湿度是金属大气腐蚀重要参数，由金属种类、表面状态及大气环境决定。同样材料在海洋大气中，由于金属表面沉积海盐粒子，临界相对湿度可能不再存在。大气腐蚀随大气含水量增加不断增大，接近饱和时，这种增大越来越慢，变成稳定。

(二) 温度和温度差的影响

一方面，如果同等条件比较，平均气温越高，金属腐蚀速率就越快；另一方面，若温度的升高足以使水膜干燥，则可以降低大气腐蚀速率。

温度变化即温差的存在对大气腐蚀的影响更大些，因为温差的存在会促使水蒸气在金属表面上凝聚形成水膜，造成大气腐蚀的条件。例如，白天温度高，夜晚温度低；有暖气时温度高，停止暖气时温度低；用汽油清洗零件后，由于汽油的挥发吸热使构件温度降低等。在这些情况下，都可能使水蒸气在金属表面凝露形成水膜，使腐蚀加速。因此，为了防止大气腐蚀，在保管金属材料的仓库中，一般都要求在一定的温度范围内保持恒温。

(三) 日照时间和气温的影响

如果温度较高并且阳光直接照射到金属表面上，由于水膜蒸发速度较快，水膜的厚度迅速减薄，停留时间大为减少。如果新的水膜不能及时形成，则金属腐蚀速率就会下降。如果气温高、湿度大而又能使水膜在金属表面上的停留时间较长，则会使腐蚀速率加快。如我国长江流域的一些城市在梅雨季节就是如此。

(四) 大气成分的影响

大气由约 80%氮气和 20%氧气组成，此外含少量二氧化碳等气体。它们基本没有腐蚀性。大气的腐蚀性主要来自水汽及其他杂质。其腐蚀性杂质主要有盐类颗粒(海洋大气)、二氧化硫(工业大气)、固体粉尘(城市大气)等。它们的大致浓度范围见表 3-1。

表 3-1 大气中腐蚀性杂质的典型浓度 (单位：mg/L)

杂质		浓度
二氧化硫(SO_2)		工业大气：冬季 350；夏季 100
		农村大气：冬季 100；夏季 40
三氧化硫(SO_3)		近似为相应 SO_2 含量的 1%
硫化氢(H_2S)		工业大气：冬季 1.5～90；夏季 0.5～1.7
		农村大气：0.15～0.45
氨(NH_3)		工业大气：4.8
		农村大气：2.1
氯化物	空气样品	内陆工业大气：冬季 9.2；夏季 2.7
		沿海农村大气：平均 5.4
	雨水样品	内陆工业大气：冬季 7.9；夏季 5.3
		沿海农村大气：冬季 57；夏季 18
灰尘颗粒		工业大气：冬季 350；夏季 100
		农村大气：冬季 100；夏季 40

(五) 大气中有害气体的影响

在大气污染物质中，SO_2 影响最为严重。石油产品、煤燃烧的废气都含有大量的 SO_2。由于冬季用煤比夏季多，SO_2 的污染也更为严重，所以对大气腐蚀的影响也极严重。例如，铁、锌等金属在 SO_2 气氛中，生产易溶的硫酸盐，它们的腐蚀速率和 SO_2 在大气中的体积分数呈直线关系。

目前，SO_2 能加速金属腐蚀速率的机理主要有两种看法。其一是在高温度条件下，由于水膜凝结增厚，SO_2 参与了阴极去极化作用，当 SO_2 体积分数大于 0.5%时，此作用明显增大。虽然它在大气中含量很低，但它在溶液中的溶解度比氧约高 1 300 倍，对腐蚀影响很大。其二是认为 SO_2 有一部分被吸附在金属表面，与铁反应生成易溶的硫酸亚铁，硫酸亚铁进一步氧化并由于强烈的水解作用生成了硫酸，硫酸又和铁作用。其反应如下：

$$Fe + SO_2 + O_2 = FeSO_4$$

$$4FeSO_4 + O_2 + 6H_2O = 4FeOOH + 4H_2SO_4$$

$$4H_2SO_4 + 4Fe + 2O_2 = 4FeSO_4 + 4H_2O$$

HCl 也是腐蚀性较强的一种气体，溶于水膜中生成盐酸，对金属的腐蚀破坏甚大。H_2S 气体在干燥大气中使铜、黄铜、银变色，而在潮湿大气中会加速铜、黄铜、镍特别是镁和铁的腐蚀。H_2S 溶于水使水膜酸化，使水膜的导电性增加，进而加速腐蚀。NH_3 易溶于水膜中，使 pH 值增加，对钢铁起到缓蚀作用；但对有色金属不利，对铜的影响较大，锌、镉次之。

（六）酸、碱、盐的影响

介质酸、碱的改变将影响去极化剂（如 H^+）的含量及金属表面膜的稳定性，进而影响腐蚀速率的大小。两性金属如锌、铝、铅在酸性和碱性液膜中都不稳定，铁和镁在碱性液膜中其表面生成保护膜，使腐蚀速率比中性和酸性介质中小。镍和镉在中性和碱性溶液中较稳定，但在酸中易被腐蚀。上述金属腐蚀速率与 pH 值的关系，只是在没有其他因素的影响下才适用。

中性盐类对金属腐蚀速率的影响取决于很多因素，如腐蚀产物的溶解度、阴离子的特性，特别是与氯离子有关。氯离子不但能破坏铁、铝等金属表面的氧化膜，而且能增加液膜的导电性，使腐蚀速率增加。另外，氯化钠的吸湿性强，也会降低临界相对湿度，促使锈蚀发生。海洋大气环境中的金属就很易产生严重的孔蚀。

（七）固体颗粒、表面状态等因素的影响

固体颗粒的组成较复杂，除海盐粒子外，还有碳和碳的化合物、氮化物、金属氧化物、砂土等。它们对大气腐蚀的影响主要有三种方式：

（1）颗粒本身具有腐蚀性；

（2）颗粒本身无腐蚀性，但能吸附腐蚀性物质，间接地加速腐蚀；

（3）本身既无腐蚀性又不具有吸附性，但由于造成毛细管缝隙，使金属表面形成电解液薄膜，形成氧浓差的局部腐蚀条件，也会加速金属的腐蚀。

金属表面加工方法和表面状态对腐蚀速率有明显的影响。通常，粗糙表面比精磨的易受腐蚀，钢铁已生锈的表面比光洁表面的腐蚀速率大。

四、大气腐蚀的防护措施

控制大气腐蚀的方法有很多，主要途径有三种：

一是材料选择，可以根据金属制品及构件所处环境的条件及对防腐蚀的要求，选择合适的合金、金属或合成材料，提高金属材料的耐蚀性。

二是在金属基体表面涂覆金属、非金属或其他种类的涂层、渗层、镀层。

三是改变环境，减少环境的腐蚀，可以采用充氮封存、采用吸氧剂、干燥空气封存等方法。

第二节　土壤腐蚀

金属在土壤中的腐蚀是金属严重腐蚀问题之一，它会造成巨大的经济损失。正因为这样，工业发达国家十分重视材料的土壤腐蚀试验与研究工作。

一、土壤腐蚀的概念和土壤的组成特性

（一）土壤腐蚀的概念

人们在生产、生活中，在工程建设等方面使用的设备、设施要在地下掩埋基础构件，地下还需埋入大量的油、气、水管线、电缆等。土壤中产生的腐蚀行为是普遍和大量的，严重的腐蚀会造成设施毁坏、管线损坏，导致油、气、水泄漏，进而引发火灾、爆炸等，造成重大的经济损失。

土壤是一个有气相、液相、固相三相组成的复杂系统。土壤中还有数量不等的多种微生物。土壤微生物的新陈代谢产物也会对材料产生腐蚀。土壤腐蚀这一概念是指土壤中的各种组分和理化特性对材料所产生的腐蚀。土壤对材料产生腐蚀的性能称为土壤的腐蚀性。由于土壤不像大气、海水那样具有流动性，因此不同的土壤，其物理化学特性就很不相同，对材料的腐蚀性也不同。

（二）土壤的组成特性

土壤是由各种颗粒状的矿物质、有机物质及水分、空气和微生物等组成的多相的并且具有生物活性和离子导电性的多孔毛细管胶体体系。它含有固体颗粒和腐殖土，在这个体系中有许多弯弯曲曲的微孔(毛细管)。水分和空气可以通过这些微孔到达土壤深处。土壤特性有以下五个方面：

1. 多相性

土壤是由土粒、水、空气、有机物等多种组分构成的复杂的气、液、固多相体系。土壤的固相包含多种无机、有机的颗粒状物质，称为土粒。根据土粒的大小，又可分成沙砾土和粉沙土、粘土等。土壤中的颗粒不是孤立的分散体，而是各种有机物、有机物的凝胶物质颗粒聚集体。

在土壤的土粒之间形成大量的毛细微孔或孔隙，其中充满了空气和水分。土壤的孔隙度影响着土壤透气性和电导率。土壤的导电性能越好，腐蚀性也越高。土壤的透气性关系到土壤气体的含氧量，这与土壤的腐蚀性关系极大。

2. 不均匀性

土壤的性质及其结构很容易出现小范围或大范围的不均匀性。从小范围看，土粒的大

小、气孔多少、水分含量及土壤结构的紧密程度均存在着差异。从大范围看，由于地区的不同，土壤的类型也会不同。土壤中氧浓度与土壤的温度和结构有密切关系，氧含量在干燥砂土中最高，在潮湿砂土中次之，在潮湿密实的粒土中最少。这种含氧量的不均匀性造成土壤的氧浓差电池腐蚀。土壤的固体部分对埋没在土壤中的金属表面，可以认为是固定不动的，而土壤中的气相部分和液相部分可以作有限的运动，这必然对金属的腐蚀产生影响。

3. 酸碱性

大多数土壤是中性的，pH 值在 6.0～7.5。有的土壤是碱性的，pH 值在 7.5～9.0。还有些土壤是酸性的，如腐殖土和沼泽土，pH 值为 3～6。一般认为 pH 值越低，也就是土壤的酸性越强，其腐蚀性越大。

4. 不流动性

和大气、水等环境相比，土壤环境相对固定，无特定外力绝无迁移可能。土壤的气、液相只能在有限距离内交换，所以土壤腐蚀过程的腐蚀成分及腐蚀产物都很难扩散，容易受浓度极化控制。

5. 毛细管效应(多孔、吸附)

土壤颗粒之间形成大量毛细管微孔和间隙，使得深层地下水可以渗透到地表。有人曾发现，在干旱的新疆塔里木沙漠中，高达几米的沙丘下面依然可以存在湿沙层，尽管当地地下水深达几十米。

二、土壤腐蚀的电化学过程

土壤中含有一定的水分，是电解质；其腐蚀与在电解液中的腐蚀相同，是一种电化学腐蚀。大多数金属在土壤中的腐蚀为氧的去极化腐蚀。

(一) 阳极过程

对相当疏松的和干燥的土壤来说，随着氧的渗透率的增加，腐蚀过程主要由阳极过程来控制，这种腐蚀过程的特征与大气腐蚀的特征接近。

钢铁构件在土壤中腐蚀的阳极过程为铁氧化成两价铁离子，并发生二价铁离子的水合作用：

$$Fe + nH_2O = Fe^{2+} \cdot nH_2O + 2e$$

只有在酸性较强的土壤中，才有相当数量的铁氧化成为两价或三价离子，以离子状态存在于土壤之中。在稳定的中性和碱性土壤中，由于 Fe^{2+} 和 OH^- 之间的次生反应而生成$Fe(OH)_2$：

$$Fe^{2+} + 2OH^- = Fe(OH)_2$$

在阳极区有氧存在时，$Fe(OH)_2$ 能氧化成为溶解度很小的 $Fe(OH)_3$：

$$2Fe(OH)_2 + \frac{1}{2}O_2 + H_2O = 2Fe(OH)_3$$

$Fe(OH)_3$ 产物不稳定，它会转变成更稳定的产物：

$$Fe(OH)_3 = FeOOH + H_2O$$

$$2Fe(OH)_3 = Fe_2O_3 \cdot 3H_2O \rightarrow Fe_2O_3 + 3H_2O$$

FeOOH 是一种赤褐色的腐蚀产物，$Fe_2O_3 \cdot 3H_2O$ 是一种黑褐色的腐蚀产物，在比较干燥的

条件下转变成 Fe_2O_3。

当土壤中存在 CO_3^{2-} 和 S^{2-} 阴离子时，与阳极区附近的金属阳离子反应，生成不溶性的腐蚀产物：

$$Fe^{2+} + CO_3^{2-} = FeCO_3$$

$$Fe^{2+} + S^{2-} = FeS$$

低碳钢在土壤中生成的不溶性腐蚀产物与土壤中细小土粒粘结在一起，可以形成一种紧密层，有效地阻碍阳极过程。尤其在土壤中存在钙离子时，生成的 $CaCO_3$ 与铁的腐蚀产物粘结在一起，阻碍阳极过程的作用就更大。

阳极钝化也是阳极过程的重要方面。在疏松、透气性好的土壤中，空气中的氧很容易扩散到金属电极的表面，促进阳极钝化。而活性离子 Cl^- 的存在会阻碍阳极钝化的产生。

一般金属在潮湿土壤中的腐蚀远比在干燥土壤中严重。根据金属在潮湿、透气不良且含有氯离子的土壤中的阳极极化行为，可以将金属分为四类：

(1) 阳极溶解时没有显著阳极极化的金属，如 Mg、Zn、Al、Mn、Sn 等。

(2) 阳极溶解的极化率较低，并决定金属离子化反应的过电位，如 Fe、碳钢、Cu、Pb。

(3) 因阳极钝化而具有高的起始极化率的金属。在更高的阳极电位下，阳极钝化因土壤中存有 Cl^- 而受到破坏，如 Cr、Zr、含铬或铬镍的不锈钢。

(4) 在土壤条件下不发生阳极溶解的金属。如 Ti、Ta 是完全钝化稳定的。

（二）阴极过程

在弱酸性、中性和碱性土壤中，阴极反应主要是氧的去极化作用。对大多数土壤来说，当腐蚀决定于腐蚀微电池时或距离不太长的宏观腐蚀电池时，腐蚀过程主要被阴极过程所控制，这和完全浸没在静止电解液中的金属腐蚀情况相似。而对于由长距离宏电池作用下的土壤腐蚀，如地下管道经过透气性不同的土壤形成氧浓差腐蚀电池时，土壤的电阻成为主要的腐蚀控制因素。其控制特征是阴极—电阻混合控制或者是电阻控制占优势。

土壤中的常用结构金属钢铁，在发生土壤腐蚀时，阴极过程是氧的还原，在阴极区域生成 OH^- 离子：

$$O_2 + 2H_2O + 4e \rightarrow 4OH^-$$

只有在酸性很强土壤中，才会发生析氢反应：

$$2H^+ + 2e \rightarrow H_2$$

在硫酸盐的参与下，硫酸根的还原也可作为土壤腐蚀的阴极过程：

$$SO_4^{2-} + 4H_2O + 8e \rightarrow S^{2-} + 8OH^-$$

金属离子的还原，也是一种土壤腐蚀的阴极过程：

$$M^{3+} + e \rightarrow M^{2+}$$

金属构件在土壤中的腐蚀，阴极过程是主要的控制步骤，而这种过程受氧输送所控制。因为氧从地面向地下的金属构件表面扩散，是一个非常缓慢的过程，与传统的电解液中的腐蚀不同。在土壤条件下，氧的进入不仅受到仅靠阴极表面的电解质(扩散层)的限制，而且还受到阴极上面整个土层的阻力等的限制。输送氧的主要途径是氧在土壤气相中(空隙)的扩散。氧的扩散速度不仅决定于金属构件的埋没深度，还受土壤结构、湿度、松紧程度以及土壤中胶体离子含量等因素的影响。对于颗粒状的疏松的土壤来说，氧的输送还是比较快的。

相反，在紧密度高的高潮湿度的土壤中，氧的输送效率是非常低的。尤其是在排水和通气不良，甚至在水饱和的土壤中，因土壤结构很细，氧的扩散速率很低。

由于土壤腐蚀的复杂条件，腐蚀过程的控制因素差别也较大，大致有三种控制情况：

(1) 当腐蚀是由于腐蚀微电池或距离不太长的宏观腐蚀电池作用时，腐蚀主要为阴极控制；

(2) 在疏松、干燥的土壤中，随氧渗透率的增加，腐蚀转为阳极控制，与潮的大气腐蚀情况相似；

(3) 对于由长距离宏观电池作用的腐蚀，土壤的电阻成为主要的腐蚀控制因素，或阴极—电阻混合控制。

三、金属在土壤中腐蚀的分类

土壤腐蚀和其他介质中的电化学腐蚀过程一样，都是因金属和介质的电化学不均一性所形成的腐蚀原电池作用所致，这是腐蚀发生的主要原因。同时土壤介质具有多相性及不均匀性等特点，所以除了有可能生成和金属组织不均一性有关的腐蚀微电池外，土壤介质的宏观不均一性所引起的腐蚀宏电池，在土壤腐蚀中往往起着更大的作用。根据土壤的不均匀性引起的腐蚀主要有以下几种类型。

(一) 差异充气引起的腐蚀

由于氧气分布不均匀而引起的金属腐蚀，称为差异充气腐蚀，又称氧浓度差电池。土壤的固体颗粒含有砂子、灰、泥渣和植物腐烂后形成的腐殖土。在土壤的颗粒间又有许多弯曲的微孔(或称毛细管)，土壤中的水分和空气可通过这些微孔而深入到土壤内部。土壤中的水分除了部分与土壤的组分结合在一起，部分粘附在土壤的颗粒表面，还有一部分可在土壤的微孔中流动。于是，土壤的盐类就溶解在这些水中，成为电解质溶液。因此，土壤湿度越大，含盐量越多，土壤的导电性就越强。此外，土壤中的氧气部分溶解在水中，部分停留在土壤的缝隙内，土壤中的含氧量也与土壤的湿度、结构有密切关系。在干燥的砂土中，氧气容易通过，含氧量较高；在潮湿的粘土中，氧气难以通过，含氧量较低；在潮湿而又致密的粘土中，氧气的通过就更加困难，故含氧量最低。埋在地下的各种金属管道，如果通过结构和干湿程度不同的土壤将会引起差异充气腐蚀。假如，铁管部分埋在砂土中，另一部分埋在粘土中，有腐蚀电池

阳极：$$Fe-2e \rightarrow Fe^{2+}$$

阴极：$$O_2+2H_2O+4e \rightarrow 4OH^-$$

不难看出，因砂土中氧的浓度大于粘土中氧的浓度，则在砂土中更容易进行还原反应，即在砂土中铁的电极电势高于在粘土中铁的电极电势，于是粘土中铁管便成了差异充气电池的阳极而遭到腐蚀。同理，埋在地下的金属构件，由于埋设的深度不同，也会造成差异充气腐蚀。其腐蚀往往发生在埋得深层的部位，因深层部位氧气难以到达，便成为差异充气电池的阳极。那些水平放置而直径较大的金属管，受腐蚀之处亦往往是管子的下部，这也是由差异充气所引起的腐蚀。

(二) 微生物引起的腐蚀

如果土壤中严重缺氧，又无其他杂散电流，按理是较难进行电化学腐蚀的，可是埋在地

下的金属构件照样遭到严重的破坏。有人曾在电子显微镜下观察被土壤腐蚀的金属，发现有种细菌，其形状为略带弯曲的圆柱体，长度约为 2×10^{-6}m，并长有一根鞭毛。细菌依靠鞭毛的伸曲，使其躯体向前移动。由于它依赖于硫酸盐还原反应而生存的，所以人们称它为硫酸盐还原菌。由文献可知，它对金属腐蚀作用的解释，率先由屈菲(Kuhv)提出，在缺氧条件下，金属虽然难以发生吸氧腐蚀，但可进行析氢腐蚀(电化学腐蚀中，有氢气放出)。只是因阴极上产生的原子态的氢未能及时变为氢气析出，而被吸附在阴极表面上，直接阻碍电极反应的进行，使腐蚀速率逐渐减慢。可是，多数的土壤中都含有硫酸盐，如果有硫酸盐还原菌存在，它将产生生物催化作用，使 SO_4^{2-} 离子氧化被吸附的氢，从而促使析氢腐蚀顺利进行。整个过程的反应如下：

阳极：$$4Fe-8e=4Fe^{2+}$$

阴极：$$8H^{+}+8e=8H\text{(吸附在铁表面上)}$$

$$SO_4^{2-}+8H=S^{2-}+4H_2O$$

$$Fe^{2+}+S^{2-}=FeS\text{(二次腐蚀产物)}(\downarrow)$$

$$3Fe^{2+}+6OH^{-}=3Fe(OH)_2\text{(二次腐蚀产物)}(\downarrow)$$

总反应：$$4Fe+SO_4^{2-}+4H_2O=FeS(\downarrow)+3Fe(OH)_2(\downarrow)+2OH^{-}$$

其腐蚀特征是造成金属构件的局部损坏，并生成黑色而带有难闻气味的硫化物。硫酸盐还原菌便是依靠上述化学反应所释放出的能量进行繁殖的。

据目前研究，能参与金属腐蚀过程的细菌不止一种，有的细菌因新陈代谢能产生某些具有腐蚀性的物质(如硫酸、有机酸和硫化氢等)，从而改变了土壤中金属。它们并非本身使金属腐蚀，而是细菌生命活动的结果间接地对金属电化学腐蚀过程产生影响。例如构件的环境，有的细菌能催化腐蚀产物离开电极的化学反应，致使腐蚀速率加快。此外，许多细菌还能分泌粘液，这些粘液与土壤中的土粒、矿物质、死亡细菌、藻类以及金属腐蚀产物等粘合并形成粘泥，覆盖在金属构件的表面，因局部缺氧成为差异充气电池的阳极，从而遭到严重的孔腐蚀。

(三) 杂散电流引起的腐蚀

由于某种原因，一部分电流离开了指定的导体，而在原来不该有电流的导体内流动，这一部分电流，称为杂散电流。它主要来自于电气火车、直流电焊、地下铁道及电解槽等电源的漏电。如电气火车顶上有根架空线，其作用是接受从电站正极输入的直流电，经过车厢后从地面铁轨回到电站的负极。如果各段铁轨间连接良好，则大部分电流能通过路轨回到电站。要是路面不平，路轨间连接又不好，而地面又潮湿，这时将有部分电流流入地下，通过埋在路轨下的金属管道或其他金属设施，最后返回路轨到电站的负极。这时，路轨下出现两个串联的大电解池。根据电流的流动方向，一个电解池的阳极是铁轨，阴极是地下管线；另一个电解池的阳极是地下管线，阴极是路轨。前者腐蚀的是路轨，暴露在地面上，易被发现，维修也方便；后者腐蚀的是地下管线，不易被发现，且维修也不便，问题更为严重。此外，杂散电流也能引起钢筋混凝土结构的腐蚀。尤其冬季施工，为了防冻而在混凝土中加入氯化物(如 $NaCl$、$CaCl_2$)，其腐蚀就更为严重。

(四) 异金属接触腐蚀

地下金属构件有时采用不同的金属材料。电极电位不同的两种金属材料连接时，电位较负的金属腐蚀加剧，而电位较正的金属获得保护，这种腐蚀称为异金属接触腐蚀。在工程中要尽量避免此种腐蚀的发生。接触腐蚀的速度还与阴阳极面积比、金属的极化性能等因素有关。

此外对于埋在土壤中的地下管线而言，由于管线不同部位的土壤的氧含量、盐浓度高低的不同及土壤温度的差异，又分别可以形成氧浓差电池、盐浓差电池、温差电池等，都可以造成金属的腐蚀。

四、影响土壤腐蚀的主要因素

（一）材料因素的影响

钢铁是地下构件普遍采用的材料。铸铁、碳钢、低合金钢在土壤中的腐蚀速率并无明显差别。冶炼方法、冷加工和热处理对其土壤腐蚀行为影响不大，腐蚀速率约为 0.2mm/a。通常，金属的腐蚀速率随着地下埋置时间的增长而逐渐减缓。

铅在土壤中的耐蚀性比碳钢高 4～5 倍以上。由于在含碳酸盐、硅酸盐和硫酸盐的土壤中能生成铅盐保护层，其腐蚀速率还要低些。而在酸性沼泽土地带，铅的耐蚀性较差。

锌的腐蚀速率比钢略低，钢铁上锌镀层在土壤中有很好的保护效果。130μm 厚的锌镀层在 10 年中能保护钢构件不发生点蚀。镀锌层起了阴极保护作用。

铝在土壤中的耐蚀性变动很大。在一般透气良好的酸性土壤中，其平均腐蚀速率为 0.01mm/a；但在透气不良的酸性土壤或碱性土壤中，铝的腐蚀相当严重。

（二）土壤性质的影响

1. 土壤含水量的影响

土壤中总是含有一定量的水分，当土壤中可溶性的盐溶解在其中时就组成了电解液。因此，含水量的多少对于土壤腐蚀有很重要的影响图 3－1 表示钢管腐蚀速率与土壤含水量的关系，从图中可以看出含水量很高时腐蚀速率减小，主要原因是氧的扩散受阻。随着含水量的减少，氧的去极化变得容易，腐蚀速率增加。但当含水量降到 10％以下时，由于水分含量太少，使阳极极化和土壤的电阻加大，腐蚀速率急剧降低。含水量很低时，土壤对金属的腐蚀性增加。

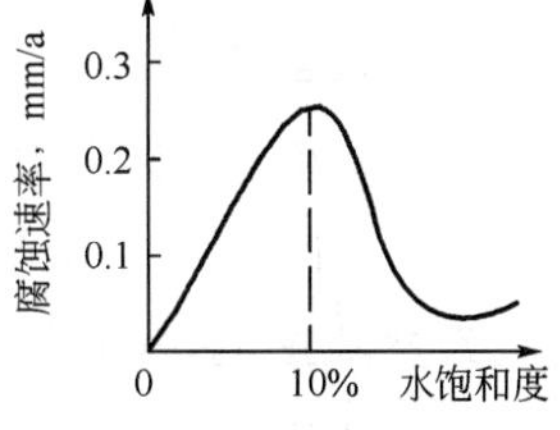

图 3－1　水饱和度与腐蚀速率关系

2. 盐分的影响

土壤中一般含有硫酸盐、硝酸盐和氧化物等无机盐。这些盐类大多是可溶的。除了 Fe^{2+} 之外，一般阳离子对腐蚀影响不大，但是 SO_4^{2-}、NO_3^- 和 Cl^- 等阴离子对腐蚀影响较大，特别是 Cl^- 和 SO_4^{2-} 影响更大。土壤中可溶性盐分的总含量一般不大于 2％。随着盐含量增大，溶液导电性越高，对金属的腐蚀性越大。Fe^{2+} 的存在可能会增强厌氧菌的破坏作用。

3. 含氧量的影响

由于借助于土壤颗粒空隙的渗透作用，或者由于雨水中的溶解氧随雨水一起渗入地下，在土壤中总是存在着氧。氧对土壤腐蚀影响很大，因为除了在少数酸性很强的土壤中，金属腐蚀的阴极过程是氢去极化以外，在绝大多数土壤中，氧为阴极去极化剂：

$$O_2+2H_2O+4e \longrightarrow 4OH^-$$

因此，如果土壤的透气性好，含氧量多，则会加速金属腐蚀。粘土和板结土的透气性差，不利于氧的阴极去极化作用，但却可能加强厌氧菌的腐蚀破坏作用。如果一条长管线既通过透气性好的砂土地段，又通过透气性差的粘土地段，则可能在管线上形成氧浓差电池，管线的粘土段成为阳极，受到强烈的腐蚀。

4. 土壤导电性的影响

土壤的导电性受土质、含水量、含可溶性盐分数量等因素的影响。例如，砂土中水分容易渗透流失，土壤导电性差，腐蚀性小；而粘土中的水分不容易流失，含盐量大，盐分溶解得多，因此土壤导电性好，腐蚀性强。一般的低洼地和盐碱地，导电性很好，腐蚀性很强，人们通常用土壤的导电性(电阻率)来衡量土壤的腐蚀性(见表 3-2)。

表 3-2 土壤的电阻率与腐蚀性关系

土壤的电阻率，Ω·cm	土壤的腐蚀性	钢的平均腐蚀速率，mm/a
0～500	很高	＞1
500～2000	高	0.2～1
2000～10000	中等	0.05～0.2
＞10000	低	＜0.05

5. pH 值的影响

土壤中存在着有机物分解产生的有机酸、CO_2 溶于水生成的碳酸等酸类，它们能产生 H^+ 离子；土壤中同时还存在由盐水解产生的 OH^-。由于 H^+ 和 OH^- 含量的不同，就造成了土壤 pH 值的不同，把土壤分为酸性土(pH＝3～6)、中性土(pH＝6～7.5)和碱性土(pH＝7.5～9.5)。

一般认为，当 pH 值越低时，土壤的腐蚀性越大。这是因为土壤的酸性越大，H^+ 离子就越多，越容易发生氢离子的阴极去极化作用，从而加速了阴极反应，也就加剧了腐蚀。应当指出，当在土壤中含有大量有机酸时，其 pH 值虽然接近于中性，但其腐蚀性仍然很强。

6. 温度的影响

由文献可知，随着温度升高，电解液的导电性提高，氧的渗透扩散速度也加快，因此会加速腐蚀；同时，当温度升高到 25～30℃时，最适宜细菌的生长，也会加速腐蚀。

7. 空隙度的影响

较大的孔隙度有利于氧渗透和水分保存，而它们都是腐蚀初始的促进因素。由于金属的表面状态及导致腐蚀的电池的不同，透气性的好与坏可能有两方面的作用。透气性良好一般会加速微电池作用的腐蚀过程，但是在透气性良好的土壤中也更容易生成具有保护能力的腐蚀产物层，阻碍金属的阳极溶解，使腐蚀速率减慢下来。透气性不良会使微电池作用的腐蚀减缓，但是当形成腐蚀宏观电池时，由于氧浓差电池的作用，透气性差的区域将成为阳极而发生严重腐蚀。

当然，影响土壤腐蚀的因素远不止于上述这几个方面，土壤腐蚀是各种因素综合作用的结果，是相当错综复杂的。

(三) 微生物对土壤的影响

土壤中含有硫酸盐还原菌等厌氧菌类、硫氧化菌等嗜氧菌类和硝酸盐还原菌等厌氧性菌类。有氧无氧决定了它们在土壤中能否繁殖，而水分、养料、温度和 pH 值等条件与它们的生长有密切关系。例如，硫酸盐还原菌在中性条件下(pH=7.5)很容易繁殖，但在 pH>9 时，它们的繁殖和生长就很困难了。

这些细菌的存在可能会导致土壤理化性质的不均性，从而造成氧浓差电池腐蚀；细菌在生命活动过程中会产生硫化氢、二氧化碳等酸性物质，这些物质可腐蚀金属；细菌还可能参与腐蚀的电化学过程。例如，在硫酸盐还原菌的参与下，能发生下述反应：

$$4Fe+SO_4^{2-}+4H_2O \longrightarrow FeS+3Fe(OH)_2+2OH^-$$

也就是在硫酸盐被还原的同时，铁被腐蚀生成了 FeS 和 $Fe(OH)_2$。

五、土壤腐蚀中的极化现象

土壤腐蚀中的极化分为阳极极化和阴极极化。

阳极极化的原因有下列三种：

(1) 浓差极化：通常是由于从阳极金属上溶入溶液中的金属离子偏聚于阳极金属附近而引起的(这种极化服从能斯特方程式)。一般情况下，这种原因造成的电位变化不大。

(2) 电化学极化：是由阳极金属变成金属离子的过程较慢而引起的。通常这种原因造成的电位变化也较小。

(3) 钝化：是由腐蚀过程中在阳极金属表面生成一种极薄的膜阻滞阳极反应而引起的。通常这种原因造成的电位变化很大，能显著降低腐蚀速率，甚至抑制腐蚀过程。

阴极极化主要有以下两项原因：

(1) 浓差极化：通常是由参与阳极反应的某氧化剂(或溶液中处于氧化态的某组分)难以到达阴极表面而引起的。如对于最常见的中性水溶液中的腐蚀过程，主要是阴极反应所需氧的供给困难所致。氧在溶液中的传递可以通过对流和扩散来进行，而紧靠电极表面有一薄层溶液是不流动的，只有靠扩散才能通过。而扩散传递速率是有限的，当氧的供给速率满足不了电极反应的需要时，阴极电位可以降低很多，因而，腐蚀速率不会很高。阴极反应方程式为：

$$O_2+2H_2O+4e \longrightarrow 4OH^-$$

(2) 电化学极化：即由于阴极反应(吸收电子过程)缓慢而引起的。例如，常见的阴极反应阴极电化学极化比较重要，但它引起的电位变化较氧的浓差极化所造成的电位变化小。阴极反应方程式为：

$$H^++e \longrightarrow H$$

$$O_2+2H_2O+4e \longrightarrow OH^-$$

第三节　海 水 腐 蚀

21 世纪将是一个“海洋世界的时代”，人们在逐渐把更多的注意力转向资源丰富的海洋。开发和利用海洋离不开各种材料，而金属材料在海洋中的腐蚀相当严重。海洋腐蚀的损失约占总腐蚀的 1/3，由于腐蚀造成的事故屡屡发生。因此，加强腐蚀控制，减少金属材料的损耗，避免设备在海洋环境中遭到过早的或意外的损坏，有着重要的战略意义。

一、海水性质及其腐蚀特点

（一）海水的性质

海水中几乎含有地球上所有的元素，海水中已测出的元素近80种。海水是一种成分很复杂的天然电解质。海水中溶有卤化钠为主的大量盐类。含量最多的盐类是氯化物，氯离子的含量约占总离子数的55%，其次是硫酸盐。含盐量可用盐度或氯度来表示。盐度是指1000g海水中溶解的固体盐类物质的总克数，氯度表示1000g海水中含卤族离子的克数，常用百分数或千分数表示。海水的盐度随地区稍有变化。在近海区和内海中，盐度变化较大，而在江河入海口，海水被稀释，盐度变小；在地中海、红海这些封闭性内海中，由于水分急速蒸发，盐度可达40。除含有大量盐类以外，还含有溶解氧、二氧化碳、海生物和腐败的有机物。表层海水(1～10m)为氧和二氧化碳所饱和，pH值8.2左右，是常温、有一定流速的腐蚀性电解质溶液，它具有高的含盐量、导电性、腐蚀性和生物活性。海水有很高的电导率，远远超过河水和雨水。

海水与金属腐蚀有关的物理化学性质主要有盐度、氯度、电导率、pH值、溶解氧、温度、流速及海生物等。

（二）海水腐蚀的电化学特点

海水是复杂的电解质，海水腐蚀基本上是符合电化学腐蚀规律的。但其电化学腐蚀过程也具有自身的特征。

(1) 大多数金属(如钢铁、锌、铜等)海水腐蚀的阳极极化阻滞很小。这是因为海水中大量的氯离子等卤素离子能阻碍和破坏金属的钝化。其破坏方式有几种：①破坏氧化膜。氯离子对氧化膜有穿透破坏作用而对胶状保护膜有解胶破坏作用。②吸附作用。氯离子比某些钝化剂更易吸附。③电场效应。氯离子在金属表面或薄膜上被吸附形成了强电场，从金属中引出金属离子，金属离子水解导致pH值降低，加剧酸腐蚀。④络合作用。氯离子与金属离子易形成络合物，加速了金属的阳极溶解。以上所有这些作用都能减少阳极极化，因此金属在海水中的腐蚀速率相当快。

近年来对耐海水腐蚀钢锈层分析表明，在钢中加入某些元素可形成致密、连续、粘附性好的锈层结构，提高了低合金钢的耐海水腐蚀性能。金属Ti、Zr、Nb、Ta等能在海水中保持钝态，具有显著的阳极极化作用。

(2) 海水腐蚀中主要的阴极过程是氧的去极化过程，它是腐蚀反应的控制性步骤。$O_2+2H_2O+4e \longrightarrow OH^-$，其平衡电位为+0.75V左右。而当海水流速大、供氧快时，腐蚀速率也相应提高。

另外，在含有大量的H_2S缺氧海水中，也可能发生H_2S的阴极去极化作用，Cu和Ni是易受H_2S腐蚀的金属，Fe和Cu等高价离子也可促进阴极反应。当铝及其合金表面上因发生反应$Cu^{2+}+2e \longrightarrow Cu$而析出铜时，将成为有效的阴极，因此海水中如含有$0.1\times10^{-6}$ mol/L以上的Cu^{2+}，就不能使用铝合金。

(3) 因海水导电性好，腐蚀过程的电阻减小。异种金属接触能造成显著的电偶腐蚀，影响范围也较大。若不采取防护措施的话，海水中青铜螺旋桨可引起远达数十米处钢制船壳的腐蚀。

（4）在海水中由于金属的钝化态被局部破坏，很易发生孔蚀和缝隙腐蚀等局部腐蚀，在高流速的海水中，易产生冲刷腐蚀和空泡腐蚀。

二、海水腐蚀的影响因素

海水是一种复杂的多种盐类的平衡溶液，海水中还含有生物、悬浮泥沙、溶解的气体、腐败的有机物及污染物等，因此金属的腐蚀行为与这些因素的综合作用有关。下面对主要影响因素的作用简述如下。

（一）盐度

水中含盐量增加，水的电导率增加，而溶氧量降低。当盐浓度较低时，随着盐浓度的增加，氯离子含量也增加，促进了阳极反应。当含盐量达到一定值时腐蚀速率反而降低，这是由于随着水中盐浓度增加，溶氧量降低所致。所以在某一含盐量处将有一个腐蚀速率的最大值。而海水的含盐量正好接近于钢的腐蚀速率最大值所对应的含盐量。但实际海水的腐蚀性强弱取决于当地海水环境因素。大洋的海水含盐量变化不大，即使有微量变化也不会对材料的腐蚀产生大的影响。

（二）电导率

海水电导率约为 4×10^{-2}s/cm，远远超过河水的电导率（2×10^{-4}s/cm）和雨水的电导率（1×10^{-3}s/cm），所以海水中的金属腐蚀，不仅有微电池作用，也存在宏电池作用。

（三）氧含量

海水中的溶解氧是海水腐蚀的主要因素之一。正常情况下，表面海水层被空气饱和，氧浓度大体在 5～10mg/L 范围内变化。这样高的含氧量，使得金属在海水中的腐蚀过程为氧气在阴极的去极化过程。

（四）pH 值

海水中 pH 值通常为 8.1～8.3，随海水深度而变化。海水中含有复杂的无机物和有机物，加之生物活性作用，它们对腐蚀有一定影响，但影响不大。

（五）温度

海水温度变化对腐蚀也有影响，海水温度一般在－2℃到 35℃之间，热带浅水区可能更高；一般来说，提高温度通常能加速反应，如铁、铜及其合金在炎热的环境或季节里腐蚀速率要快些。但随温度上升，氧的溶解度随之下降。

（六）流速

流速由正、反两方面的作用。在流速较低的范围内，碳钢的腐蚀随流速的增加而加速；但对于海水中能钝化的金属则不然，一定的流速能促进钛、镍和高铬不锈钢的钝化，因而提高了耐蚀性。当海水流速很高时，金属腐蚀急剧增加。由于介质的摩擦冲击等机械力的作用，出现了磨蚀、冲蚀和空蚀。

（七）海生物

海洋中有大量的动物、植物及微生物。生物的附着一方面会影响海洋结构效能，例如船体上海生物的严重附着将使阻力增大，航速降低；另一方面则对金属的腐蚀产生影响，一般产生氧浓差腐蚀。

第四节　全面腐蚀与局部腐蚀

由于金属腐蚀的现象与机理相当复杂，金属腐蚀的分类也是多样的。常见的破坏特征可分为全面腐蚀和局部腐蚀两大类。

从工程技术上看，全面腐蚀相对局部腐蚀其危险性小些。而局部腐蚀危险极大，往往在没有什么预兆的情况下，金属构件就突然发生断裂，甚至造成严重的事故。从各类腐蚀失效事故统计来看，全面腐蚀占 17.8%，局部腐蚀占 82.2%；局部腐蚀中应力腐蚀断裂为38%，点蚀为25%，缝隙腐蚀为 2.2%，晶间腐蚀为 11.5%，选择腐蚀为 2%，焊缝腐蚀为0.4%，磨蚀等其他腐蚀形式为 3.1%。

一、全面腐蚀

（一）全面腐蚀的特征

全面腐蚀是常见的一种腐蚀。全面腐蚀是指整个金属表面均发生腐蚀，它可以是均匀的也可以是不均匀的。钢铁构件在大气、海水及稀的还原性介质中的腐蚀一般属于全面腐蚀。

全面腐蚀一般属于微观电池腐蚀。通常所说的铁生锈或钢失泽，镍的“发雾”现象以及金属的高温氧化均属于全面腐蚀。

（二）全面腐蚀速率及耐蚀标准

对于金属腐蚀，人们最关心的是腐蚀速率。只有知道准确的腐蚀速率，才能选择合理的防蚀措施及为结构设计提供依据。全面腐蚀速率也称均匀腐蚀速率，常用的表示方法有重量法和深度法。

1. 重量法

重量法是用试样在腐蚀前后重量(质量)的变化(单位面积、单位时间内的失重或增重)表示腐蚀速率的方法。其表达式为：

$$v_{+\Delta W} = \frac{W_1 - W_0}{St}$$

$$v_{-\Delta W} = \frac{W_0 - W_2}{St}$$

式中　W_0——试样原始重量(质量)，g；

W_1——未清除腐蚀产物的试样重量(质量)，g；

W_2——清除腐蚀产物的试样重量(质量)，g；

S——试样表面积，m^2；

t——腐蚀时间，h。

用重量法计算的腐蚀速率只表示平均腐蚀速率，即是均匀腐蚀速率。

2.深度法

用重量法表示腐蚀速率很难直观知道腐蚀深度，如制造农药的反应釜的腐蚀速率用腐蚀深度表示就非常方便。这种方法适合密度不同的金属，可用下式计算：

$$B=\frac{8.76}{\rho}v$$

式中 B——按深度计算的腐蚀速率，mm/a；

v——按重量法计算的腐蚀速率，g/(m^2·h)；

ρ——金属材料的密度，g/cm^3。

实际上，上式是将平均腐蚀速率换算成单位时间内的平均腐蚀深度的换算公式。

3.耐蚀标准

对均匀腐蚀的金属材料，判断其耐蚀程度及选择耐蚀材料，一般采用深度指标。表3－3列出了金属材料耐蚀性的分类标准。

表3－3 金属材料耐蚀性10级标准

耐蚀性类别	腐蚀速率 mm/a	失重，g/（m^2·h）					
		铁基合金	铜及其合金	镍及其合金	铅及其合金	铝及其合金	耐蚀等级
Ⅰ.完全耐蚀	＜0.001	＜0.0009	＜0.001	0.001	0.0012	＜0.0003	1
Ⅱ.很耐蚀	0.001～0.005	0.0009～0.00045	0.001～0.0051	0.001～0.005	0.0012～0.0065	0.0003～0.0015	2
	0.005～0.01	0.00045～0.009	0.0051～0.01	0.005～0.01	0.0065～0.012	0.0015～0.003	3
Ⅲ.耐蚀	0.01～0.05	0.009～0.045	0.01～0.051	0.01～0.05	0.012～0.065	0.003～0.015	4
	0.05～0.1	0.045～0.09	0.051～0.1	0.05～0.1	0.065～0.12	0.015～0.031	5
Ⅳ.尚耐蚀	0.1～0.5	0.09～0.45	0.1～0.51	0.1～0.5	0.12～0.65	0.031～0.154	6
	0.5～1.0	0.45～0.9	0.51～1.02	0.5～1.0	0.65～1.2	0.154～0.31	7
Ⅴ.欠耐蚀	1.0～5.0	0.9～4.5	1.02～5.1	1.0～5.0	1.2～6.5	0.31～1.54	8
	5.0～10.0	4.5～9.1	5.1～10.2	5.0～10.0	6.5～12.0	1.54～3.1	9
Ⅵ.不耐蚀	＞10	＞9.1	＞10.2	＞10.0	＞12.0	＞3.1	10

二、局部腐蚀

局部腐蚀是指金属表面一小部分表面积上的腐蚀速率和蚀坑深度远大于整个表面上的平均值的腐蚀情况，即阳极反应发生在很小的范围内。它是相对全面腐蚀而言。

局部腐蚀破坏的类型很多，在金属管道上发生的腐蚀破坏有以下类型：

（一）缝隙腐蚀

许多金属构件是由螺钉、铆、焊等方式连接的。在这些连接件或焊接接头缺陷处可能出现狭窄的缝隙，其缝宽足以使电解质溶液进入，使缝内金属与缝外金属构成短路原电池，并且在缝内发生强烈的腐蚀，这种局部腐蚀称为缝隙腐蚀。它是一种很普遍的局部腐蚀。同种或异种金属相接触会引起缝隙腐蚀，即使金属与非金属(如塑料、橡胶、玻璃、木材、石棉、织物以及各种法兰盘之间的衬垫等)相接触也会引起金属缝隙腐蚀。金属表面的一些沉积物、附着物，如灰尘、砂粒、腐蚀产物的沉积等也会给缝隙腐蚀创造条件。几乎所有的金属、所有的腐蚀性介质都有可能引起金属的缝隙腐蚀。其中以依赖钝化而腐蚀的金属材料和以含氯离子的溶液最容易发生此类腐蚀。

（二）点腐蚀(孔蚀)

点腐蚀(孔蚀)是指腐蚀集中于金属表面的很小范围内，并深入到金属内部的孔状腐蚀形态。一般是孔径小而深度深。孔蚀的最大深度和金属平均腐蚀深度的比值，称为点蚀系数。点蚀系数越大表示点蚀越严重。点蚀系数为 1 表示为全面均匀腐蚀。平均腐蚀深度可由试样的重量损失计算求得。

输送油、气、水的钢管埋在土壤中就经常出现点腐蚀现象，蚀孔深浅不一，呈斑点状、溃疡状，严重时造成管壁穿孔，使得大量的油、气、水漏失，甚者酿成火灾。不锈钢设备在含有氯离子的介质中使用时容易发生点腐蚀。发生点腐蚀需在某一临界电势以上，该电势称为点蚀电势(或称击穿电势)。点蚀电势随介质中氯离子浓度的增加而下降，使点蚀易于发生。

点蚀的发生、发展可分为两个阶段，即蚀孔的成核和蚀孔的生长过程。点蚀的产生与腐蚀介质中活性阴离子(尤其是氯离子)的存在密切相关。

当介质中存在活性阴离子时，平衡即被破坏，使溶解占优势。

（三）晶间腐蚀

沿着或紧挨着金属的晶粒边界发生的腐蚀称为晶间腐蚀。晶间腐蚀破坏发生在金属晶粒的边界上。从外观上看，金属表面无明显变化，但晶粒间的结合力已大大削弱，严重时材料强度完全丧失，轻轻一击就碎了。不锈钢焊件在其热影响区(敏化温度的范围内)容易引起对晶间腐蚀的敏化。

晶间腐蚀的产生必须具备两个条件：①晶间物质的物理化学状态与晶粒内不同；②特定的环境因素，如潮湿大气、电解质溶液、过热的水蒸气、高温水或熔融金属等。从电化学腐蚀原理知道，腐蚀经常从原子排列较不规则的地方开始引起局部腐蚀。常用金属及合金都由多晶体组成，其表面有大量晶界或相界，晶界具有较大的活性，因为晶界是原子排列较为疏松而紊乱的区域。对于晶界影响并不显著(晶界只比基体稍微活泼一些)的金属来说，在使用中仍发生均匀腐蚀。但当晶界行为因某些原因而受到强烈影响时，晶界就会变得非常活泼，在实际使用中就会产生晶间腐蚀。

（四）丝状腐蚀

丝状腐蚀是钢、铝、镁、锌等涂装金属产品上常见的一类大气腐蚀。如在镀镍的钢板上都曾发现这种腐蚀。而在清漆或瓷器下面的金属上这类腐蚀发展得特别严重，因多数发生在漆膜下面，因此也称作漆膜腐蚀。在不涂的裸露金属表面上也会有丝状腐蚀出现。这种腐蚀所造成的金属损失虽然不大，但它损害金属制品的外观，有时会以丝状腐蚀为起点，发展成缝隙腐蚀或点腐蚀，还有可能由此而诱发应力腐蚀。据报道在铝上就发现过从丝状腐蚀发展为点蚀和晶间腐蚀的现象。在镁制产品上也有从丝状腐蚀而诱发点蚀，并使镁制产品穿孔的例证。

第五节　应力腐蚀与疲劳腐蚀

一、应力腐独

金属材料在持续性应力和腐蚀性介质的协同作用下发生的腐蚀，统称应力腐蚀。

应力腐蚀随应力状态不同呈不同的腐蚀破坏形态。它的特征是形成腐蚀—机械裂纹。这种裂纹不仅可以沿着晶间发展，而且也可以穿过晶粒。由于裂纹向金属内部发展，使金属或合金结构的强度大大降低，严重时能使金属设备突然损坏。如果该设备是在高压条件下工作，将引起严重的爆炸事故。微裂纹一旦形成，其扩展速度很快，且在破坏前没有明显的顶兆。所以，应力腐蚀是所有腐蚀类型中破坏性和危害性最大的一种。

（一）应力腐蚀的特征

（1）必须有应力，特别是拉应力分量的存在。拉伸应力越大，则断裂所需的时间越短。断裂所需应力一般都低于材料的屈服强度。

（2）腐蚀介质是特定的，金属材料也是特定的，即只有某些金属与特定介质的组合（见表 3－4），才会发生应力腐蚀破裂。

表 3－4　发生应力腐蚀开裂的材料—介质系统

合　金	化 学 介 质	合　金	化 学 介 质
铝合金	氯化物、潮湿的工业大气、海洋大气	高强度低合金钢	氯化物
铜合金	铵离子、氨	不锈钢	沸腾的氯化物
镍合金	热浓氢氧化物、氯氟酸蒸气	奥氏体不锈钢	沸腾的氯化物
钛合金	氢化物、甲醇	铁素体和马氏体不锈钢	硫酸、氯化物、反应堆冷却水
低碳钢	沸腾的氢氧化物、沸腾的硝酸盐、煤干馏的产物	马氏体不锈钢	氯化物
石油用钢	硫化氢、二氧化碳		

（3）断裂速度约为 $10^{-3}\sim10^{-1}$cm/h，远大于没有应力时的腐蚀速率，又远小于单纯的力学因素引起的断裂速度，断口一般为脆性断裂性。

（二）应力腐蚀过程

应力腐蚀过程一般可分为三个阶段。第一阶段为孕育期，因腐蚀过程的局部化和拉应力的结果，使裂纹生核；第二阶段为腐蚀裂纹发展期，裂纹扩展；在第三阶段中，由于拉应力的局部集中，裂纹急剧生长导致材料的破坏。

（1）金属和合金表面的缺陷部位或薄弱点为应力腐蚀提供了裂纹核心。如果材料表面已经有划痕、小孔或缝隙存在，它们就是现成的裂纹核心。

（2）微观裂纹形成后，裂纹尖端的应力集中，高的集中应力使裂纹尖端及附近区域屈服变形，微观滑移再次破坏尖端表面膜，使尖端又一次加速溶解。这些步骤连续交替进行，裂纹便不断向深处扩展。这就是裂纹的扩展阶段。

(3) 随着裂纹扩展阶段的进行，拉应力逐渐增大，应力集中越大，导致裂纹的迅速扩展，最后导致了材料的破坏。

(三) 应力腐蚀开裂

应力腐蚀开裂是指金属在应力(拉应力)和腐蚀性介质的共同作用下(并有一定的温度条件)所引起的开裂。拉应力越大，断裂所需的时间越短。断裂时的应力，一般都低于材料的屈服强度。

(四) 应力腐蚀机理

应力腐蚀机理有很多模型，按照腐蚀过程可划分为：

(1) 阳极溶解。阳极溶解是应力腐蚀的控制过程。该理论中，应力破坏保护膜起重要作用，膜破裂处形成局部阳极区。基于这种机理，由于压应力也可破坏保护膜，也会引起应力腐蚀开裂。与拉应力相比，裂纹形成的孕育时间长，扩展慢，断口上显示交替溶解的形貌。

(2) 氢致开裂。若阴极反应析氢进入金属后，对应力腐蚀开裂起了决定性或主要作用，叫做氢致开裂。

工程上发生的应力腐蚀现象以上两种机理都存在，有时是共存的。氢以原子形式渗透到管道钢的内部，对材料造成的各种损失大体来说有如下几种：

(1) 氢脆——由于吸氢使金属韧性或延性降低的过程。在应力作用下金属由于吸氢致脆而导致破裂。

(2) 氢鼓泡——由于金属中过高的氢内压使金属在表面或表面下形成鼓泡。

(3) 氢致台阶式开裂——金属内部沿材料轧制方向产生一系列的条形裂纹。这些裂纹彼此间由一些垂直裂纹所沟通，呈台阶状，沿材料的壁厚方向发展。

二、腐蚀疲劳

(一) 腐蚀疲劳的一般概念

在周期性应力作用下，所有金属材料在远低于他们的极限抗拉强度的条件下会形成裂纹，这个过程叫做疲劳。而金属疲劳腐蚀还有腐蚀介质对金属的作用，也就是说它是金属在交变应力和腐蚀介质共同作用下的一种破坏形式。它的本质是电化学腐蚀过程和力学过程的相互作用，这种相互作用远远超过交变应力和腐蚀介质单独作用的数学加和。因此，这是一种更为严重的破坏形式，它造成金属破裂多为龟裂。在工程中经常出现腐蚀疲劳现象，如泵轴、泵杆经受的旋转弯曲腐蚀疲劳；海上石油平台受到的海浪冲击等各种形式的腐蚀疲劳破坏。

(二) 腐蚀疲劳的机理

腐蚀疲劳的发生机理有许多理论，具有代表性的主要有两种：

(1) 蚀孔应力集中理论。该理论认为，由于电化学腐蚀产生的小孔成为应力集中点，因此在金属受拉应力时该处滑移变形，产生滑移台阶，暴露新鲜金属表面产生溶解。当金属受压应力时，即逆向滑移，不能复原，从而形成裂纹源，交应变力往复，裂纹不断扩展。

（2）滑移带优先溶解理论。该理论认为，金属在交变应力作用下产生的驻留滑移带及挤出、挤入处，由于位错密度高或杂质在滑移带沉积等原因，使原子具有较高的活性，受到优先腐蚀，导致腐蚀疲劳裂纹形核，变形区为阳极，未变形区为阴极，在交变应力和电化学作用下，加速了裂纹的扩展。

（三）腐蚀疲劳的主要影响因素

（1）频率。周期应力的频率对裂纹扩展影响很大。低频时，腐蚀疲劳强度较小，随频率的增加，疲劳强度增加。通常弯曲周期应力对材料的破坏更为严重。钢在海水中的拉压疲劳强度比弯曲疲劳强度高许多倍。

（2）材质因素。腐蚀疲劳强度与材料的强度、化学成分、热处理状态等的关系都很大。提高材料强度可以提高材料的疲劳强度，但往往降低材料的耐蚀性，也就降低了腐蚀疲劳强度。

三、腐蚀疲劳与应力腐蚀的区别与联系

（1）一般认为，应力腐蚀是在三个特定条件下(特定介质、特定材料和特定应力)发生，而腐蚀疲劳则任何材料都可能发生。

（2）应力腐蚀是在静拉伸(如恒载荷、恒应变)或单调动载拉伸条件下产生，而腐蚀疲劳则是在交变应力条件下发生。

（3）应力腐蚀破裂有一个临界应力强度因子值，在它以下应力腐蚀破裂就不发生。但腐蚀疲劳不存在临界极限强度因子。在腐蚀环境循环次数增加，断裂总会发生。

（4）腐蚀疲劳与循环频率的关系较大。在同一循环次数下，频率越低，腐蚀劳强度越低。

第六节　H_2S 腐蚀和 CO_2 腐蚀

一、硫化氢（H_2S）腐蚀

（一）油气管道中含 H_2S 介质腐蚀的现象

我国海上和陆上蕴藏着丰富的天然气资源，而四川地区大部分是含硫天然气。海上气田也面临着解决高浓度的 H_2S、CO_2 油气开采及储运过程中的防腐技术问题。干的 H_2S 气体对钢材不腐蚀，只有 H_2S 溶于水溶液或水膜时才具有腐蚀性。管道钢在含湿 H_2S 天然气中的腐蚀主要有两大类：电化学腐蚀、氢诱发裂纹（氢致开裂）。

由电化学腐蚀造成管壁减薄或穿孔等所经历的时间要长一些。如四川一条输气管道外径为 630mm×7(8)mm，材质为 16Mn 和 A3F 螺旋焊接的钢管，于 1968 年 9 月投产，在 1971 年 5 月和 1972 年 1 月先后发生两次爆管事故。原因是管道内积水低洼处含 H_2S 和 CO_2，发生电化学腐蚀和冲刷腐蚀，使管子壁厚减薄至 1.2mm。而应力腐蚀破坏在事故发生前无任何预兆，是突发性的破坏事故。例如有一条输气管道 1994 年 1 月和 5 ～7 月曾连续发生5 次爆炸。爆破距离相近，是沿螺旋焊缝几乎等距撕裂，裂纹长 1.6 ～2.0m ，宽 10 ～25 mm，距焊缝 25 ～45mm，大多脆性断裂。

钢材在含 H_2S 的水溶液中的应力腐蚀开裂的机理，是阴极反应析出的氢进入钢中并富集在某些关键部位引起的。例如，MnS/αFe 的界面，可以富集氢，氢分子积累的氢气压力很高，以致引起沿界面的开裂。在拉伸应力及 H_2O 和 H_2S 的腐蚀介质联合作用下产生开裂，引起的脆性破坏称硫化物应力开裂(Sulfide Stress Ciracking，简作 SSC)。

(二) 硫化氢腐蚀机理

与 CO_2 和氧相比，H_2S 在水中的溶解度最高(H_2S 的溶解度也随温度升高而降低，在 760mmHg、30℃时，H_2S 的溶解度为 3580mg/L)。天然气集输系统中常有水存在，H_2S 一旦溶于水便立即电离，使水具有酸性。H_2S 在水中的离解反应为：

$$H_2S \rightleftharpoons H^+ + HS^-$$

$$HS^- \rightleftharpoons H^+ + S^{2-}$$

在硫化氢溶液中，含有 H^+、HS^-、S^{2-} 和 H_2S 分子，它们对金属的腐蚀是氢去极化作用过程：

阳极反应 $$Fe \longrightarrow Fe^{2+} + 2e$$

阴极反应 $$2H^+ + 2e \longrightarrow H_{ad} + H_{ad} \longrightarrow H_2$$

$$\downarrow$$

$$H_{ab} \longrightarrow \text{钢中扩散}$$

阴极反应的产物：

$$xFe^{2+} + yH_2S \longrightarrow Fe_xS_y + 2yH^+$$

式中 H_{ad}——钢表面上吸附的氢原子；

H_{ab}——钢中吸收的氢原子。

Fe_xS_y 为各种硫化铁的通式。硫化氢的腐蚀产物硫化铁可能是由 Fe_9S_8、Fe_3S_4、FeS 和 FeS_2 组成，它们在金属表面形成致密的保护膜，可降低或阻止电化学腐蚀。在较高的硫化氢浓度下，有的腐蚀产物如硫化铁由 Fe_3S_4、Fe_9S_8 组成，呈黑色疏松的硫化铁与钢铁接触形成了宏观电池，硫化铁是阴极，钢铁是阳极，因而加速了电化学反应。

(三) 硫化氢导致氢损伤过程

H_2S 水溶液对钢材电化学腐蚀的另一产物是氢。渗入钢铁中的氢原子，将破坏其基体的连续性，从而导致氢损伤。H_2S 作为一种强渗氢介质，这不仅是因为它本身提供了氢的来源，而且还起着毒化的作用，阻碍氢原子结合成氢分子的反应，于是提高了钢铁表面氢浓度，其结果加速了氢向钢中的扩散溶解过程。在含 H_2S 酸性气田上，氢损伤通常表现为硫化物应力开裂(SSC)和氢诱发裂纹(HIC)，后者包括氢脆(HE)、氢鼓泡(HB)、氢致台阶式开裂(HIBC)等几种形式的破坏。

(四) 影响硫化氢腐蚀的因素

1. H_2S 浓度

硫化氢的电化学腐蚀与水溶液中硫化氢浓度的关系如图 3-2所示。曲线表明，在钢铁表面存在硫化铁保护膜的情况下，硫化氢超过一定值时，腐蚀速率反而下降，高浓度的硫化氢不一定比低浓度的硫化氢腐蚀更严重。H_2S 浓度到 1800mg/L 以后，H_2S 浓度对腐蚀速率几乎没有影响。如果含 H_2S 介质中还含有其他腐蚀性组分，如 CO_2、Cl^-、残酸等时，将促使 H_2S 对钢材的腐蚀速率大幅度增高。

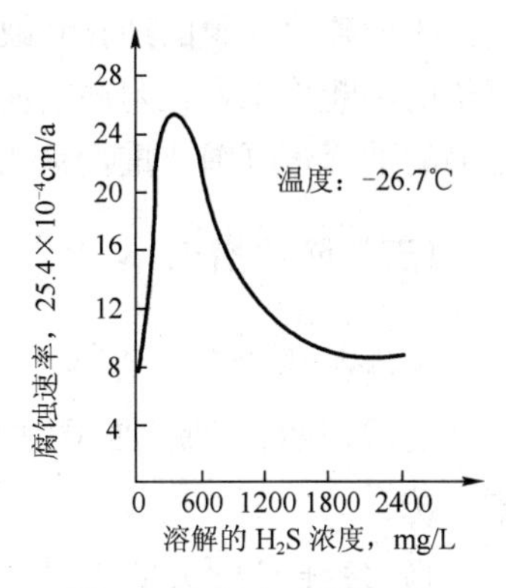

图 3-2 钢在不同浓度 H_2S 水溶液中的腐蚀

2. pH 值

H_2S 水溶液的 pH 值将直接影响着钢铁的腐蚀速率，通常表现出在 pH 值为 6 时是一个临界值。当 pH 值小于 6 时，钢的腐蚀率高，腐蚀液呈黑色，浑浊。当 pH 值小于 6 时，管材的寿命很少超过 20 年。

3. 温度

温度对腐蚀的影响较复杂。在低温区域内，钢铁在 H_2S 水溶液中的腐蚀速率通常是随温度升高而增大。有试验表明在 10％的 H_2S 水溶液中，当温度从 55℃升至 84 ℃时，腐蚀速率大约增大 20％。但温度继续升高，腐蚀速率将下降，在 110～200 ℃之间的腐蚀速率最小。

温度对硫化铁膜的影响：通常，在室温下的湿 H_2S 气体中，钢铁表面生成的是无保护性的 Fe_9S_8。在 100 ℃含水蒸气的 H_2S 中，生成的也是无保护性的 Fe_9S_8 和少量 FeS。在饱和水溶液中，碳钢在 50 ℃下生成的是无保护性的 Fe_9S_8 和少量 FeS；当温度升高到 110～150 ℃时，生成的是保护性较好的 FeS 和 FeS_2。

4. CO_2 浓度

CO_2 溶于水形成碳酸，使介质的 pH 值下降，增加介质的腐蚀性。CO_2 对 H_2S 腐蚀过程的影响尚无统一的认识。有资料认为，在含有 CO_2 的 H_2S 体系中，如果 CO_2 与 H_2S 的分压之比小于 500∶1 时，硫化铁仍将是腐蚀产物膜的主要成分，腐蚀过程受 H_2S 的控制。

5. 流速

碳钢和低合金钢在含 H_2S 流体中的腐蚀速率，通常是随着时间的增长而逐渐下降，这是相对于流体在某特定的流速下而言的。如果流体流速较高或处于湍流状态时，由于钢铁表面上的硫化铁腐蚀产物膜受到流体的冲刷而被破坏或粘附不牢固，钢铁将一直以初始的高速腐蚀，从而使设备、管线、构件很快受到腐蚀破坏。为此，要控制流速的上限，须把冲刷腐蚀降到最小。通常规定阀门的气体流速低于 15m/s。但是，如果流速太低，可造成管线、设备低部集液而发生因水线腐蚀、垢下腐蚀等导致的局部腐蚀破坏。因此，通常规定气体的流速应大于 3m/s。

6. 腐蚀时间

在 H_2S 水溶液中，碳钢和低合金钢的初始腐蚀速率很大，约为 0.7mm/a。但随着时间的增长，腐蚀速率会逐渐下降。有试验表明 2000h 后，腐蚀速率趋于平衡，约为 0.01mm/a。这是由于随着腐蚀时间增长，硫化铁腐蚀产物膜逐渐在钢铁表面上沉积，形成了一层具有减缓腐蚀作用的保护膜。

7. 氯离子

在酸性气田水中，带负电荷的氯离子，基于电价平衡，它总是争先恐后吸附到钢铁表面，因此，氯离子的存在往往会阻碍保护性的硫化铁膜在钢铁表面的形成。氯离子可以通过钢铁表面硫化铁膜的细孔和缺陷渗入其膜内，使膜发生显微开裂，于是形成孔蚀核。由于氯离子的不断移入，在闭塞电池的作用下，加速了孔蚀破坏。在酸性天然气气井中，与矿化水接触的油套管腐蚀严重，穿孔速率快，与氯离子的作用有着十分密切的关系。

（五）防护措施

1. 添加缓蚀剂

实践证明合理添加缓蚀剂是防止 H_2S 酸性气对碳钢和低合金钢设施腐蚀的一种有效方法。

1）缓蚀剂的选用原则

油气从井下、井口到进入处理厂的开采过程中，温度、压力、流速都发生了很大变化，特别是深层气井井底温度、压力高。另外油气井开采的不同时间阶段，其油、气、水比例也不同，通常随着油气井产水量的增加，腐蚀破坏将加重。因此，为了能正确选取适用于特定系统的缓蚀剂，需要遵循以下原则：

——根据所要防护的金属和介质的组成、运行参数及可能发生的腐蚀类型选取不同的缓蚀剂；

——选用的缓蚀剂应与腐蚀介质具有较好的相溶性，且在介质中具有一定的分散能力，才能有效到达金属表面，发挥缓蚀效果；

——选用的缓蚀剂应与其他添加剂具有良好的兼容性；

——要考虑添加工艺上的要求(如预处理、加量、加注方法、加注周期)；

——要考虑对天然气集输和加工工艺可能造成的有害影响及费用等。

2）缓蚀剂类型及其缓蚀效果的影响因素

由于 H_2S、CO_2 对金属的腐蚀是以氢去极化腐蚀为主，在此条件下，金属表面原有的氧化膜易被溶解，采用氧化性(钝化型)缓蚀剂非但起不到缓蚀作用，而且还会加速腐蚀。因此，为减缓含 H_2S 酸性油气的腐蚀性，通常添加能吸附在金属表面、改变金属表面状态和性质、从而抑制腐蚀反应发生的成膜型缓蚀剂。用于含 H_2S 酸性环境中的缓蚀剂，通常为含氮的吸附型成膜缓蚀剂，有胺类、咪唑啉、酰胺类和季铵盐，也包括含硫、磷的化合物。经长期的研制，大量成功的缓蚀剂已商品化，如 CT2—1、CT2—4、CT2—14、CT2—15、CT2—2 及 CZ3—1Z 和 ZT—1 等。

3）缓蚀剂注入与腐蚀监测

缓蚀剂的防腐效果必须通过合理的缓蚀剂加注技术来实现。缓蚀剂未到达腐蚀区，或采出油气流将缓蚀剂冲刷剥落，均起不到保护作用。因此，缓蚀剂注入的方法及注入位置的选择应能确保整个生产系统受益，即注入的缓蚀剂不仅能在起始时在整个系统的金属表面形成一有效的缓蚀膜，而且在缓蚀膜被气流冲刷剥落后，能及时不断提供足够浓度的剩余缓蚀剂来修补缓蚀膜。

缓蚀剂的加注通常是采用连续式或间歇式两种，其中间歇式加注比较普遍。可采用重力式注入，也可用化学比例注射泵泵入、文丘里喷嘴喷射和清管器加注等方法。

对于含硫气井，也可把缓蚀剂挤压注入产气层，使缓蚀剂被吸附于气层多孔的岩石中。在采气过程中，缓蚀剂吸附并不断被带出，保证气流中长期有一最佳缓蚀剂浓度，从而获得良好的保护作用。

为确定最佳的缓蚀剂添加方案，在天然气系统中，必须设置在线腐蚀监测系统，通过监测腐蚀速率的变化来调整缓蚀剂的添加方案，以确保腐蚀得到较好的控制。腐蚀监测可采用腐蚀挂片或者用线性极化电阻探针和电阻探针监测液相的腐蚀性变化；用电阻探针和氢探针监测气相的腐蚀性变化。由于硫化铁不溶于水，故含铁量分析无实际作用。

2. 覆盖层和衬里

覆盖层和衬里为钢材与含 H_2S 酸性天然气之间提供一个隔离层，从而起到防止腐蚀作用。可供含 H_2S 酸性气田选用的内防腐覆盖层和衬里有环氧树脂、聚氨酯以及环氧粉末等。

有资料表明，对于高温高压的天然气管道，内覆盖层易在针孔处起泡剥落而导致坑、孔腐蚀，且补口质量无法得到保证。因此认为在含 H_2S 酸性天然气管道中，使用内覆盖层并不是一种好的选择。

3. 耐蚀材料

近年来非金属耐蚀材料发展很快，如环氧型、热塑性工程塑料型和热固性增强塑料型管材及配件，很适合腐蚀性强的系统，已迅速地应用于油气田强腐蚀性系统。

耐蚀合金虽然价格昂贵，但使用寿命长。有资料表明：耐蚀合金油管的使用寿命相当几口气井的生产开采寿命。它可以重复多井使用，不需加注缓蚀剂以及修井、换油管等作业，因此，从总的成本算并不显得昂贵。对腐蚀性强的高压高产油气井来说，它可能是一种有效而经济的防护措施。

4. 井下封隔器

油管外壁和套管内壁环形空间的腐蚀防护，通常采用井下封隔器。封隔器下至油管下端，将油管与套管环形空间密封，阻止来自气层的含 H_2S 酸性天然气及地层水进入，并向环形空间内注入添加有缓蚀剂的密封液。

5. 工艺控制措施

脱水：含 H_2S 天然气经深度脱水处理后，由于无水则不具备电解质溶液性能，因此就不会发生电化学反应，使腐蚀终止。

定期清管：对于天然气集输管线，用清管器定期清除管内的污物和沉积物，达到改善和保护管内清洁的目的。

二、二氧化碳(CO_2)腐蚀

(一) CO_2 腐蚀的危害性

CO_2 通常作为原油或天然气的组分之一存在于油气中，同时，原油增产技术注 CO_2 强化开采工艺（EOR）也使 CO_2 带入原油的钻采集输系统。因此，油气工业中广泛存在着 CO_2。一般认为，干燥的 CO_2 对钢铁没有腐蚀，但在潮湿的环境下或溶于水后，在相同的 pH 值条件下它对钢铁的腐蚀比盐酸还严重。CO_2 引起钢铁迅速的全面腐蚀和严重的局部腐蚀，使得管道和设备发生早期腐蚀失效，并造成严重的后果。

近年来，在油气开采过程中，由于石油和天然气中含有的 CO_2 而引起井下管柱的腐蚀并造成严重危害的事故频繁发生，不仅对油气田开发造成了重大经济损失，同时也造成一定的环境污染。例如，四川气田的合 100 井自 1988 年测试投产后，至 1992 年发现油管破损，修井作业时发现井内油管已断为 4 截，断面处有大量蚀坑。经测试，该井天然气中不含

H_2S，但 CO_2 分压高达 0.43MPa，大大超过 CO_2 腐蚀的允许分压(0.02MPa)；再加之其地层水 pH 值为 4.5～6.0，Fe^{2+} 含量较高，穿孔处的最大腐蚀速率达到 3mm/a，且腐蚀特征为坑蚀、环状腐蚀、台面状腐蚀，故可判定其为 CO_2 多相流造成的甜蚀。其他如川东地区一些气田的碳系气藏中，CO_2 分压高达 0.4～0.6MPa，南海崖 13－1 气田天然气中的 CO_2 含量约为 10%，胜利油田的气田气中 CO_2 含量高达 12%左右，大庆油田、吉林油田也都发生过因 CO_2 腐蚀而造成设备严重损坏、给生产带来严重损失的情况。

不仅国内如此，CO_2 腐蚀也是一个世界性问题。国外由于 CO_2 及残留的 H_2S 引起的燃烧、爆炸等严重事故也屡见报道。例如挪威的 Ekofisk 油田、德国北部地区的油气田、美国的一些油气田以及中东油田等均存在 CO_2 腐蚀问题。挪威北海 Ekofisk 气田 1 号井，CO_2 分压达到 0.62MPa，水相 pH 值为 6.0，温度为 93℃，Fe^{2+} 浓度 120mg/L，流速在 6.4～7.9m/s，在正常生产 309 天后位于井内 1740m 处的油管便因腐蚀而断裂，按此估计其 CO_2 腐蚀速率为 10.2mm/a。同一气田 3 号井，CO_2 分压为 0.31MPa，水相 pH 值为 5.7，温度为 80℃，Fe^{2+} 浓度 15mg/L，流速 12～38m/s，在正常生产三年半后，管内蚀坑深达 1.8mm，室内失重法测定其最大腐蚀速率为 0.43mm/a，而实际腐蚀速率为 0.66mm/a。

由以上诸多实例可以看出，无论在国内还是国外，CO_2 腐蚀都已成为一个不容忽视的问题。

（二）CO_2 腐蚀机理

CO_2 腐蚀机理的研究从发现该腐蚀问题起就开始了。随着科学技术的深入发展，其机理研究越来越深入，许多专家都提出了自己的观点，但到目前为止，还没能对 CO_2 腐蚀机理作出一个完全明确的结论。目前腐蚀工作者认为局部腐蚀的初始诱发机制主要有台地腐蚀机制（Mesa Attack Corrosion）流动诱导机制（How Induced Localized Corrosion）和内应力致裂机制（Intrinsic Stresses Cracking）等三种机制。CO_2 腐蚀机理可以简单理解为 CO_2 溶于水生成碳酸后引起的电化学腐蚀。

在大多数天然水中都含有溶解的 CO_2 气体。当水中有游离 CO_2 存在时，水呈弱酸性，产生的酸性反应为：

$$CO_2 + H_2O = H^+ + HCO_3^-$$

由于水中 H^+ 离子的量增多，就会产生氢去极化腐蚀。从腐蚀电化学的观点看，就是含有酸性物质而引起的氢去极化腐蚀。此时腐蚀过程的阴极反应为：

$$2H^+ + 2e \longrightarrow H_2$$

阳极反应为：

$$Fe \longrightarrow Fe^{2+} + 2e$$

钢材受游离 CO_2 腐蚀而生成的腐蚀产物都是易溶的，在金属表面不易形成保护膜。

游离 CO_2 腐蚀受温度的影响较大，因为当温度升高时，碳酸的电离度增大，所以升高温度会大大促进腐蚀。游离 CO_2 腐蚀受压力的影响也较大，腐蚀速率随 CO_2 分压的增大而增加，如图 3－3 所示。

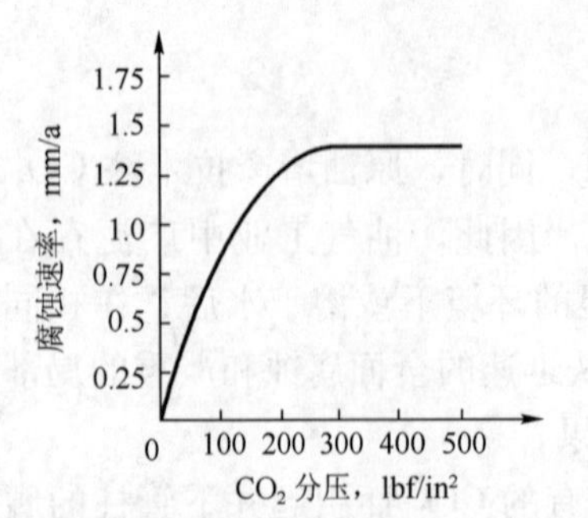

图 3－3　钢在含 CO_2 蒸馏水中的腐蚀

若水中同时含有 O_2 和 CO_2 时，则钢材的腐蚀就会更严重。将含有不同量的 O_2 和 CO_2 的水溶液对钢材作腐蚀试验，结果如图 3－4 所示。

从图 3－4 中可见：O_2 浓度、CO_2 浓度和温度的升高均会加速腐蚀。这种腐蚀之所以比较严重，是因为氧的电极电位高，易形成阴极，侵蚀性强；CO_2 使水呈酸性，破坏保护膜。这种腐蚀的特征往往是金属表面没有腐蚀产物，腐蚀速率很快。

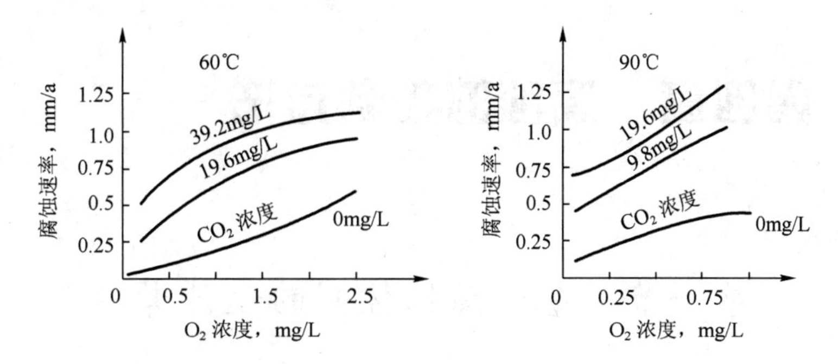

图 3－4　钢在 O_2、CO_2 同时存在时的腐蚀速率

第四章 腐蚀的控制方法

第一节 基于腐蚀控制的设计考虑

研究腐蚀的目的，是为了防止腐蚀和控制腐蚀的危害，延长材料的使用寿命。各种工程材料，从原材料加工成产品，直到使用和长期储存过程中都会遇到不同的腐蚀环境，产生不同程度的腐蚀。金属腐蚀的过程是一个自发的过程，完全避免材料的腐蚀是不可能的。因此人们提出了“腐蚀控制”的问题。

腐蚀理论指出，金属材料腐蚀原因是表面形成工作着的腐蚀电池，即存在不同电位的电极及电极间的电子通道和离子通道。金属防腐蚀技术主要是破坏其条件，使腐蚀电池无法工作。目前工程上普遍采用控制金属腐蚀的基本方法有：(1)正确选用金属材料与合理设计金属的结构；(2)电化学保护，包括阴极保护和阳极保护；(3)涂层保护，包括金属涂层、非金属涂层、化学转化膜等；(4)改变环境使其腐蚀性减弱，如添加缓蚀剂或去除导致腐蚀的有害成分等。

对于具体的金属腐蚀问题，需要根据金属产品或构件的腐蚀环境、保护的效果、技术难易程度、经济效益和社会效益等，进行综合评估，选择合适的防护方法。

一、正确选用材料和加工工艺

耐蚀材料的选择应该说是一个合理选材的问题，而合理选材是关系到防腐蚀设计成功与否的非常关键的一环。所谓合理选材，指的是要综合考虑设备中各种材料的协调一致性，要把功能与耐蚀性一起加以考虑；既要考虑设备功能对材料的要求，也要考虑设备服役介质对材料的作用；既要考虑设备在实用方面的功能，也要考虑它的可靠性和使用寿命。因此，选材时除了考虑耐蚀性能之外，还需要考虑力学性能、加工性能以及材料的价格等因素。

材料有各类金属材料和非金属材料，合理选材应主要从材料的力学性能、耐蚀性能、加工性能和经济性四个方面进行考虑。选材时因遵循以下原则：

(1) 选材需要考虑经济上的合理性，在保证其他性能和设计的使用期的前提下，尽量选用价格便宜的材料。

(2) 综合考虑整个设备的材料，根据整个设备的设计寿命和各部件的工作环境选择不同的材料。易腐蚀部分应选择耐蚀性强的材料。

(3) 对选择材料要查明对哪些腐蚀具有敏感性，在选用部位所承受的应力、所处环境的介质条件以及可能发生的腐蚀类型，与其他接触的材料是否相容，是否发生接触腐蚀。

（4）结构材料的选材不可单纯追求强度指标，应考虑在具体腐蚀环境条件下的性能。例如，在腐蚀介质中，只考虑材料的断裂韧性值是不够的，应当考虑应力腐蚀强度因子和应力腐蚀断裂临界应力值。

（5）选择杂质含量低的材料可以提高耐蚀性。

（6）尽可能选择腐蚀倾向性小的热处理方法。例如，铝合金、不锈钢等经过合理的热处理可以避免晶间腐蚀的发生。

（7）采用特殊的焊接工艺防止焊缝腐蚀，采用喷丸处理改变表面应力状态防止应力腐蚀。

（8）基体材料加涂层可以作为复合材料来考虑。选择耐蚀性差的材料施加涂层，还是选择高耐蚀材料，需综合考虑设备的设计寿命和经济成本。

二、防腐蚀结构设计

设备的腐蚀在很多情况下都与其结构有关。不良的结构常常会引起应力集中、局部过热、液体流动停滞、固体颗粒的沉积和积聚、电偶电流形成等，这些都会引起或加速腐蚀过程。因此，在设计中应充分注重设备的结构设计。

防腐蚀结构设计，就是在保证满足设备的功能和工艺要求的条件下，适当地改变设备及部件的形状、布局，调整其相对位置或空间位置，达到控制腐蚀的目的。在防腐蚀结构设计中，一般应遵循以下原则：

（1）对于发生均匀腐蚀的构件可以根据腐蚀速率和设备的寿命计算构件的尺寸，以及决定是否需要采取保护措施；对于发生局部腐蚀的构件，其设计必须慎重，需要考虑更多的因素。

（2）设计的构件应尽可能避免形成有利于形成腐蚀环境的结构。例如，应避免形成使液体积留的结构，在能积水的地方设置排水孔；采用密闭的结构防止雨水、海水、雾气等的侵入；布置合适的通风孔，防止湿气的汇集和结露；尽量少用多孔吸水性强的材料，不可避免时采用密封措施；尽量避免缝隙结构，如采用焊接代替螺栓连接来防止产生缝隙腐蚀。

（3）尽可能避免不同金属的直接结合而产生电偶腐蚀，特别是要避免小阳极、大阴极的电偶腐蚀。当不可避免时，接触面要进行适当的防护处理。如采用缓蚀剂密封膏、绝缘材料将两种金属隔开，或采用适当的涂层。

（4）构件在设计中要防止局部应力集中，并控制材料的最大允许使用应力；零件在制造中应注意晶粒取向，尽量避免在短横向上受拉应力；应避免使用应力、装配应力和残余应力在同一个方向叠加，以减轻或防止应力腐蚀断裂。

（5）设计的结构应利于制造和维护。通过维护可以使设备的抗蚀寿命得到提高。

三、防腐蚀强度设计

为了使设备在预期的寿命期间内有足够的强度来保证其能够可靠运行，必须在按一般的安全系数与许用应力进行材料强度设计的基础上，加大材料的尺寸。这一加大的尺寸就称为腐蚀裕量。防腐蚀强度设计主要包括均匀腐蚀情况下腐蚀裕量的确定、局部腐蚀情况下的强度设计和在加工及施工处理时可能对材料耐蚀强度的影响三个方面的内容。

（一）均匀腐蚀情况下腐蚀裕量的确定

均匀腐蚀情况下腐蚀裕量的确定，要根据材料在实际环境介质中的腐蚀速率进行计算。在均匀腐蚀情况下材料的耐蚀性通常是 10 级，如表 4－1 所示。一般来说，材料的耐蚀性越差，估算的腐蚀裕量就越大。但是也不能过分地加大腐蚀裕量，否则将造成材料的浪费，并增加加工和施工的难度。

表 4－1　材料的耐蚀性等级

耐蚀性等级	1	2	3	4	5	6	7	8	9	10
腐蚀速率 mm/a	＜0.001	0.001～0.005	0.005～0.01	0.01～0.05	0.05～0.1	0.1～0.5	0.5～1.0	1.0～5.0	5.0～10	＞10
耐蚀性	完全耐蚀	极耐蚀		耐蚀		尚耐蚀		稍耐蚀		不耐蚀

（二）局部腐蚀情况下的强度设计

局部腐蚀类型是多种多样的，而且会因材料、环境介质、条件的不同而不同。目前，还无法根据局部腐蚀的强度降低，采用强度公式计算腐蚀裕量。对于晶间腐蚀、孔蚀、缝隙腐蚀等只有采取正确选材、注意结构设计或控制环境介质等措施来防止。而对于应力腐蚀和腐蚀疲劳，如果材料的数据资料齐全，就有可能做出合适可靠的设计。例如，如果能确定材料在实际环境介质中的应力腐蚀的临界应力，设计构件的承载应力（包括内应力）低于该值时便不会导致应力腐蚀断裂。对于腐蚀疲劳，可以根据腐蚀疲劳寿命曲线 σ—N（应力—循环次数）中的表现疲劳极限，使设计的设备在使用期限内安全运行。

（三）加工及施工处理对材料耐蚀性强度的影响

应该注意，某些加工或施工过程可能会引起材料耐蚀强度的变化，在计算耐蚀性强度时要考虑这方面的影响。例如，某些不锈钢通过焊接加工后，由于敏化温度的影响会发生晶间腐蚀，使材料强度下降而在使用中造成断裂。

四、腐蚀控制与防护方法设计

在生产实践中可供选用的腐蚀控制与防护方法有很多。可以采用的防护方法有表面改性、电化学保护、金属和非金属涂层、衬里、添加缓蚀剂等。各种防护方法都有其特定的适用范围，因此，腐蚀控制选择往往在选择耐蚀材料的同时就须进行考虑，方法确定之后即可进行技术设计。方法不同，其技术设计的程序和标准也不相同。但总的来说，方法的选择及其技术设计应按照经济、适用、有效的标准进行，同时还要从环境介质、材料性能、设备功用、使用寿命、方便施工、易于管理和经济合理等几个主要方面加以考虑。

第二节　表面保护覆盖层

在金属表面上施用覆盖层保护是防止金属腐蚀的最普遍而重要的方法。覆盖层的作用在于使金属制品与周围介质隔离开来，从而阻止金属表面层上腐蚀微电池的作用，以防止或减少金属的腐蚀。另外金属表面覆盖层还有一定的装饰性和功能性，如钢材表面涂覆有机涂层以隔断空气，既防蚀，又美观。至于保温涂层、耐高温涂料，由于其特殊的功能更有广泛的用途。

一、覆盖层含义及分类

覆盖在材料表面、与材料有一定结合强度的异种材料层或膜通称覆盖层。覆盖层是传统涂层的扩展。涂层指某种流动性介质(涂料)，涂覆到材料表面后所形成的自干性保护膜层，例如传统油漆之类。而现代覆盖层除了涂层外，还包括其他材料。例如，在埋地管道外防护经常使用的高密度聚乙烯薄板(俗称"黄甲克")塑料胶等；化工容器内防护用的砖板衬里、石墨内衬等。它们没有流动性和自干性，不能归到涂层范畴，用覆盖层作总名称更为合适。

对防护性覆盖层应满足以下基本条件：(1)自身结构紧密完整，具有较好的抗水、气渗透能力；(2)和底层(母材)有较好结合强度(最好具有相似热膨胀率)；(3)在使用环境下具有较稳定的物理、化学、机械性能；(4)有一定的厚度，并均匀分布在整个被保护金属表面上。

在实践中应用最广泛的覆盖层有以下几类：金属覆盖层、非金属覆盖层、化学或电化学形成的化学转化膜覆盖层。其工艺方法及应用范围如表 4-2 所示。

表 4-2　保护型覆盖层的分类与示例

种　类	涂覆工艺方法	示　　例	应 用 范 围
金属覆盖层	电镀	钢上镀 Zn、Cu、Cr 单金属、合金等	大气、弱介质腐蚀
	化学镀	钢上镀 Ni、Cu、Au、Pd 合金等	大气、弱介质腐蚀
	喷镀	喷涂 Zn、Al、Sn、Pb 合金等	大气、弱介质腐蚀
	渗镀	热渗 Zn、Si、Al、Cr 等	高温、燃气腐蚀
	热镀	热浸 Zn、Sn、Al、Cd 等	大气、弱介质腐蚀
	包镀	钢表面包 Ni，Al 表面包 Al 合金	大气、弱介质腐蚀
	物理气相镀	真空镀 Al、浸镀 Cr、离子镀 TiN	大气、耐蚀、耐磨等
	化学气相镀	气相沉积 Al、Cr、Cr-Al、BN 在金属表面	大气、耐蚀、耐磨等
非金属覆盖层	涂漆	涂合成树脂、环氧树脂等	大气、海水、军工、汽车
	橡胶	钢上覆盖硬橡胶	酸、碱、盐
	沥青	涂刷化工机械或地下管道	酸气、酸液
	搪瓷、玻璃	烧结成型作容器衬里	高温、有机酸、无机酸
	耐酸材料	水泥或混凝土，作大口径管道衬里	大气、海水
化学转化膜覆盖层	磷化处理	黑色、有色金属表面磷酸盐膜	涂漆打底
	氧化处理	钢件发蓝、有色金属化学氧化膜	大气、弱介质、腐蚀
	阳极氧化	有色金属阳极氧化成氧化膜	大气、弱介质、腐蚀
	钝化处理	有色金属表面钝化膜	大气弱介质、腐蚀
暂时性覆盖层	油封	金属表面涂防锈油	短期防锈封存，形状复杂
	可剥性塑料	金属上涂热熔型、溶剂型可剥性塑料	长期防锈

二、覆盖层保护机理

覆盖层保护机理来自三种作用之一。

（一）阻隔作用

覆盖层都有一定致密性，能有效阻隔水、氧气等腐蚀成分渗入并和底层金属发生腐蚀反应。根据这个思路，可以有意识强化覆盖层的这种功能。例如：在普通涂料里加入玻璃鳞片得到的鳞片涂料、用完整金属箔或尼龙箔制作的薄膜胶粘带、用黄夹克塑料板制作的三层PE复合防护层等。

（二）阴极保护作用

某些覆盖层含有活性金属成分。如钢铁表面锌涂（镀）层，一旦涂层有空隙，侵入水、气后形成的电偶腐蚀，锌为阳极，加速腐蚀，保护作为阴极的铁板。只要锌层没有消耗完，这种保护作用就一直存在。含锌的覆盖层统称为锌基覆盖层。除上述金属镀层外，还有锌箔胶粘带和锌粉涂料。高锌粉含量的涂料常称为富锌涂料，也是一种“重防腐蚀涂料”。金属铝也用作类似用途，如钢表面喷铝覆盖层，能有效抵抗海洋大气的腐蚀。

（三）钝化、缓蚀作用

许多传统防锈涂料的底漆填料往往具有缓蚀或钝化作用。代表例子有：红丹防锈漆加了作为填料的红丹（Pb_3O_4），它可看作铅酸盐，是一种良好钝化剂，涂漆后使钢铁表面保持钝态，不受腐蚀。类似填料还有铬酸锌、磷酸盐等。水泥作为一种无机涂层同样具有这种作用，它使其内部钢筋处于钝态，不受腐蚀。

阻隔作用是覆盖层的最基本功能，其余两种功能并非对每种覆盖层都存在。但有些覆盖层确实具有多种保护功能。如美国国家标准局进行的土壤腐蚀试验中发现：$0.95kg/m^2$的镀锌钢板在腐蚀性极强的渣土中头两年内锌镀层就已经完全破坏，但它的保护作用仍延续多年。他们研究认为后期保护作用可能来自锌和钢在热浸镀过程形成的合金层。所以，锌镀层至少同时具备阻隔功能和阴极保护功能，以及还不能十分确定的某种钝化或缓蚀功能。

三、覆盖层的合理使用

覆盖层在油气田的腐蚀控制中占有十分重要的位置，在油气田建设中所用的金属管道与容器，一般均使用覆盖层防腐。

根据表面覆盖层材料的不同可分为金属覆盖层和非金属覆盖层。

（一）金属覆盖层

1. 金属覆盖层的保护原理

金属覆盖层技术是指在金属基体上覆盖一层或多层金属涂层（或镀层）的技术，以达到保护基体金属、防止基体金属腐蚀的目的。金属覆盖层根据其在腐蚀电池中的极性，可分为阳极性覆盖层和阴极性覆盖层。如果覆盖层金属在介质中的电位比基本金属电位更负，则覆盖层为阳极，基体金属为阴极。例如：在电化学腐蚀过程中，锌镀层的电位比较低，因此是腐蚀电池的阳极受到腐蚀；铁是阴极，只起到传递电子的作用，受到保护。阳极性覆盖层的优点是，当镀层有微孔时，由于电化学保护作用，仍然对基体金属有保护作用。阴极性覆盖层则不然，例如锡镀层，在大气中发生电化学腐蚀时，它的电位比铁高，因此是腐蚀电池的阴极。阴极性覆盖层若存在空隙，露出小面积的铁，则和大面积的锡构成电池，将加速露出的铁的腐蚀，并造成穿孔。因此，阴极性镀层只有在没有缺陷的情况下，才能起到机械隔离环境的保护作用。

阳极性覆盖层在一定的条件下会转变为阴极覆盖层。例如，当溶液的温度升高到某一临界值，锌镀层和铝镀层将由阳极性镀层转变为阴极性镀层。这种转变是由于金属镀层表面形成了化合物薄膜，使镀层的电位升高的缘故。

选用金属覆盖层作为基体金属的腐蚀控制与防护措施时，既要根据基体金属的种类和性质、产品的使用环境和条件来确定金属覆盖层的材料类型，也要根据基体的表面状态、制件的结构形式、基体与覆盖层的相容性等因素来考虑选择适当的金属覆盖层技术，这两者都是非常重要的工作。选择时应遵循金属覆盖层具有良好的耐蚀和防护性能，满足运行条件和环境介质的要求。且金属覆盖层与基体材料之间要具有良好的结合力，不起皱、不掉皮、不崩落、不鼓泡，金属覆盖层与基体金属的性质、性能的适应性要好。要在物理性能、化学性能、表面热处理状态等方面有良好的匹配性和适应性，覆盖层及其制备工艺不会降低基体金属的力学性能。此外还应考虑工艺技术的可行性和经济上的合理性。

2. 金属覆盖层技术

金属覆盖层的制造方法，主要有热浸镀、渗镀、电镀、刷镀、化学镀、包镀、机械镀、热喷镀等。下面就几个常用的方法加以简述。

1）电镀

电镀是在直流电的作用下，电解液中的金属离子还原并沉积到零件表面，形成有一定性能的技术镀层的过程。电镀层具有耐蚀、装饰或其他功能。电解液主要是水溶液，也有有机溶液和熔融盐。从水溶液和有机溶液中电镀称为湿法电镀，从熔融盐中电镀称为熔融盐电镀。水溶液电镀获得广泛的工业应用；非水溶液、熔融盐电镀虽已部分获得工业化应用，但不普遍。

在水溶液中，还原电位较正的金属离子很容易实现电沉积，如 Au、Ag、Cu 等。若金属离子还原电位比氢离子的还原电位负，则电镀时电极上大量析出氢气，金属沉积的电流效率降低；若金属离子还原电位比氢离子的还原电位负得多，则很难实现电沉积，甚至不可能发生单独电沉积，如 Na、K、Ca、Mg 等；但有些金属元素中，约有 30 种金属可以在水溶液中进行电沉积。大量用于防腐蚀的电镀层有 Zn、Cd、Ni、Cr、Sn 及其合金等。

2）化学镀

化学镀是指不用外加电源，而利用还原剂将溶液中的金属离子还原并沉积在具有催化活性的物体表面上，使之形成金属镀层的工艺方法。化学镀已成功地应用于金属或非金属表面上获得 Cu、Ni、Co 及其合金，以及 Au、Ag、Pt、Ru 等镀层。此外近年来还发展了化学复合镀。

与电镀相比，化学镀具有许多优点：如不需要电源设备，浸镀或将镀液喷到零件表面即可；不仅在金属表面上，而且经一定前处理的非金属表面可直接进行化学镀；镀液的分散能力特别好，在复杂零件的各部位的镀层厚度均匀、致密细致、针孔小；具有较好的外观、较高的硬度和耐蚀性。如化学镀 Ni－P 非晶态和金镀层已在生产上得到应用。化学镀的成本较高。生产中广泛应用化学镀镍，是以次磷酸钠作还原剂，对几何形状复杂的深孔、盲孔、腔体内表面，可获得均一的镀层，作为抗碱腐蚀、耐磨的镀层。此外化学镀可用来制造磁盘、太空装置上的电缆接头、人体用医学移植器等。

3）热浸镀

热浸镀是把金属构件浸入熔化的镀层金属液中，经过一段时间取出，在金属构件表面形成一层镀层。热浸镀的工艺可以简单概括为以下程序：

预镀件→前处理→热浸镀→后处理→制品

热浸镀镀层的特点是：形成的镀层较厚，具有较长的防腐蚀寿命；镀层和基体之间形成合金层，具有较强的结合力；热浸镀可以进行高效率大批量生产。目前，热浸镀锌、铝、锌铝合金、锌铝稀土合金和铅锡合金等得到了广泛应用。如高速公路的护栏、输电线路的铁塔、建筑的屋顶等大量采用热浸镀层。

4）渗镀

利用加热扩散使一种或几种金属元素渗入工件表面，以形成表面合金化镀层，称为渗镀。渗镀的优点是用加热扩散的方法制取的，其渗层与基体之间是冶金的合金化结合，具有结合牢固、不容易脱落等特性。

5）包镀

将耐蚀性好的金属，通过碾压的方法包覆在被保护的金属或合金上，形成包覆层或双合金层。如高强度铝合金表面包覆纯铝层，形成了包铝层的铝合金板材。

6）机械镀

机械镀是把冲击料、表面处理剂、镀覆促进剂、金属粉和零件一起放入镀覆用的滚筒中，通过滚筒滚动时产生的动能，把金属粉冷压到零件表面上形成镀层。若用一种金属粉，得到单一镀层；若用合金粉末，可得到合金镀层；若同时加入两种金属粉末，可得到混合镀层；若先加入一种金属粉，镀覆一定时间后，再加另一种金属粉，可得到多层镀层。表面处理剂和镀覆促进剂可使零件表面保持无氧化物的清洁状态，并控制镀覆速度。

机械镀的优点是厚度均匀，无氢脆，室温操作，耗能少，成本低等。适于机械镀的金属有 Zn、Cd、Sn、Al、Cu 等软金属。适于机械镀的零件有螺钉、螺母、垫片、铁钉、铁链、簧片等。机械镀特别适于对氢脆敏感的高强钢和弹簧。

7）热喷涂

热喷涂是一种使用专用设备利用热能和电能把固体熔化并加速喷射到构件表面上形成沉积层以提高构件耐蚀、耐磨、耐高温等性能的涂层技术。

8）真空镀

真空镀是指在真空条件下，将金属气化成原子、分子或离子，直接沉积到镀件表面上的方法。真空镀的主要方法有蒸发镀、喷射镀和离子镀，此外还有离子注入等。

（二）非金属覆盖层

非金属覆盖层技术是将非金属涂料涂覆于材料表面形成具有一定功能并牢固附着的连续薄膜，以保护和装饰基体材料的方法。涂料在材料表面涂覆成膜的施工就称为涂装。非金属覆盖层技术又包括有机涂层技术、无机涂层技术和转化膜技术。

1. 有机涂层技术

有机覆盖层的防腐蚀机理基于以下三个作用：

（1）隔离作用。所谓隔离就是将钢铁与环境隔离，阻止环境中的腐蚀剂到达钢铁表面。欧洲有观点认为，有机覆盖层能够抵御湿气，防止钢铁腐蚀。

（2）绝缘作用。由于有机高分子的几何尺寸大于腐蚀分子（如 O_2 和 H_2O）及离子（如 Cl^-），成膜过程中一般带有针孔等缺陷，还有第三方破坏造成的损伤，致使有机覆盖层不能起到绝对的隔离作用。而透气性和透水性又使得腐蚀介质容易透过覆盖层到达钢铁表面。由于透过有机覆盖层的水和氧高于裸钢腐蚀时所耗水和氧的速度，致使覆盖层的导电性提高。由此可见，高致密性和低导电性才能提高有机覆盖层的防腐蚀能力。

（3）附着作用（粘结）。良好的附着力能抵抗有机覆盖层起泡和抗阴极剥离。覆盖层起泡的原因，一是水透过有机覆盖层使覆盖层处于低劣的湿态附着状态，此时水和溶解在水中的腐蚀剂直接与钢接触，引起腐蚀。当腐蚀进行时，产生的 H^+ 造成覆盖层下的渗透压，渗透压达到 2500～3000kPa，而覆盖层的形变力为 6～40kPa，因此形成气泡而膨胀，剥离覆盖层，暴露出裸钢表面。二是由于阴极保护不当引起的保护电位过负。保护电流增大，产生 H_2，从而起泡，这种现象叫阴极剥离。阴极剥离和覆盖层与基体钢的粘结及覆盖层耐受孔隙内氢在覆盖层与基体钢之间迁移的能力有关。

覆盖层附着力不足，腐蚀剂和水从覆盖层损伤处渗入到覆盖层与钢管之间，而阴极保护电流不能透过覆盖层达到腐蚀区保护钢管，这种现象叫阴极屏蔽。此外，与附着力相关的起泡还有电渗透。

国内外埋地管道有机防腐材料主要有熔结环氧粉末（以下称 FBE）、聚乙烯涂层（3PE）、聚乙烯胶带、煤焦油瓷漆、石油沥青等。

1）熔结环氧粉末覆盖层（FBE）

熔结环氧粉末涂层具有良好的粘结力、防腐蚀性及较好的耐温性。其优异的抗阴极剥离性和涂层屏蔽作用，能很好地与阴极保护相配合，近年来在我国得到了大规模应用。国产环氧粉末大口径管道在苏丹应用 1000 多千米，应用前景和发展趋势看好。另外这是一种性能优良的防腐涂层，机械性能好，耐磨损，但非常不耐尖锐的碰撞，容易受到外来损伤。它应用成功与否，关键在于涂装厂内的加工和现场的施工。如果在储存、吊装、运输、安装过程中保护不当，或者因人为造成的损伤缺陷较多，那么将会严重影响防腐层的质量和管道的使用寿命。FBE 已有许多成功应用实例，应该加强吊装、运输和安装等施工环节的管理，采取有效的涂层保护措施。FBE 以其良好的物理化学性能和极宽的适用温度范围，成为世界大多数管道公司对新建管道进行涂敷的首选涂层以及河流等定向穿越管段涂层的选择。特别是在北美洲，其用量最为广泛。根据《Pipeline Digest》所做统计，它是迄今用量最大的管道防腐涂层。从最近几年的经验看，平原地带的管道采用环氧粉末涂层是比较好的选择。

2）聚乙烯涂层（3PE）

20 世纪 90 年代我国引进了三层 PE 作业线。三层 PE 夹克防腐层是由环氧粉末，共聚物粘结剂和聚乙烯互溶为一起，并与钢质管道牢固地结合，形成优良的防腐层。它克服了双层 PE 热熔胶粘性不好的缺点，也克服了单层环氧粉末薄涂层的脆性缺点，成为理想的涂层。该技术的引进推动了我国的管道防腐技术进步，促进了我国防腐材料的发展。

三层 PE 防腐结构涂层是在钢管上喷涂附着力优良的环氧粉末涂料，外覆盖机械防护性能优良的挤出聚乙烯片材。由于环氧粉末是强极性化合物，而聚乙烯是非极性化合物，它们很难结合在一起。为了实现环氧粉末涂层和聚乙烯层的粘接，增加了过渡的共聚物胶粘剂层，通过聚乙烯和共聚物胶粘剂的同时挤出，物理粘接在环氧粉末涂层上。

在施工便利的地带，如果减少和避免施工过程中的损伤，环氧粉末涂层能发挥其卓越的防腐优点。但如果在管道施工中容易造成涂层损伤的地段，那么设计机械性能好、耐划伤的3PE 涂层是比较明智的选择。所以一般认为在平原地带选用 FBE 涂层，在山区地带、石方地段优先考虑选用 3PE 涂层。3PE 涂层在新建中、小口径管道上占有优势。聚乙烯层还有一定的保温作用，因而也得到了广泛应用。

20 世纪 90 年代中期以来，国内多数大型管道工程采用的是 3PE 涂层，另外由 3PE 演化而来的 3PP 涂层以其在某些领域（如较高的环境温度等）的优异性能崭露头角，并在工程中获得较多的应用。3PP 与 3 PE 涂层一样属于多层涂层体系，由底层环氧粉末、中间层粘接剂和外层（聚丙烯）夹克构成，而且 PP 与 PE 加工性能近似，使用 3PE 作业线完全能够生产出 3PP 涂层，不需要另建专门的 3PP 作业线，这更进一步加速它的应用。目前国外使用 3PP 涂层防腐的工程实例较多，国内虽未见整个使用 3PP 涂层防腐的管道工程，但已有部分管段使用 3PP 涂层。随着业内对 3PP 涂层认识的提高以及 3PP 涂层用材的逐步国产化，3PP 防腐涂层必然会有更多的应用。

3PP 防腐涂层的高温性能等优于 3PE 涂层，在高温环境下可用 3PP 涂层替代 3PE 涂层。3PP 涂层的抗划痕性，使它在管道穿越方面具有优越性，可替代其他涂层结构进行穿越。

3）*聚乙烯胶带*

聚乙烯胶带是在制成的聚乙烯带基材上，涂上压敏型粘合剂，成压敏型胶粘带（简称胶带）。它的防腐作用主要靠聚乙烯基膜，粘合剂只作为缠绕时的粘合。这是使用比较普遍的一种类型（还有一种自融型，防腐作用是粘合剂，基布只起挂胶作用）。胶带分内带、外带，外带起保护作用。特点是防腐绝缘性好，吸水率低，理化和热稳定性较好。缺点是很难完全密封。要在钢管表面形成一个完整的密封防腐层，影响的因素太多（胶带的生产质量，预制时每卷胶带的首、末端防起皱、卷翘，要贴紧，管端预留长度，吊管时避免撞击，运输时发生撞伤，因而容易产生漏点，使整体绝缘层失效，形成阴极保护屏蔽，使阴极保护不起作用）。聚乙烯胶带具有较好的防腐性，而且施工工艺方便，价格便宜，质量容易控制，国内有很多成功的应用实例。我国建成年产 3000t 的供挤型聚乙烯胶带生产线，质量达到国外先进水平，可以满足市场需求，应用前景看好。

4）*石油沥青与煤焦油瓷漆*

石油沥青是以石油工业副产品为原材料的防腐涂料。近一个世纪以来，一直用于埋地管道防腐行业。其特点是，无需专用设备加工，原材料来源广，工艺简单，可以现场作业。缺点是人为因素多，劳动强度大，质量难以控制，涂层吸水率高，抗微生物及植物根系破坏能力差，阴极保护电流大，在地下水位高，雨水多，植物（如芦苇、树木、蒿草）繁茂地带，不宜采用。石油沥青防腐层是最古老的防腐层，在大多数干燥地带使用良好。早期，我国的长距离油气管道的防腐层多采用了石油沥青加玻璃布结构。20 世纪 80 年代开始试用了多种涂层，同时对涂敷工艺也作了相应研究和开发。到目前为止，从全国各大油气田集输管道、城市市政管道建设和长输管道建设来看，外防腐层仍以石油沥青为主。

煤焦油瓷漆自 20 世纪 90 年代起在西部长输管道建设中得到大规模的使用。煤焦油瓷漆具有较好的抗细菌腐蚀和抗植物根茎穿透能力，施工工艺也较成熟，应用广且量大，有良好的效果。

2. 无机涂层技术

无机涂层是用陶瓷或玻璃态物质以及部分金属，加涂在金属或陶瓷表面以达到增效和延寿目的的一种膜层。

1）搪瓷涂层技术

搪瓷又称珐琅，是类似玻璃的物质。搪瓷涂层是将 K、Na、Ca、Al 等金属的硅酸盐，加入硼砂等熔剂，喷涂在金属表面上烧结而成的。为了提高搪瓷的耐蚀性，可将其中的 SiO_2 成分适当增加，这样的搪瓷常用作各种化工容器衬里。它能抗高温高压下有机酸和无机酸的侵蚀。由于搪瓷涂层没有微孔和裂缝，所以能将钢材基体与介质完全隔开，起到防护作用。

2）硅酸盐水泥涂层技术

将硅酸盐水泥浆料涂覆在大型钢管内壁，固化后形成涂层。由于它价格低廉，使用方便，而且膨胀系数与钢接近，不易因温度变化而开裂，因此广泛用于水和土壤中的钢管和铸铁管线，防蚀效果良好。

3）陶瓷涂层技术

陶瓷涂层在许多环境中具有优异的耐蚀、耐磨性能。采用热喷涂技术可以获得各种陶瓷涂层。近年来采用湿化学法获得陶瓷涂层的技术获得了迅速的发展，其典型是溶胶—凝胶法。在金属表面涂覆氧化物的凝胶，可以在几百摄氏度的温度下烧结成陶瓷薄膜和不同薄膜的微叠层，具有广泛的用途。

3. 无机化学转化膜

1）铬酸盐膜

金属或镀层在含有铬酸、铬酸盐或重铬酸盐溶液中，用化学或电化学方法进行钝化处理，在金属表面上形成由三价铬和六价铬的化合物，形成钝化膜。随厚度不同，铬酸盐的颜色可以从无色透明转变为金黄色、绿色、褐色、甚至黑色。在铬酸盐钝化膜中，不溶性的三价铬化合物构成了膜的骨架，使膜具有一定的厚度和机械强度；六价铬化合物则分散在膜的内部，起填充作用。当钝化膜受到轻度损伤时，六价铬会从膜中溶入凝结水中，使露出的金属表面再钝化，起到修补钝化膜的作用。

2）磷化膜

磷化膜是钢铁零件在含磷酸和可溶性磷酸盐的溶液中，通过化学反应在金属表面上生成的不溶的、附着性良好的保护膜。这种成膜过程通常称为磷化或磷酸盐处理。工业上广泛应用的有三种磷化膜：磷酸铁膜、磷酸锰膜和磷酸锌膜。由于磷化膜空隙较大，耐蚀性较差，因此磷化后必须用重铬酸钾溶液钝化或浸油进行封闭处理。这样处理的金属表面在大气中有很高的耐蚀性。另外，磷化膜经常作为油漆的底层，可大大提高油漆的附着力。

3）钢铁的化学氧化膜

利用化学方法可以在钢铁表面生成一层保护型氧化膜。碱性氧化法可使钢铁表面生成蓝黑色的保护膜，故又称为发蓝。碱性发蓝是将钢铁制品浸入含 $NaOH$、Na_2O 或 $NaNO_3$ 的混合溶液中，在 140℃左右下进行氧化处理，得到的氧化膜。除碱性发蓝外，还有酸性常温发黑等钢铁氧化处理法。钢铁化学氧化膜的耐蚀性较差，通常要涂油或涂醋才有良好的耐大气腐蚀的作用。

4）铝及铝合金的阳极氧化膜

铝及铝合金在硫酸、铬酸或草酸溶液中进行阳极氧化处理，可得到多孔氧化膜。经进一步封闭处理或着色后，可得到耐蚀和耐磨性能良好的保护膜。这在航空、汽车和民用工业上得到广泛的应用。

第三节　缓　蚀　剂

一、缓蚀剂的基本概念

缓蚀剂是指在环境介质中以很低的浓度存在时就能明显地减缓金属腐蚀速率以防止金属腐蚀的物质。在环境介质中添加少量的缓蚀剂以达到或减缓金属材料腐蚀速率的方法或技术，就称为缓蚀剂保护技术。

缓蚀剂保护作为一种腐蚀控制与防护技术，具有用量小、投资少、见效快、使用方便、设备简单等一系列优点，已在机械、石油、化工、能源、冶金等工业部门获得了极为广泛的应用，取得了较好的腐蚀控制与防腐效果，是一种重要的腐蚀控制与防护技术。

缓蚀剂抑制腐蚀的能力可以通过缓蚀效率（γ）来评价。缓蚀效率能达到 90%以上的为良好的缓蚀剂。根据评价方法的不同，缓蚀剂的缓蚀效率可以用下述三种方式来表示。

（一）缓蚀速度法

根据添加和未添加缓蚀剂的溶液中金属材料的腐蚀速率定义为缓蚀效率：

$$\gamma = \frac{v_0 - v}{v_0} \times 100\%$$

式中　v_0——未添加缓蚀剂时金属的腐蚀速率；

v——添加缓蚀剂时金属的腐蚀速率。

（二）腐蚀失重法

根据相同面积的金属材料在添加和未添加缓蚀剂溶液中浸泡相同时间后的失重量值定义缓蚀效率：

$$\gamma = \frac{\omega_0 - \omega}{\omega_0} \times 100\%$$

式中　ω_0——未添加缓蚀剂条件下试验材料的失重量值；

ω——添加缓蚀剂条件下试验材料的失重量值。

（三）腐蚀电流法

若介质腐蚀过程是电化学腐蚀，可根据添加和未添加缓蚀剂溶液中金属材料的腐蚀电流定义缓蚀效率：

$$\gamma=\frac{i_{corr}^{0}-i_{corr}}{i_{corr}^{0}}\times 100\%$$

式中　i_{corr}^{0}——未添加缓蚀剂时测量的腐蚀电流密度；

i_{corr}——添加缓蚀剂时测量的腐蚀电流密度。

二、缓蚀剂的分类

目前缓蚀剂应用日益广泛，种类繁多。对已有的大部分主要缓蚀剂，可以通过以下几种方法分类：

（1）按缓蚀剂的化学组成分类，可将缓蚀剂分为无机缓蚀剂和有机缓蚀剂。无机缓蚀剂如亚硝酸盐、铬酸盐、碳酸盐、钼酸盐等；有机缓蚀剂如醛类、胺类、杂环化合物等。

（2）按缓蚀剂对电极过程的影响分类，可把缓蚀剂分为阳极缓蚀剂、阴极缓蚀剂和混合型缓蚀剂。阳极缓蚀剂对阳极过程有阻滞作用，如铬酸盐、亚硝酸盐、苯甲酸钠等；阴型缓蚀剂对阴极有阻滞作用，如聚磷酸盐、锌盐、砷离子等；混合型缓蚀剂对阴极过程和阳极过程都有阻滞作用，如硅酸盐、生物碱等。

（3）按缓蚀剂对金属表面状态的影响分类，可分为成膜型缓蚀剂和吸附型缓蚀剂。成膜型缓蚀剂与金属反应形成表面化合物，使金属表面覆盖上新的化合物相，或与腐蚀产物形成难溶化合物，沉积于金属表面。前者称为钝化膜型缓蚀剂，如铬酸盐，亚硝酸盐等；后者称为沉淀膜型缓蚀剂，如硫酸锌、聚磷酸钠等。吸附型缓蚀剂能吸附在金属表面，从而改变金属的表面性质，根据吸附机理不同又可分为物理吸附型（如硫醇、胺类等）和化学吸附型（苯胺衍生物、环状亚胺等）。

（4）其他分类方法。按环境介质不同，可分为中性介质缓蚀剂、酸性介质缓蚀剂、气相缓蚀剂等。按用途不同，又可分为冷却水缓蚀剂、油气井缓蚀剂、酸洗缓蚀剂等。

三、缓蚀剂的作用机理

由于缓蚀剂的种类繁多，被缓蚀的金属及其所在的介质的性质各不相同，因此有许多人从各个不同角度讨论了缓蚀剂的作用机理，概括起来有以下一些缓蚀理论。

（一）吸附理论

吸附理论认为，许多有机缓蚀剂属于表面活性物质，有机分子由亲水疏油的极性基和疏水亲油的非极性基两部分组成。当将它们加入到介质中时，缓蚀剂的极性基因定向吸附排列在金属的表面，从表面上排出了水分子或氢离子等腐蚀性介质，或者使介质的分子或离子难于接近金属表面，从而起到缓蚀作用。许多有机缓蚀剂如胺类、亚胺类、明胶、淀粉、糊精、含硫的有机物（如硫醇和硫脲）、含氮的杂环化合物（如喹啉与吖啶及吖啶的衍生物）等，其缓蚀作用都可用吸附理论来解释。

有机缓蚀剂的吸附又可分为化学吸附与物理吸附。化学吸附是金属表面与缓蚀剂离子间的化学键力起作用的结果，化学吸附如吡啶衍生物、苯胺衍生物、环状亚胺等。物理吸附是由缓蚀剂离子与金属的表面电荷产生静电吸引力和范得华力引起的。如胺类物质在酸性溶液中与氢离子反应生成胺阳离子：

$$RNH_2 + H^+ \longrightarrow RNH_3^+$$

这种阳离子在静电作用下被吸附到局部阴极上，从而抑制了阴极反应，降低了腐蚀。

(二) 成膜理论

成膜理论认为，缓蚀剂的分子能与金属或腐蚀性介质的离子发生化学作用，其结果在金属表面生成了具有保护作用的、不溶或难溶的化合物膜层，从而起到了缓蚀的作用。

这类缓蚀剂中有一大部分实际上是氧化剂，例如铬酸盐、重铬酸盐、硝酸盐和亚硝酸盐等。它们和金属发生化学作用的结果，是使金属表面生成具有保护作用的氧化膜或钝化膜，从而起到将金属与介质机械隔开的作用。

还有一些缓蚀剂，例如许多有机缓蚀剂是非氧化性的，它们的分子与金属或介质中的离子相互作用，生成了不溶或难溶于介质中的化合物。这层化合物紧密地附着在金属表面，从而起到缓蚀作用。例如硫酸与铁在酸性介质中生成了硫化铁保护膜，喹啉和铁在浓硫酸中生成了难溶于盐酸的铁络合物等。

(三) 电极过程抑制理论

电极过程抑制理论认为，缓蚀剂之所以起到缓蚀作用，是由于缓蚀剂的加入抑制了金属在介质中发生腐蚀的电化学过程，从而使腐蚀速率减慢，即起到了缓蚀作用。从抑制电极过程来说，又分为几种不同的情况，可用图 4－1 所示的腐蚀极化图来说明，图中的实线为没加入缓蚀剂时的极化曲线，虚线为加入缓蚀剂后的极化曲线。

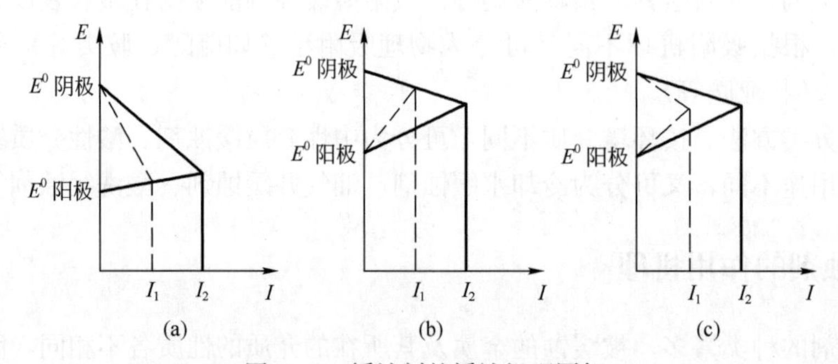

图 4－1　缓蚀剂的缓蚀机理图解

(a) 阳极缓蚀剂；(b) 阴极缓蚀剂；(c) 混合型缓蚀剂

从图 4－1 可以看出，缓蚀剂的加入，可以分别增大阴极极化和阳极极化，也可以使阴极极化和阳极极化同时增大，其结果就使腐蚀电流由原来的 I_2 变为加入缓蚀剂后的 I_1，即由于缓蚀剂的加入而使腐蚀速率降低，也就是起到了缓蚀作用。

如果缓蚀剂的加入抑制了阳极过程，即使阳极极化增大的话，该缓蚀剂叫做阳极缓蚀剂。阳极缓蚀剂或者是由于直接阻止阳极部分的金属离子进入溶液，或者是由于可与金属表面反应生成氧化膜或钝化膜起保护作用，从而起到缓蚀作用。

如果缓蚀剂的加入抑制了阴极过程，则叫做阴极缓蚀剂。阴极缓蚀剂或者由于增大了阴极的过电位使阴极反应变得困难，或者可以在阴极表面生成了难溶的化合物保护膜，从而起到缓蚀作用。

有些缓蚀剂的加入，可对阴极过程和阳极过程同时起到一定的抑制作用，叫做混合型缓蚀剂。

四、影响缓蚀作用的因素

缓蚀剂有明显的选择性，除了与缓蚀剂本身的性质、结构等因素有关外，影响缓蚀剂性能的因素主要包括金属和介质的条件两方面，因此应根据金属和介质的条件选用合适的缓蚀剂。

（一）被保护材料种类

多数缓蚀剂具有专一性，即用于保护金属 A 的缓蚀剂不一定也能保护金属 B。例如：亚硝酸二环己胺是一种保护钢铁材料大气腐蚀的良好缓蚀剂，对钢铁缓蚀作用长达数年，但对非铁金属，尤其是锌、镁、镉等产生加速腐蚀。

（二）缓蚀剂浓度

缓蚀剂浓度对缓蚀效率影响较复杂，大致有三种情况：

（1）缓蚀效率随缓蚀剂浓度增加而增大。例如：许多有机或无机缓蚀剂在酸性浓度不大的中性介质中，都属于此类情况。一般按节约原则综合考虑缓蚀效率和缓蚀剂消耗量。

（2）某浓度下缓蚀剂处于极值。例如，硫化二乙二醇浓度为 20mg/L 时，钢在 150mg/L 盐酸中腐蚀速率最小；当浓度大于 150mg/L 时，缓蚀剂变成腐蚀促进剂，此时缓蚀剂绝不能过量。

（3）当缓蚀剂浓度不足时，出现腐蚀增强和点蚀等现象。例如，为减轻钢在盐水中腐蚀加入亚硝酸钠、铬酸盐、双氧水等氧化性缓蚀剂，浓度不足时会产生点蚀危险。

（三）温度

温度对缓蚀效率的影响同样十分复杂，也可有三种情况：

（1）较低温度下缓蚀效率好，温度升高后缓蚀效率明显下降，大多数有机及无机缓蚀剂都属于这一情况。

（2）一定温度范围对缓蚀效率影响不大，但超过某温度后缓蚀效率积聚下降。例如苯甲酸钠在 20～80℃水溶液中对钢有良好缓蚀作用，但在沸水中失去缓蚀效果；沉淀型缓蚀剂在介质沸点温度使用时大多会失去缓蚀作用。

（3）温度升高，缓蚀效率也随之增大，如碘化物等。

（四）流速

流速对缓蚀效率有很大影响，一般有以下情况：

（1）流速加快，缓蚀效率下降。如：盐酸中三乙醇胺和碘化钾等缓蚀剂，有可能变成腐蚀促进剂。

（2）流速加快，缓蚀效率上升，主要是因为流速有助缓蚀剂均匀扩散到金属表面。

（3）不同浓度下流速对缓蚀效率出现复杂变化。如：六偏磷酸钠/氯化锌（4∶1）的浓度大于 8mg/L 时，缓蚀效率随流速增大而提高；但浓度小于 8mg/L 时，缓蚀效率随流速增大而减小。

（五）材料表面状态

缓蚀剂靠吸附在材料表面起作用，所以材料表面状态对缓蚀效率有极大影响。金属材料的纯度和表面状态会影响缓蚀效率。一般来说，有机缓蚀剂对低纯度金属材料的缓蚀效率高于对高纯度材料的缓蚀效率。金属材料的表面粗糙度越高，缓蚀剂缓蚀效率越高。工程上采用预膜处理方法，即首先使被保护金属表面和较高浓度缓蚀剂接触，并保持一定时间，来提高缓蚀效率。

（六）缓蚀剂的协同作用

单独使用一种缓蚀剂往往达不到良好的效果，多种缓蚀剂物质复配使用时常常比单独使用时效果好得多，这种现象叫协同效应。产生协同效应的机理随体系而异，许多还不太清楚，一般考虑阴极型和阳极型复配、不同吸附基团的复配、缓蚀剂与增溶分散剂复配。通过复配获得高效多功能缓蚀剂，是目前缓蚀剂研究的重点。

综上所述，缓蚀效率受许多因素影响，缺乏统一规律，所以实际使用前需经过一系列室内、室外和各种条件的缓蚀剂评价实验。

五、缓蚀剂的应用原则

缓蚀剂主要应用于那些腐蚀程度中等或较轻的系统，以及对某些强腐蚀介质的短期保护（如化学清洗）。应用缓蚀剂时应注意以下原则：

（1）选择性。

缓蚀剂的应用条件具有高的选择性，应针对不同的介质条件（如温度、浓度、流速等）和工艺、产品质量要求选择适当的缓蚀剂。既要达到缓蚀的要求，又要不影响工业过程（如影响催化剂的活性）和产品质量（如染色、纯度等）。

（2）环境保护。

选择缓蚀剂必须注意对环境的污染和对生物的毒害作用，应选择无毒的化学物质作缓蚀剂。

（3）经济性。

通过选择价格低廉的缓蚀剂，采用循环溶液体系，缓蚀剂与其他保护技术联合使用等方法，降低防腐成本。

第四节　电化学保护

电化学保护方法，就是根据电化学原理，在金属设备或设施上施加一定保护电流或保护电位，从而防止或减轻金属腐蚀的防护方法。电化学保护技术分为阳极保护和阴极保护两种。将金属电位向正值移动到致钝电位以上，使金属钝化的技术称为阳极保护。阳极保护特别适合强腐蚀环境的金属防腐，我国硫酸工业中已有应用。阴极保护是将金属电位向负值移动到其腐蚀电池的阳极平衡电位以下，这种技术目前成为埋地金属构件，特别是钢质管道的标准做法。近年来，阴极保护在石油地面储罐、海洋金属构件、甚至在钢筋混凝土桥梁等领域的应用也日益增多。

一、阴极保护

（一）阴极保护的原理

金属在外加阴极电流的作用下，发生阴极极化使金属的阳极溶解速度降低，甚至极化到非腐蚀区使金属完全不腐蚀，这种方法称为阴极保护。

如图 4-2 中的极化过程，可以清楚地说明阴极保护的工作原理。以外加电流的阴极保护为例，暂不考虑电池的回路电阻，则在未通电流保护以前，腐蚀原电池的自然腐蚀电位为 E_C，相应的腐蚀电流为 I_C。通上外加电流后，由电解质流入阴极的电流量增加，由于阴极的进一步极化，其电位将降低。如流入阴极电流为 I_D，则其电位降至 E_D，此时由原来的阳极流出的腐蚀电流将由 I_C 降至 I'。I_D 与 I' 的差值就是由辅助阳极流出的外加电流量。若为使金属构筑物得到完全的保护，即没有腐蚀电流从其上流出，就需进一步将阴极极化到使总电位降至等于阳极的初始电位 E_A^0，此时外加的保护电流值为 I_P。从图上可以看出，要达到完全保护，外加的保护电流要比原来的腐蚀电流大得多。

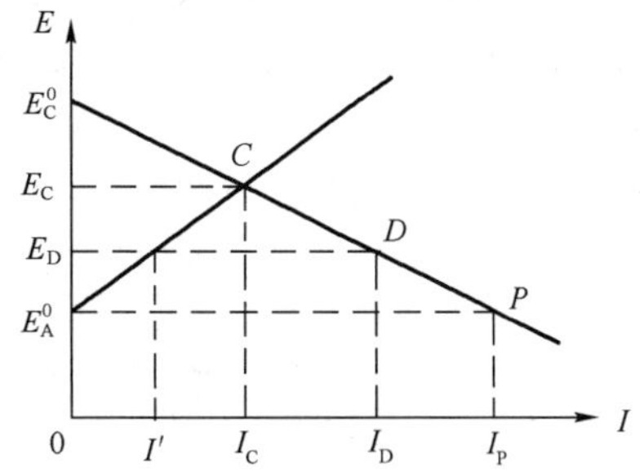

图 4-2　阴极保护的极化图图解

显然，腐蚀电池的控制因素决定了保护电流 I_P 与最大腐蚀电流 I_C 的差值。受阴极极化控制时，两者的差值要比受阳极极化时小得多。因此，采用阴极保护的经济效果较好。

（二）阴极保护的应用条件

阴极保护常用来保护地下管道、埋地电缆、舰艇、海洋构件等，近年来也日益用于桥梁等混凝土结构保护。除降低平均腐蚀速率外，阴极保护还可有效防止某些材料的应力腐蚀、腐蚀疲劳、局部腐蚀等。阴极保护应用的必要条件是：

（1）环境介质必须能够导电，是极化电流回路的一部分。对于极干旱土壤、大气或非水介质中必须采用特殊措施，否则无法有效进行阴极保护。

（2）被保护金属容易阴极极化。难极化金属的保护会消耗过多的电量，经济上不合算。此外某些两性金属，如铝、铅等，可能会因为阴极保护过程产生的碱性而导致腐蚀加速，所以必须限制保护电位不能太负。

（3）被保护构件形状和结构不太复杂，无“遮蔽或屏蔽现象”。例如：热交换器内部紧密排列的管束，仅靠少数阳极得不到均匀的保护电流分布，很难采用阴极保护技术。

（4）具有钝化膜且钝化膜能显著影响腐蚀速率的金属设备不宜采用阴极保护，否则，阴极极化会造成钝化膜破坏，使金属的腐蚀速率增加。

（5）对于具有氢脆敏感性的金属材料，不宜采用阴极保护，因为在保护过程中的析氢反应可能造成氢脆问题。

（6）应将保护系统和其周围环境绝缘，包括绝缘涂层或法兰等，以避免保护电流无谓流失。虽然这不能算作必要条件，但从经济角度考虑可以说：没有绝缘就没有阴极保护。

（三）实施阴极保护的两种方法

根据外部阴极极化电流的电源，阴极保护可以分为牺牲阳极保护和外加电流保护。牺牲阳极保护是用一种腐蚀电位比被保护金属的腐蚀电位更负的金属组成短路电偶电池，电位更负的金属为阳极，被逐渐溶解牺牲掉，而电位较正的金属受到保护。这种偶接后被逐渐溶解掉的阳极就称为牺牲阳极。所以这种靠牺牲阳极提供极化电流的阴极保护方法就称为牺牲阳极保护。而外加电流阴极保护是利用外部直流电源提供阴极极化电流，使被保护金属的电位向负方向变化而受到保护，外部电源的负极接被保护金属，正极接辅助阳极，辅助阳极的作用是为了构成电的完整回路。表 4-3 是牺牲阳极保护和外加电流阴极保护的比较。

表 4-3　牺牲阳极保护和外加电流阴极保护的比较

牺牲阳极保护	外加电流阴极保护
不需外加直流电源	需要外加直流电源
驱动电压低，保护电流小且不可调节	驱动电压高，保护电流大且可灵活调节
阳极消耗大，需定期更换	阳极消耗小，寿命长
与外界无相互干扰	易与外界相互干扰
系统可靠	在恶劣环境中系统易受损
管理简单	管理维修复杂
施工技术简单	安装施工复杂

（四）阴极保护参数

在阴极保护工程中，可以通过测定金属是否达到保护电位来判断金属的保护效果。

1. 保护电位

阴极保护时通过对被保护的金属结构施加电流，使其发生阴极极化，电位负移，可以使腐蚀过程完全停止，实现完全保护，或使腐蚀速率降低到人们可以接受的程度，达到有效的保护。被保护金属结构的电位是判断阴极保护效果的关键参数和标准，也是实施现场阴极保护控制和监测、判断阴极保护系统工作是否正常的主要依据。

保护电位是指通过阴极极化使金属结构达到完全保护或有效保护所需达到的电位值，习惯上把前者称为最小保护电位，后者称为合理保护电位。当被保护金属结构的电位太负，不仅会造成电能的浪费，而且还可能由于表面析出氢气，造成涂层严重剥落或金属产生氢脆的危险，出现“过保护”现象。

保护电位的数值与被保护金属的种类及其所处的环境等因素有关。许多国家已将保护电位列入了各种标准和规范中，可供阴极保护设计参考。对于海水和土壤等介质，国内外已有多年的阴极保护实际经验，保护电位值可根据有关标准或经验选取。

2. 保护电流密度

在阴极保护中，可使被保护结果达到最小保护电位所需的阴极极化电流密度称为最小保护电流密度。保护电流密度也是阴极保护的重要参数之一。

保护电流密度的大小与被保护金属的种类、表面状态、有无保护膜、漆膜的损失程度，腐蚀介质的成分、浓度、温度、流速等条件，以及保护系统中电路的总电阻等因素有关，造成保护电流密度在很宽的范围内不断地变化。例如，在下列环境中未加涂层的钢结构，其保护电流密度分别为：

土壤	$10\sim100mA/m^2$
淡水	$20\sim50mA/m^2$
静止海水	$50\sim150mA/m^2$
流动海水	$150\sim300mA/m^2$

采用涂层和阴极保护联合保护时，保护电流密度可降低为裸钢的几分之一到几十分之一。在含有钙、镁离子的海水等介质中，金属表面碱度增大会促进碳酸钙在表面沉积，在较高的电流下，Mg^{2+}会以 $Mg(OH)_2$ 的形式沉积出来。这些沉积物也会降低所需保护的电流密度。介质的流动速度也会影响保护电流密度。如海水流动速度增加或船舶增大时，会促进氧的去极化，所需的保护电流密度随之增加。因此，在阴极保护设计中，保护电流密度的选择除了根据有关标准的规定外，还要综合考虑各种因素。

3. 最佳保护参数

阴极保护最佳保护参数的选择应既能达到较高的保护程度，又能达到较高的保护效率。保护程度 P 定义为：

$$P=\frac{i_{corr}-i_a}{i_{corr}}\times100\%=\left(1-\frac{i_a}{i_{corr}}\right)\times100\%$$

式中　i_{corr}——未加阴极保护时的金属腐蚀电流密度；

i_a——阴极保护时的金属腐蚀电流密度。

保护效率 Z 定义为：

$$Z=\frac{P}{i_{appl}/i_{corr}}\times100\%=\frac{i_{corr}-i_a}{i_{appl}}\times100\%$$

式中　i_{appl}——阴极保护时外加的电流密度。

阴极保护简单易行、经济、效果好，且对应力腐蚀、腐蚀疲劳、孔蚀等特殊腐蚀均有效。阴极保护的应用日益广泛，主要用于保护中性、碱性和弱酸性介质中（如土壤和海水）的各种金属构件和设备。

二、阳极保护

（一）阳极保护原理

所谓阳极保护，就是通过外加电流使被保护的金属进行阳极极化，从而使其腐蚀程度降低到最低的一种电化学保护方法。被保护的金属都是可以通过外加电流进行钝化的金属，即具有活性—钝性转变特性的金属和合金，如铁、镍、铬、钛和不锈钢等。

阳极保护是将金属构件接在外加电源正极上，而将另一辅助电极接在外电源的负极上构成回路，通过施加外加极化电流来实现。在这一过程中，开始通电极化时，随着阳极电位向正方向移动，腐蚀溶解速率也加快，但达到某点之后，随着电位继续变正，腐蚀电流则逐渐变小，直到在某个点位范围内腐蚀电流保持在一个很小的恒定数值下。也就是说，在这种情况下可使金属的腐蚀降低到最小的程度，从而达到了阳极保护的目的。如果通过外加电流维持住这个较小的电流密度值，则可使保护状态继续维持下去，这就是进行阳极保护的基本原理。

(二) 阳极保护的基本途径

阳极保护是利用某些金属在阳极极化(电位向正值移动)时能变成钝态的现象。根据阳极活化—钝化曲线可知,曲线上存在活化区、钝化过渡区、稳定钝化区和过钝化区。金属处于稳定钝化区时,腐蚀速率至少下降1~2个数量级。实现稳定钝化的方法有:

(1) 用外电流阳极极化方法使金属电位移到钝化区;

(2) 环境中加足够浓度氧化剂,促使金属发生钝化;

(3) 改变材料性质,使其更加容易钝化或发生自钝化。

其中第(1)种方法是最常用的,一般阳极保护也是指这种方法。

(三) 阳极保护的主要参数

在应用阳极保护技术时,要了解和掌握如下几个重要的参数:

(1) 致钝电流密度 i_C。当电流密度达到 i_C 时,金属就开始钝化。

(2) 维钝电流密度 i_P。在 i_P 下可以维持金属的钝化状态,使腐蚀速率在最低的限度之内。

(3) 钝化区电位范围。金属保持钝化状态的电位范围就叫做钝化区电位范围。

(四) 阳极保护的应用

阳极技术虽然发展较晚,工业应用的历史还不到30年,但它却极有前途。主要是因为它能用于某些强腐蚀性介质如硫酸和磷酸等,同时所需要的电流比较低,而保护效果却相当好,可使某些体系的腐蚀速率降低10万倍。

目前,阳极保护主要用于硫酸和废硫酸槽、储罐、硫酸槽加热段管、纸浆蒸煮锅、铁路槽车、有机磺酸中和罐等的保护。对于不能钝化的体系或者含氯离子的介质中,阳极保护不能应用,因而阳极保护的应用还是有限的。

第五章　油气长输管道的腐蚀与防护

油气长输管道是油气储运系统的重要组成部分，腐蚀问题是影响油气长输管道使用寿命和可靠性的最重要的因素。根据调查统计，我国东部几个油田各类管道每年腐蚀穿孔达20000次，每年更换管道数量400km。四川天然气管道，1971年5月至1986年5月的15年间，由于腐蚀导致的爆炸和火灾事故就达83起，经济损失达6亿多元。要保证油气管道安全生产和提高经济效益，必须搞好管道、管网的腐蚀防护工作。

第一节　油气管道的腐蚀控制

腐蚀是影响系统使用寿命和可靠性的关键因素，是造成油气管道事故的主要原因之一。油气管道，特别是大口径、长距离、高压力油气管道的用钢量及投资巨大。因腐蚀引起的泄漏、管线破裂等事故不但损失重大，抢修困难，还可能引起火灾爆炸及环境污染。因此，对已有的和新建的油气管道的腐蚀控制十分必要。

一、油气管道腐蚀控制的基本方法

应根据油气管道腐蚀机理不同，所处的环境条件不同，采用相应的腐蚀控制方法。概括起来有以下几个方面：

（1）选用该管道在具体运行条件下的适用钢材和焊接工艺；

（2）选用管道防腐层及阴极保护的外防护措施；

（3）控制管输流体的成分，如净化处理除去水及酸性组分；

（4）使用缓蚀剂控制内腐蚀；

（5）选用内防腐涂层；

（6）建立腐蚀监控和管理系统。

有效的腐蚀控制必须成为油气管道设计、建设、运行管理和维护的安全系统工程的组成部分。要求在各个环节中必须严格执行有关的规范、标准。

二、油气管道外防腐的方法

油气管道外防腐一般采用防腐绝缘层（一次保护）与阴极保护（二次保护）两种方法并用的措施。实践表明，防腐绝缘层与阴极保护相结合是埋地输油管道经济而可靠的防腐体系，在实际应用中取得了较好的效果。另外，对于杂散电流引起的管道腐蚀，可采用排流保护。

（一）防腐绝缘层

防腐绝缘层是埋地输油管道防腐技术措施中重要的组成部分，它将钢管与外部土壤环境隔绝而起到良好的防腐保护，同时对阴极保护措施的设计、运行和保护效果具有很大的影响。常用表面防腐材料及涂层主要有石油沥青、煤焦油瓷漆、聚乙烯胶带、聚乙烯塑料、粉末环氧树脂、硬质聚氨酯泡沫塑料等，还有近年来发展的双层及多层复合 PE 结构，如三层复合 PE 结构。

（二）阴极保护

管道的阴极保护就是利用外加的牺牲阳极或外加电流，消除管道在土壤中腐蚀原电池的阳极区，使管道成为其中的阴极区，从而受到保护。阴极保护分为牺牲阳极法与外加电流法两种。

1. 牺牲阳极法

在待保护的金属管道上连接一电位更负的金属或合金，形成一个新的腐蚀原电池。接上的金属或合金成为牺牲阳极，整个管道成为阴极受到保护。

2. 外加电流法

将被保护的管道与直流电源的负极相连，把辅助阳极与电源的正极连接，使管道成为阴极。

（三）排流保护

杂散电流也可能引起管道的电解腐蚀，而且腐蚀强度和范围很大。但是，利用杂散电流也可以对管道实施阴极保护，即排流保护。通常的排流保护有以下三种类型：

1. 直流排流保护

当杂散电流干扰电位的极性稳定不变时，可以将被保护管道和干扰源直接用电缆连接，管道接干扰源的负极，在排除了杂散电流的同时，管道得到了保护。这种方法简单易行，但是如果选择不当，会造成引流，加大杂散电流腐蚀。

2. 极性排流保护

当杂散电流干扰电位的极性正负交变时，可以通过串入二极管把杂散电流排回干扰源。由于二极管具有单向导通功能，只允许杂散电流正向流出，保留了负向电流用作阴极保护。

3. 强制排流

上述两种方法中，只有在排流时才能对管道施加保护，而在不排流时，管道就处于自然腐蚀状态。因而又出现了第三种排流方法——强制排流，就是在没有杂散电流时通过电源、整流器供给管道保护电流；当有杂散电流存在时，利用排流进行保护。通常为了确保防腐效果，在有排流保护时也最好留有少量保护电流流出。

三、油气管道的内腐蚀防护

由于某些天然气中含有 H_2S、CO_2、水蒸气或游离水，还存在铁锈、砂土等杂质，可能造成管内壁腐蚀。可采取选择耐蚀材料、净化处理管输介质、加入缓蚀剂和选用内防腐涂层的措施。要根据管道具体条件采用合适的方法。

四、加强油气管道的腐蚀监控和管理

近年来，为了改进管道腐蚀控制，除了防腐技术、设备不断改进以外，腐蚀损伤检测、计算机用于腐蚀控制的技术在迅速发展。表现为用智能内检测器在线检测管道腐蚀损伤程度及微小裂纹，其测试分辨率、精度及定位准确度不断提高；应用计算机进行腐蚀监控，如在线监测、数据处理、腐蚀预测以及风险评价等。国外开发的腐蚀控制管理系统软件，将在线腐蚀检测的数据与智能专家系统相结合，可以进行腐蚀速率、趋势预测，用以指导生产运行。

加强和完善腐蚀控制的管理体制，使管道防腐管理工作科学化和规范化，是搞好管道腐蚀控制的重要内容。

第二节　管道覆盖层保护

一、管道外防腐层的作用原理

随着管道建设规模的扩大，对管道外防腐层有机涂料的需求量不断增大。埋地钢质管道外防腐层涂料的原料供应、生产、工厂预制、现场涂覆、维修已形成规模，与之相适应的设备配套、原料、配方、施工工艺研发日趋成熟。因此，探讨外防腐层防腐蚀的作用原理，对于长输管道外防腐层有机覆盖层的研发、生产、选用、施工、维修具有实际指导意义。

金属表面覆盖层能起到装饰、耐磨损及防腐蚀等作用。对于埋地管道来说，防腐蚀是主要目的。覆盖层使腐蚀电池的回路电阻增大，或保持金属表面钝化的状态，或使金属与外部介质隔离出来，从而减缓金属的腐蚀速率。

覆盖层防腐蚀要求覆盖层完整无针孔，与金属牢固结合使基体金属不与介质接触，能抵抗加热、冷却或受力状态(如冲击、弯曲、土壤应力等)变化的影响。有的覆盖层具有导电的作用。如镀锌钢管的镀锌层是含有电位较负的金属锌的镀层，当它与被保护的金属形成短路的原电池后，金属镀层成为阳极，起到阴极保护的作用。

管道外部覆盖层，亦称防腐绝缘层(简称防腐层)。将防腐层材料均匀致密地涂敷在经除锈的管道外表面上，使其与腐蚀介质隔离，达到管道外防腐的目的。

对管道防腐层的基本要求是：与金属有良好的粘结性；电绝缘性能良好；防水及化学稳定性好；有足够的机械强度和韧性；耐热和抗低温脆性；耐阴极剥离性能好；抗微生物腐蚀；破损后易修复，价廉且易于施工。

（一）有机覆盖层与阴极保护的关系

有机覆盖层的防腐蚀作用是基于电化学腐蚀原理，将腐蚀电池的阴极与阳极隔离，阻止腐蚀电流的流动，将钢铁与电解质隔离，阻止离子移动，以防止铁的溶解。当覆盖层处于好的状态时，阴极保护不起作用，保护电流很小，这时可暂时关闭阴极保护系统；当覆盖层发生损坏出现露铁时，阴极保护提供保护电流，抑制露铁的腐蚀；但当覆盖层严重失效(例如阴极剥离、阴极屏蔽)时，通常阴极保护系统很难起到保护管道的作用，因此覆盖层的保护作用是主要的。

有机覆盖层除了其固有的缺陷外，还有施工造成的针孔、气泡以及使用过程中的损伤和老化，这些缺陷影响覆盖层的隔离、绝缘、附着作用。一旦覆盖层发生损伤，损伤处裸露钢铁为阳极，覆盖层处为阴极，形成所谓的小阳极大阴极，加速了裸露钢铁部位的腐蚀。阴极保护的作用是给被保护钢铁结构施加负电位使其成为阴极，钢铁的阴极保护电位相对饱和，硫酸铜电极为−0.85V左右，最大保护电位值通过有机覆盖层的抗阴极剥离能力确定。如果单独使用阴极保护，则耗电量大。

有机覆盖层与阴极保护联合保护，以有机覆盖层为主、以阴极保护为辅，是埋地钢质管道、金属构件防腐蚀的成熟经验，国内外已经将其标准化。完整而优良的有机覆盖层是管道阴极保护的前提，它可以降低阴极保护的电流密度，缩短阴极极化的时间，改善电流分布，扩大保护范围。当完整的覆盖层受到损伤且损伤点较少时，阴极保护能够发挥作用，当损伤点超过一定数量时，需要的保护电流增大，阴极保护失去作用。当覆盖层变得千疮百孔，整体绝缘失效时，阴极保护会起反作用，例如阴极剥离、阴极保护屏蔽。

对于埋地钢质管道，采用以有机覆盖层为主、阴极保护为辅的联合保护，控制了腐蚀电池的发生，突破了覆盖层防腐蚀的局限性，覆盖层的绝缘性保证了阴极保护电流密度的均匀性，大大延长了覆盖层的使用寿命，提高了防腐蚀效果。

(二) 提高覆盖层防腐蚀效果的途径

1. 厚膜化

增加覆盖层厚度可以消除针孔缺陷，提高防腐蚀效果。Fich 定律表明，液体介质渗透到覆盖层与金属界面的时间与覆盖层厚度成正比：

$$T = L^2/6D \tag{5-1}$$

式中 T——液体介质渗透到覆盖层与金属界面的时间，s；

L——覆盖层厚度，m；

D——液体在覆盖层内的扩散系数。

覆盖层的防腐蚀能力与厚度有关，例如，当 FBE 覆盖层厚度小于 152μm 时，每 12m 覆盖层的露点大于 40 个。当覆盖层的厚度大于 254μm 时，可以防止露点的形成。

2. 高性能耐蚀合成树脂

高性能耐蚀合成树脂是提高防腐蚀能力的关键。例如，有机覆盖层的玻璃化转变温度越高，防腐性能越好，若高于环境温度，则覆盖层仍保持玻璃态而不膨胀，不移动，固守于原位，湿态附着力好。

3. 金属表面处理

钢铁表面严格处理是提高附着力的必要条件，一般要求钢铁表面清理水平达到近白级、无污染，才能保证覆盖层保护的长期有效性。

4. 确保施工质量

正确施工是提高覆盖层质量的重要环节。例如，成膜固化温度不能低于规定的温度，一般推荐在夏秋季施工。

在埋地钢质管道以有机覆盖层为主、阴极保护为辅的联合保护中，应正确选择覆盖层，不降低防腐层的质量要求。

二、埋地管道防腐层的使用情况

根据国内外对管道防腐层应用现状的调查和分析，防腐层都有其特定的使用条件和失效规律。掌握各类防腐材料的特性、使用条件及其失效规律对正确选用防腐层极为重要。

（一）沥青类防腐层

1. 沥青类防腐层的基本特点

沥青是防腐层的原料，分为石油沥青、天然沥青和煤焦油沥青。石油沥青的吸水性比煤焦油沥青大得多。我国沥青类防腐层以石油沥青用量最多，基本不使用天然沥青。

石油沥青大多是从天然石油中炼制出的副产品，其组成比较复杂，以烷烃和环烷烃为主，并含少量的氧、硫和氮等成分。如当管道输送介质的温度为51～80℃时，采用的管道专用防腐沥青，介质温度低于51℃时可采用10号建筑石油沥青。

管道专用防腐沥青是沥青基或混合基石油炼制后的副产品经深度氧化制成的，软化点较高。我国石油多属于石蜡基，含蜡量高，故会影响防腐层的粘结力和热稳定性。

石油沥青防腐层的特点有：

（1）石油沥青属于热塑性材料，低温时硬而脆，随温度升高变成可塑状态，升高至软化点以上则具有可流动性，发生沥青流淌的现象。

（2）沥青的密度在1.01～1.07g/cm^{3}之间。

（3）沥青的耐击穿电压随硬度的增加而增加，随温度的升高而降低。

（4）抗植物根茎穿透性能差。

（5）不耐微生物腐蚀。

煤焦油瓷漆属煤焦油沥青，是由高温沥青分馏得到的重质馏分和煤沥青，添加煤粉和填料，经加热熬制所得的制品。该材料的主要成分煤沥青呈芳香性，是一种热塑性物质。其分子结构为环状双键型，碳氢比高(碳原子与氢原子的比为1.4∶1，而石油沥青为0.9∶1)。由于分子结构紧密，因而具有以下基本特点：吸水率低，抗水渗透；优良的化学惰性，耐溶剂和石油产品侵蚀；用它生产的煤焦油瓷漆电绝缘性能好。煤焦油瓷漆主要的缺点是低温发脆，热稳定性差。

为了改进煤焦油涂料的性能，可加入其他树脂。例如加入氯化橡胶可提高其干性，改善涂料的热稳定性。环氧树脂与煤焦油沥青配合得最好，能综合两者的优点。

2. 使用情况比较

石油沥青防腐层适用于不同环境或使用温度下的防腐层等级与结构，只要正确选用，并与阴极保护协同作用就可以获得良好的保护效果。一般来说，对于地下水位低、地表植被较差的地段，采用石油沥青防腐层可以获得最大的投入产出比。例如我国四川威成、威内、泸威三条输气管线已运行20年以上。1992年腐蚀调查的结果表明：管道防腐层的沥青指标均能满足要求，外壁基本上无腐蚀，最大腐蚀速率0.11mm/a，平均腐蚀速率为0.029mm/a。有些石油沥青防腐层失效快，使用寿命短，往往是设计选用不当或施工、运行中的问题所致。例如，热油管道选用了非防腐专用沥青，软化点低(10号建筑沥青软化点95℃)，难以满足管道运行温度的要求。譬如压缩机站和热油泵站的出口段温度可高达70℃，所选用沥青的软化点至少应比管内输送温度高45℃。石油沥青吸水率高，不宜在高水位或沼泽地带使用。另外，施工中现场的环境温度、熬制沥青的温度和涂敷时间间隔等因素控制不好，都会影响防腐质量。此外，土壤应力也会影响防腐效果，如管子顶部出现的纵向裂缝就是由于管子周围土壤沉降而产生应力所致。

为了改善石油沥青的性能，我国开发了改性石油沥青热烤缠带的新产品。经改性的10号沥青可提高软化点和抗植物根茎穿透能力，在韧性、抗渗水性等各项指标上也均有提高，对钢材的附着和耐阴极剥离性能明显改善。特别是制成卷材后，适用于石油沥青防腐层管道的修复、现场补口与补伤，大大提高了施工的效率和质量，并减少了环境污染。

改性沥青、10号沥青、防腐沥青基本性能的对比见表5-1。

表5-1 三种沥青基本性能对比

名　称	软化点，℃	针入度，0.1mm	延度，cm	抗菌性，级
改性沥青	115～130	10～20	≥1.2	1
10号沥青	95	5～20	≥1.0	2
防腐沥青	120～130	5～20	≥1.0	2

煤焦油瓷漆防腐层分为普通、加强和特强三级，使用时要根据不同的使用条件和土壤腐蚀性选择防腐层的等级与结构。

煤焦油瓷漆比石油沥青吸水率低，粘结性优于石油沥青，抗植物根茎穿透和耐微生物腐蚀且电绝缘性能好，它的使用寿命可达60年以上。

煤焦油瓷漆防腐层对温度比较敏感，施工熬制和涂敷的过程中容易逸出有害物质，影响环境和人体健康。所以，它的应用受到了一定的局限性，施工时应严格按标准执行。

煤焦油瓷漆作为防腐材料在国外应用已有约100年的历史。由于它具有优良的防腐性能，又比较经济实用，特别是适合于穿越沙漠、盐沼地等特殊环境，20世纪70年代前在国外的应用比例较大。但在近些年，由于环保因素，已很少使用。我国开发该产品起步较晚，近年来已批量生产。南海海底输气管道、江汉油田的集输管道以及西部油田的输油管道也有采用煤焦油瓷漆作为防腐层的。

(二) 合成树脂类防腐层

合成树脂类防腐层是随着现代工业的高速发展和新建油气管道沿途环境复杂程度的增大而发展起来的。20世纪60年代初，美国、联邦德国等西方国家率先将环氧树脂、聚乙烯塑料应用到管道防腐蚀工程中。我国改革开放以来，由于石化工业的发展，使塑料类防腐材料有了比较充足的来源，因此合成树脂类防腐层得到较大的发展。这类防腐层从外观和性能(机械强度、耐吸水性、化学稳定性及电绝缘性)上都比沥青类防腐层优异。

合成树脂类防腐层有以下几种覆盖方式：

(1) 薄覆盖层。防腐材料包括熔结型粉末涂料(热固性或热塑性的)和溶剂型涂料，如高氯或氯磺化聚乙烯类、环氧类等。防腐层厚度薄(小于1mm)。

(2) 厚覆盖层。如挤出成型的聚乙烯、冷缠胶粘带，两种材料均应使用底胶，防腐层厚度较厚。

(3) 防腐保温覆盖层。它是防腐层、保温层及保护层组成的复合结构。防腐层指既耐温又防腐的聚烯烃涂料或聚烯烃热熔胶，耐热性与介质温度相适应；保温层指硬质聚氨酯泡沫塑料；防护层指聚乙烯塑料层。

1. 合成树脂类防腐层的特点

塑料是高分子材料，由具有共价键的分子聚合而成。在管道防腐层上应用的塑料有热固性塑料、热塑性塑料两种。热塑性塑料一般具有链状的线型立体结构，受热软化，可反复塑制，例如聚氯乙烯、聚乙烯、聚丙烯等。热固性塑料具有网状的立体结构，经加热交联固化，以后加热不再软化，如环氧树脂、酚醛树脂等材料。

材料的化学结构不同，其性能也不同。聚氯乙烯属中等极性的非晶态热塑性材料，由于结构上极性很强的—Cl 基团，使它刚性增加，分子间作用力也增大，有较突出的机械性能。聚丙烯的结晶度大，因此机械强度高，缺点是抗蠕变性差，低温脆性大，其抗低温脆性不如聚乙烯。由于聚烯烃是非极性分子材料，它表面的润湿能力弱，与其他材料(如钢管表面)粘结力差，而且大多数非极性塑料是热和电的不良导体，电绝缘性能优良。

环氧树脂中具有醚基(—O—)、羟基(—OH)和较为活泼的环氧基。醚基和羟基是高极性基团，与相邻的基材表面产生吸力；环氧基能与多种固体物质的表面特别是金属表面的游离键起化学反应，形成化学键，因而环氧树脂的粘结性特别强。固化后的环氧树脂由于含有稳定的苯环和醚键，分子结构紧密，化学稳定性好，表现出优异的耐蚀性能。

综上所述，合成树脂本身的化学结构、相对分子质量及其分布决定了材料的性能。管道和储罐用的塑料防腐层都是以合成树脂为基本成分，添加辅助的成分，如增塑剂、固化剂、颜料及防老化稳定剂等，以满足管道在施工和生产运行条件下所要求的性能。

塑料的破坏主要是由材料的老化、渗透、溶胀、溶解和环境应力开裂等原因引起的。例如与氧化性介质接触后易进行氧化反应而破坏。有些塑料由于溶剂的渗入而引起增重，严重的造成溶胀、溶解破坏；有的则在紫外线或高温下直接发生断链等。为此，常对塑性材料通过化学或物理的方法进行改性，以提高和改善其机械、物理和化学性能。

2. 使用情况比较

(1) 聚烯烃胶粘带。

这类防腐层自 20 世纪 60 年代推出以来已有 40 年的历史。聚烯烃(PE 或 PP)胶粘带适合现场机械化连续施工，也可以手工缠绕。手工缠绕多用于环形焊缝的补口或防腐层的补伤。聚乙烯和聚丙烯胶粘带绝缘电阻都很高，抗杂散电流性能好。胶粘带在使用中出现的问题大多是现场施工质量不好所致，如钢管表面除锈质量不合格，防腐层搭接处粘结力差，造成管道埋地后易渗水和防腐层剥离。剥离后的防腐层壳对阴极保护电流起到屏蔽作用，严重时使管道防腐层过早失效。对焊接管的焊缝处，若胶粘带缠绕时没有使用专用装置，很难保证防腐层的质量。

(2) 熔结环氧粉末(简写 FBE)。

自 20 世纪 60 年代初问世以来，熔结环氧粉末防腐层发展很快，是美国大直径的新建管道的首选涂料，占各类防腐层用量的第一位。FBE 防腐层硬而薄，与钢管的粘结力强，机械性能好，具有优异的耐蚀性能，其使用温度可达 −60～100℃范围，适用于温差较大的地段，特别是耐土壤应力和阴极剥离性能最好。但由于 FBE 层较薄，对损伤的抵抗力差，对除锈等施工质量要求严格。在一些环境气候和施工条件恶劣的地区，如沙漠、海洋、潮湿地带选用 FBE 防腐层有其明显的优势。

(3) 挤出聚乙烯。

1965 年德国在欧洲首次使用挤出聚乙烯防腐层，并很快在欧洲流行起来。挤出成型的聚乙烯有两种施工工艺，即纵向挤出包覆(筒状或十字头挤出)和侧向挤出缠绕两种方法。纵向挤出包覆只限于 600mm 以下的管径，而挤出缠绕法可适用于任意直径。挤出聚乙烯绝缘电阻高，能抗杂散电流干扰，突出的优点是机械性能好，能承受长距离运输、敷设过程以及在岩石区堆放时的物理损伤，耐冲击性强。但失去粘结性的聚乙烯壳层对阴极保护电流起屏蔽作用。

(4) 三层 PE 复合结构。

20 世纪 80 年代由欧洲率先研制和推出的三层 PE 复合结构发展了 FBE 和 PE 的优点，使防腐层的性能更加完善和耐用。尤其是对于复杂地域、多石区等苛刻的环境，选用三层 PE 复合结构更有意义。这种防腐层虽然一次投资大，成本高，但其绝缘电阻值极高，约为 $10^{10}\Omega\cdot m^2$，管道的阴极保护电流密度只有几微安每平方米，一台阴极保护整流器可保护上百公里的管道，能大幅度降低安装和维修费用。因此，从防腐蚀工程总体来说可能是经济的。

三、硬质聚氨酯泡沫塑料(简称 PUF)防腐保温层

国内从 20 世纪 70 年代以来，在石油和石化系统中敷设了近万公里的 PUF 管道。该防腐层适用于原油及重质油的加热输送管道，在油田的中、小口径管道上得到广泛应用。早期的 PUF 管道由于防腐层结构设计及施工的缺陷，出现过早失效。在积累和总结经验的基础上，我国石油行业制定了技术标准(SY/T 0415—1996)，为进一步推广和使用该防腐保温层提供了准则和依据。我国 PUF 防腐保温层使用的主要经验是：

(1) PUF 与钢管的界面必须有一层防腐层，以确保防腐。以往 PUF 管发生腐蚀的原因是因为防腐保温层进水及内部结构和性能上存在严重缺陷，例如 PUF 发泡时加入了阻燃剂 TCEP，TCEP 易水解，产生的酸性离子使钢表面腐蚀加剧。经国内防腐界的研究，提出了相应的措施：①PUF 管在 PUF 发泡时不再加入阻燃剂，特别是含有卤素的阻燃剂。②对 PE 管采用电晕处理技术，保证 PUF 与 PE 之间良好的粘结，防止层间浸水的蔓延。电晕所放出的电在电场作用下连续轰击 PE 管表面，使分子结构发生改变，随之物理性能也发生变化：PE 管的外观从光滑、对水不浸润变为粗糙、无光泽、对水浸润，对 PUF 的粘结强度也大大提高。由于层间牢固地结合，即使 PE 层局部破损，水也难以向其他部位蔓延扩大。

(2) 普通的 PUF 不耐高温，为了适应我国稠油开采的需要(稠油开采温度在 100℃以上)，胜利油田等单位已成功地研制出一种能耐 150℃的泡沫塑料，但还需要有配套的耐高温的底漆、保护层及补口材料。

(3) 在防腐保温管预制中，管子端面的防水措施是保证其质量的关键技术，以热缩防水帽(简称防水帽)的方法效果为最好。

(4) 作为补口用的辐射交联热缩材料，最高使用温度与所采用的聚乙烯种类及底胶种类有关，选用时宜相互匹配。

综合国内外防腐专家、使用单位及施工单位的论述，可以得到以下结论：

——各类防腐层只要在它限定的条件下施工和使用，按规范进行涂敷作业，确保工程质量，就一定能达到防腐效果。

——优质施工的防腐层与阴极保护联合防护可达到满意的效果，保护电流密度值可以衡

量防腐层的质量。

——阴极剥离实验是检验防腐层质量和粘结性能的一种很好的室内检测方法。

——对新建管道要作好前期腐蚀环境的调查，包括自然环境、施工环境及管道运行条件（温度、压力、流速等），因地制宜、经济合理地选用管道防腐层及涂敷工艺。

第三节 管道阴极保护

一、概述

如前所述，金属在电解质溶液中，由于表面存在电化学不均匀性，会形成无数的腐蚀电池。为了简化起见，可以把它们看成是一个双电极原电池系统，其模型如图 5-1 所示。原电池阳极区发生腐蚀，不断输出电子，同时金属离子溶入电解质溶液中。阴极区发生阴极反应，根据电解质和环境条件的不同，在阴极表面上析出氢气或接受正离子的沉积，但金属本身并不会发生腐蚀。因此，如果给金属通以阴极电流，使金属表面全部处于阴极状态，就可抑制表面上阳极区金属的电子释放，从根本上防止了金属的腐蚀。

用金属导线将管道接在直流电源的负极，将辅助阳极接到电源的正极，形成阴极保护，其模型如图 5-2 所示。从图中可以看出，管道实施阴极保护时，有外加电子流入管道表面，当外加的电子来不及与电解质溶液中某些物质起作用时，就会在金属表面集聚起来，导致阴极表面金属电极电流向负方向移动，即产生阴极极化，这时，微阳极区金属释放电子的能力就受到阻碍。施加的电流越大，电子集聚就会越多，金属表面的电极电位就越负，微阳极区释放电子的能力就越弱。换句话说，就是腐蚀电池二级间的电位差变小，阳极电流 i_a 越来越小。当金属表面阴极极化到一定值时，阴阳极达到等电位，腐蚀原电池的作用就被迫停止。此时，外加电流 I_p 等于阴极电流 i_c，即 $i_a=0$，这就是阴极保护的基本原理。

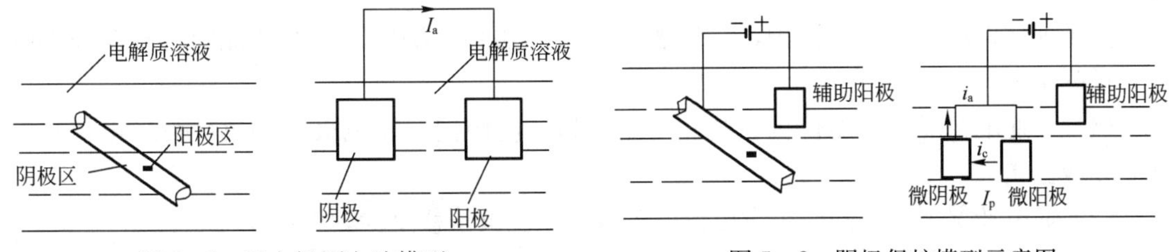

图 5-1 双电极原电池模型

图 5-2 阴极保护模型示意图

（一）阴极保护的方法

1. 外加电流阴极保护

外加电流阴极保护是指利用外部直流电源取得阴极极化电流来防止金属遭受腐蚀的方法。此时，被保护的金属接在直流电源的负极上，而在电源的正极则接辅助阳极，此法为目前国内长输管道阴极保护的主要形式。

2. 牺牲阳极法

采用比保护金属电位更负的金属材料和被保护金属连接，以防止金属腐蚀，这种方法叫做牺牲阳极保护法。与被保护金属连接的金属材料，由于它具有更负的电极电位，在输出电流过程中，不断溶解而遭受腐蚀，故称为牺牲阳极。

用作牺牲阳极的材料大多是镁、铝、锌及其合金，其成分配比直接影响牺牲阳极电流的输出，关系到阴极保护效果的好坏。因此严格按照金属配比熔炼牺牲阳极，是保证其质量的首要问题。

3. 阴极保护方法的比较与选择

管道阴极保护方法的优缺点比较列于表5－2。在实际工程中应根据工程规模大小、防腐层质量、土壤环境条件、电源的利用及经济性进行比较，择优选择。

表5－2　管道阴极保护方法优缺点比较

方法	优　点	缺　点
外加电流法	（1）单站保护范围大，因此，管道越长相对投资比例越小 （2）驱动电位高，能够灵活控制阴极保护电流输量 （3）不受土壤电阻率限制，在恶劣的腐蚀条件下也能使用 （4）采用难溶性阳极材料，可作长期的阴极保护	（1）一次性投资费用较高 （2）需要外部电源 （3）对邻近的地下金属构筑物干扰大 （4）维护管理较复杂
牺牲阳极法	（1）保护电流的利用率较高，不会过保护 （2）适用于无电源地区和小规模分散的对象 （3）对邻近地下金属构筑物几乎无干扰，施工技术简单 （4）安装及维修费用小 （5）接地、防腐兼顾	（1）驱动电位低，保护电流调节困难 （2）使用范围受土壤电阻率的限制，对于大口径裸管或防腐涂层质量不良的管道，由于费用高，一般不宜采用 （3）在杂散电流干扰强烈地区，丧失保护作用 （4）投产调试工作较复杂

（二）阴极保护准则

关于埋地钢质管道阴极保护，美国腐蚀工程师协会（NACE）推荐的准则有较全面的规定，现列于下：

（1）在通电情况下，测得构筑物相对饱和铜—硫酸铜参比电极间的负（阴极）电位至少为0.85V。

（2）通电情况下产生的最小负电位值较自然电位负偏移至少300mV。

（3）在中断保护电流情况下，测量极化衰减。当中断电流瞬间，立即形成一个电位值，以此值为测定极化衰减的基准读数，测得的阴极极化电位差至少为100mV。

（4）构筑物相对土壤的负电位至少和原先建立的E—lg$I$曲线的塔费尔曲线的初始电位点一样。

（5）所有电流均为从土壤电解质流向构筑物。

其中前三项在实践中常用，后两项测定比较复杂，一般很少使用。当有硫酸盐还原菌存在以及钢铁处在不通气环境中时，负电位应再增加100mV，也就是－0.95V。

在应用上列判定指标时，应注意测量误差，因地下管道阴极保护电位不是直接在管道金属和土壤介质接触面上的某一点进行测定，而是将硫酸铜参比电极放在位于管道上方或在地面的遥远点上进行测量。管道金属和电解质溶液界面上测定的电位差，不同于管道金属与土壤间的电位差。这是由于电流流经管道、金属界面与硫酸铜参比电极之间的土壤产生附加电压降(IR 降)造成的。它会使测得的管地电位数值变得更负，即地面测量虽已达到保护电位，但管道和土壤界面上并不是每一点都达到了保护电位。这是防腐工作者在确定保护电位时应充分考虑的问题。

(三) 管道阴极保护附属装置

1. 绝缘法兰

绝缘法兰是构成金属管道电绝缘连接的法兰接头的统称。它包括彼此对应的一对金属法兰，位于这对金属法兰间的绝缘密封零件、法兰紧固件以及紧固件与法兰间电绝缘件。

安装绝缘法兰的目的是将被保护管道和非保护管道从导电性上分开。因为当保护电流流到不应受保护的管道上去以后，将增大阴极保护电源功率输出，缩短保护长度或引起干扰腐蚀。在杂散电流干扰严重的管段，绝缘法兰还被用来作为分割干扰区和非干扰区、降低杂散电流影响的一种抗干扰手段。同时，在某些特殊环境下(如不同材质、新旧管道连接等)，绝缘法兰还是一种有效的防蚀措施。

组装完毕的绝缘法兰两端应具有良好的电绝缘性，可在管道输送介质所要求的温度、压力下长期可靠地工作，并有足够的强度和密封性。绝缘法兰使用的绝缘垫片在管输介质中应有足够的化学稳定性，其他绝缘零件也要求在大气中不易老化；同时应有一定的机械强度，以保证这些零件在安装使用过程中不易破损，更换周期一般均不应低于 4 年。绝缘法兰的结构应保证安装和可拆零件的拆卸，更换方便，材料容易获得和成本低廉。

有防爆要求的区域使用的绝缘法兰(接头)及在强电干扰下或雷暴区所使用的绝缘法兰，均要求采用一定的防护措施。常用的有二极管保护装置、锌(镁)接地电池等。

2. 阴极保护检测装置

(1) 测试桩：为检查测定管道阴极保护参数而沿管线设置的永久性检测装置。它是在管道上每隔一定距离焊接测试导线并引出地面，同时置于保护钢管内。按其功能可分为电流测试桩和电位测试桩。利用测试桩可以测出被保护管道相应各点的管地电位，以及相应管段流过的平均保护电流。电位测试桩每隔 1～2km 安装一个，电流测试桩每隔 5～8km 安装一个。根据阴极保护设计需要，安装在指定位置。

(2) 检查片：检查片是校验用薄片系统，用以定量检验阴极保护效果。检查片采用与被保护管道相同的钢材制成，埋设前需除锈、称重、编号。每两片一组，一片与被保护管道相连，另一片不与管道相连，作自然腐蚀比较片。每组中的两个检查片按 2～3km 的距离，成对埋设在管道的一侧。经过一定时间后挖掘出来称量其腐蚀失重。

衡量阴极保护效果用保护度表示：

$$保护度=\frac{未保护片腐蚀速率-保护片腐蚀速率}{未保护片腐蚀速率}\times 100\%$$

经验证明，检查片的面积很小，用它模拟管道腐蚀与实际情况有很大的局限性和误差。由检查片求出的保护度偏低，只提供参考。因此当已确认阴极保护效果时，可不装检查片。

检查片相当于涂层漏敷点，不宜装设太多以免消耗过多的保护电流。检查片宜安装在预计保护度最低的地方，最好与测试桩安装在一起，以方便挖掘时寻找。

二、外加电流阴极保护

（一）阴极保护站

一座阴极保护站由电源设备和站外设施两部分组成。电源设备是外加电流阴极保护站的“心脏”，它由提供保护电流的直流电源设备及其附属设施(如交、直流配电系统等)构成。站外设施包括通电点装置、阳极地床、架空阳极线杆(或埋地电缆)、检测装置、均压线、绝缘法兰和其他保证管道对地绝缘的设施。站外设施是阴极保护站必不可少的组成部分，缺少其中任何一个设施都将使阴极保护站停止工作，或使管道不能达到完全的阴极保护。

1. 直流电源

一般说来对直流电源的要求是：

(1) 安全可靠，长期稳定运行。

(2) 电压连续可调，输出阻抗与管道—阳极地床回路相匹配，电源容量合适并有适当富裕。

(3) 在环境温度变化较大时能正常工作。

(4) 操作维护简单，价格合理。

可供选择的阴极保护电源型式有：市售交流电源，经整流器供出；小型引擎发电机组；(气)涡轮直流发电机组；风力直流发电机组；铅酸蓄电机池；太阳能电池；电发生器；燃料电池。

2. 阳极地床

阳极地床又称阳极接地装置。阳极地床的用途是通过它把保护电流送入土壤，再经土壤流进管道，使管道表面阴极极化。阳极地床在保护管道免遭土壤腐蚀的过程中，自身遭受腐蚀破坏。它代替管道承受了腐蚀。

阳极地床发生腐蚀的原因是电流在导体与电解质溶液界面间的流动，产生了电极反应。阳极发生氧化反应，阴极发生还原反应。在氧化反应中金属的化合价增大，金属解离产生腐蚀，如铁氧化生成 FeO 或 Fe_2O_3，它的化合价就从零价变为正二价或正三价。还原反应则与之相反。阳极发生腐蚀的程度与总电流量成正比，服从法拉第电解定律，也受电解质溶液的电离度、温度等因素的控制。

对阳极地床的基本要求为：

(1) 接地电阻应在经济合理的前提下，与所选用的电源设备相匹配。

(2) 阳极地床应具有足够的使用年限，深埋式阳极地床的设计使用年限不宜小于 20 年。

(3) 阳极地床的位置和结构应使被保护管道的电位分布均匀合理，且对邻近地下金属构筑物干扰最小。

(4) 由阳极地床散流引起的对地电位梯度不应大于 5V/m，设有护栏装置时不受此限制。

根据上面的基本要求，在阴极保护站站址选定的同时，应在预选站址处管道一侧(或两侧)选择阳极地床的安装位置。通常需满足以下条件：

(1) 地下水位较高或潮湿低洼地。

(2) 土层厚，无块石，便于施工。

(3) 土壤电阻率一般应在 50Ω·m 以下，特殊地区也应小于 100Ω·m。

(4) 对邻近地下金属构筑物干扰小，阳极地床与被保护管道之间不得有其他金属管道。

(5) 人和牲畜不易碰到。

(6) 考虑阳极地床附近地域近期发展规划及管道发展规划，避免今后搬迁。

(7) 阳极地床位置与管道通电距离适当。

实际上这些要求仅是一般原则，现场情况常常是很复杂的。一个比较理想的阳极地床位置常由多个位置比较后择优确定。

常用阳极地床材料有碳素钢、石墨、高硅铸铁、磁性氧化铁等。常用阳极地床材料性能见表 5-3。阳极地床的结构形式有立式、水平式、联合式及深井式等，应根据不同环境选用。

表 5-3 常用阳极地床材料性能表

性能 \ 材料	碳素钢	石墨	高硅铸铁	磁性氧化铁
相对密度	7.8	0.45～1.68	7	5.1～5.4
20℃电阻率，Ω·cm	17×10^{-6}	700×10^{-6}	72×10^{-6}	3×10^{-2}
抗弯强度，kg/cm^2	—	80～130	14～17	与高硅铸铁相似
抗压强度，kg/cm^2	—	140～350	70	与高硅铸铁相似
消耗率，kg/(A·a)	9.1～10	0.4～1.3	0.1～1	0.02～0.15
允许电流密度，A/m^2	—	5～10	5～80	100～1000
利用率，%	50	66	50	—

(二) 基本计算公式

1. 沿管道电位、电流的分布及保护长度的计算公式

在一条管道上只建有一座阴极保护站，且两端不作电气绝缘，那么保护电流沿着管道两侧自由延伸，这种保护管段叫无限长保护管段。若管道两端设置绝缘法兰，或处于两个阴极保护站之间的管道，因保护电流受到限制，就叫有限长保护管段。这两种保护方式的电位、电流分布和保护长度不一样。

1) 无限长保护管道的计算

在离汇流点 x 处取一微元段 dx，由于通入外电流以后的阴极极化作用，dx 小段处的管地电位往负的方向偏移，设其偏移值为 E，E 等于通电后的保护电位与自然电位之差。

设单位长度金属管道的电阻为 r_T，单位面积的防腐层过度电阻为 R_p，单位长度上电流从土壤流入金属管道的过度电阻为 R_T，如管道外径为 D，则 $R_T=R_p/(\pi D)$。

在 dx 小段上电流的增量 dI 就是在该小段上从土壤流入管道的保护电流，由于忽略土壤电压降，故：

$$dI=-\frac{E}{R_T}dx \text{ 即} \frac{dI}{dx}=-\frac{E}{R_T} \tag{5-2}$$

负号表示电流的流动方向与 x 的增量方向相反。

当电流 I 轴向流过管道时，由于管道金属本身的电阻所产生的压降为：

$$dE=-Ir_T dx \text{ 即} \frac{dE}{dx}=-Ir_T \tag{5-3}$$

对以上二式求导，并取 $a=\sqrt{\frac{r_T}{R_T}}$，可得：

$$\frac{d^2 I}{dx^2} - a^2 I = 0 \quad (5-4)$$

$$\frac{d^2 E}{dx^2} - a^2 E = 0 \quad (5-5)$$

解得：

$$I = A_1 e^{ax} + B_1 e^{-ax} \quad (5-6)$$

$$E = A_2 e^{ax} + B_2 e^{-ax} \quad (5-7)$$

式中系数 A_1、A_2、B_1、B_2 可根据边界条件求出。

对于无限长保护管道，其边界条件为：汇流点处 $x=0$，$I=I_0$，$E=E_0$。I_0 为管道一侧的电流，距汇流点无限远处 $x \to \infty$，$I=0$，$E=0$。将此边界条件代入通解式(5－6)和式(5－7)中，得：

$$A_1 = 0, B_1 = I_0; A_2 = 0, B_2 = E_0$$

故无限长保护管道的外加电位及电流的分布方程式为：

$$E = E_0 e^{-ax} \quad (5-8)$$

$$I = I_0 e^{-ax} \quad (5-9)$$

由式(5－8)、式(5－9)可解出沿线各处电位与电流的相互关系为：

$$\frac{dE}{dx} = -Ir_T = \frac{dE_0 e^{-ax}}{dx} = -aE_0 e^{-ax}$$

$$I = \frac{a}{r_T} E_0 e^{-ax}$$

在汇流点处，$x=0$，故汇流点一侧的电流为：

$$I_0 = \frac{a}{r_T} E_0 = \frac{E_0}{\sqrt{R_T r_T}} \quad (5-10)$$

汇流点处的总电流就是该保护装置的输出电流，它等于管道一侧流至汇流点电流的两倍，即 $I=2I_0$。

式(5－8)和式(5－9)说明当全线只有一个阴极保护站时，管道沿线的电位及电流值按对数曲线规律下降。在汇流点附近的电位和电流值变化激烈，离汇流点越远变化越平缓。曲线的陡度决定于衰减因数 $a=\sqrt{\frac{r_T}{R_T}}$，主要是防腐层过度电阻 R_T 的影响。

如前所述，由于最大保护电位是有限的，故汇流点处的电位应小于或等于最大保护电位 E_{max}。当沿线的管地电位降至最小保护电位 E_{min} 处，就是保护段的末端时，一个阴极保护站所可能保护的一侧的最长距离可由式(5－8)算出。取 $E_0=E_{max}$，$E=E_{min}$，$x=L_{max}$ 代入，可得：

$$E_{min} = E_{max} e^{-aL_{max}}$$

$$L_{max} = \frac{1}{a} \ln \frac{E_{max}}{E_{min}} \quad (5-11)$$

由式(5－10)和式(5－11)可见，阴极保护管道所需保护电流 I_0 的大小和可以保护管道长度受防腐层过度电阻的影响很大。防腐层质量好，则电能消耗少，保护距离也长。目前按标准规范要求，在设计计算中常取防腐层的 $R_p=10000\Omega \cdot m^2$，对于合成树脂类防腐层均会高出此值。

计算中需要注意的是，式(5－11)中的 E_{min} 和 E_{max} 均为阴极极化值，相对自然电位的偏移值，而前面所述最大和最小保护电位相当于硫酸铜电极测得的极化电位。在大多数土壤中，用硫酸铜电极测得的钢管的自然电位约在－0.50～－0.60V 之间。若实测平均值为－0.55V，当取最大保护电位为－1.20V，最小保护电位为－0.85V 时，其阴极极化值为：

$$E_{max} = -1.20-(-0.55) = -0.65(\mathrm{V})$$

$$E_{min} = -0.85-(-0.55) = -0.30(\mathrm{V})$$

对于长度超出一个阴极保护站保护范围的长距离管道，常需在沿线设若干个阴极保护站，其保护段长度应按有限长保护管道计算。

2）有限长保护管道的计算

有限长保护管道的保护段是指两个相邻的阴极保护站之间的管段，两端设有绝缘接头的管段近似以有限长保护管道考虑，其极化电位和电流的变化受两个阴极保护站的共同作用。由于两个站的相互影响，将使极化电位变化曲线抬高。因此，有限长保护管道比无限长保护管道的保护距离长。

设两个阴极保护站间距为 $2l$，在中间处($x=l$)正好处于保护所需的最小保护电位，即 $E_l=E_{min}$。电位变化曲线在中点处发生转折。由于保护电流来自两个站，其电流流动方向相反，故在中点处电流为零，边界条件为 $x=0$，$I=I_0$，$E=E_0$；$x=l$，$I=0$，$E_l=E_{min}$，$\mathrm{d}E_l/\mathrm{d}x=0$

代入通解式(5－8)和式(5－9)，可得：

$$E = E_0 \frac{\mathrm{ch}[a(l-x)]}{\mathrm{ch}(al)} \tag{5-12}$$

$$I = I_0 \frac{\mathrm{sh}[a(l-x)]}{\mathrm{sh}(al)} \tag{5-13}$$

式中 $\mathrm{ch}(m)$和 $\mathrm{sh}(m)$分别为双曲函数的余弦和正弦。

由式(5－3)和式(5－12)得：

$$I = -\frac{1}{r_T}\cdot\frac{\mathrm{d}E}{\mathrm{d}x} = -\frac{1}{r_T}\cdot\frac{\mathrm{d}}{\mathrm{d}x}\cdot E_0\cdot\frac{\mathrm{ch}[a(l-x)]}{\mathrm{ch}(al)} = \frac{E_0}{\sqrt{r_T R_T}}\cdot\frac{\mathrm{sh}[a(l-x)]}{\mathrm{ch}(al)}$$

在汇流点处 $x=0$，$I=I_0$，代入上式得汇流点一侧电流为：

$$I_0 = \frac{E_0}{\sqrt{r_T R_T}}\mathrm{th}(al) \tag{5-14}$$

由式(5－12)可求出：

$$E_{min} = \frac{E_{max}}{\mathrm{ch}(al_{max})}$$

得有限长保护管道一侧的保护长度为：

$$l_{max} = \frac{1}{a}\mathrm{arch}\frac{E_{max}}{E_{min}} = \frac{1}{a}\ln\left[\frac{E_{max}}{E_{min}}+\sqrt{\left(\frac{E_{max}}{E_{min}}\right)^2-1}\right]$$

考虑到双曲余弦函数 $\mathrm{ch}(al)=\frac{1}{2}(\mathrm{e}^{al}+\mathrm{e}^{-al})$中 e^{-al} 这项很小，可忽略，故可将上式简化为：

$$L_{max} = \frac{1}{a}\ln 2\frac{E_{max}}{E_{min}} \tag{5-15}$$

利用上述公式进行阴极保护计算，往往计算值与实际选择的站址存在一定差异，这除了计算公式本身有误差外，还与现场情况变化有关。计算公式的推导都是认为钢管电阻和防腐层电阻是常值，即管道是连续均匀电阻的导体，防腐层电阻在整个保护长度内是均匀的，沿线土壤电阻率也是均匀的。而实际上并非如此，这就不免要产生误差。因此，地下金属管道阴极保护站站址是根据被保护管道总长度和有关参数，计算出单站阴极保护长度，然后结合管道沿线站场(压气站、计配站、清管站等)分布情况来确定的，其基本计算公式列于表 5-4 中。

表 5-4 阴极保护基本计算公式

类别 名称	无限长保护管道	有限长保护管道	符号意义
电位	$E=E_0 e^{-\alpha x}$	$E=E_0\dfrac{\mathrm{ch}[a(l-x)]}{\mathrm{ch}(al)}$	E_{max}——保护末端最大保护电位偏移值，V； E_{min}——保护末端最小保护电位偏移值，V； I——通电点处总的保护电流，A； l_1——无限长保护管道一端的长度，m； l_2——有限长保护管道一端的长度，m； a——衰减因子，m^{-1}； ρ_t——钢管电阻率，Ω·m； r_1——钢管防腐层表面电阻率，Ω·m； D——钢管外径，mm； T——钢管壁厚，mm
电流	$I=I_0 e^{-\alpha x}$	$I=I_0\dfrac{\mathrm{sh}[a(l-x)]}{\mathrm{sh}(al)}$	
保护长度	$l_1=\dfrac{1}{a}\ln\dfrac{E_{max}}{E_{min}}$	$l_2=\dfrac{1}{a}\ln 2\dfrac{E_{max}}{E_{min}}$	
衰减因子	$a=0.032\sqrt{\dfrac{\rho_t D}{(D-T)Tr_1}}$	$a=0.032\sqrt{\dfrac{\rho_t D}{(D-T)Tr_1}}$	

2. 阳极地床计算公式

立式阳极的屏蔽系数见表 5-5，阳极地床计算公式见表 5-6。

表 5-5 立式阳极的屏蔽系数

a①$/L$	1	2	2	2	1	2	3
η	0.76～0.86	0.85～0.88	0.79～0.83	0.72～0.77	0.47～0.50	0.65～0.70	0.74～0.79

①立式阳极之间的距离，单位为 m。

表 5-6 阳极地床计算公式

型式 类别	立　式	水　平　式	混　合　式
	$L\gg d$ 和 $\dfrac{4t}{L}>2$ 时	$L>2$ 和 $\dfrac{L}{2t}>2.5$ 时	
无填料	$R_A=\dfrac{0.036}{L}\left(\lg\dfrac{2L}{\alpha}+\dfrac{1}{2}\lg\dfrac{4t+L}{4t-L}\right)$	$R_{A1}=\dfrac{0.336}{L}\left(\lg\dfrac{L^2}{dt}+0.301\right)$	$R_k=\dfrac{R_A R_{A1}}{n\eta\eta_2 R_{A1}+\eta_1 R_A}$
有填料	$R_A=\dfrac{\rho}{2\pi L}\left[\ln\dfrac{L}{r'}+\dfrac{1}{2}\ln\dfrac{4h+3L}{4h+L}+\dfrac{\rho'}{\rho}\ln\dfrac{2r'}{\alpha}\right]$	$R_{A1}\approx\dfrac{\rho}{2\pi L}\ln\dfrac{L^2}{dt}$	
符号意义	R_A——立式阳极地床接地电阻，Ω； R_k——混合式阳极地床接地电阻，Ω； R_{A1}——水平式阳极地床接地电阻，Ω； ρ'——焦炭填料电阻率，Ω·m； ρ——埋设点土壤电阻率，Ω·m； t——埋深，m； n——立式阳极根数； η_1——立式阳极被水平阳极屏蔽系数，可取为 0.95； η_2——立式阳极被立式阳极屏蔽系数，可取为 0.95； η——立式阳极屏蔽系数； L——阳极长度，m； r'——焦炭填料半径，m； h——阳极至地面的距离，m； d——管状阳极直径(含焦炭填料)，m； α——衰减因子，m^{-1}		

三、牺牲阳极保护

（一）牺牲阳极材料性能要求

牺牲阳极保护实质上是应用了不同金属间电极电位差的工作原理。当钢铁管道与电位更负的金属连接，并且两者处于同一电解液中(如土壤)时，则电位更负的金属作为阳极在腐蚀过程中释放出电流，钢铁管道作为阴极，接受电流并阴极极化。因此牺牲阳极材料性能需要满足以下要求：

(1) 阳极材料要有足够负的电位(驱动电位大)，可供应充分的电子，使被保护体阴极极化。

(2) 阳极极化率小，活化诱导期短，在长期放电过程中能保持表面的活性，使电位及输出电流稳定。

(3) 单位质量消耗所提供的电量较多，单位面积输出的电流较大，且自腐蚀小，电流效率高。

(4) 阳极溶解均匀，腐蚀产物松软易落，不粘附于阳极表面，不形成高电阻硬壳。

(5) 价格低廉，材料来源充足，制造工艺简单，无公害，生产、施工方便。

（二）牺牲阳极种类及规格

常用的牺牲阳极有镁及镁合金、锌及锌合金以及铝合金三大类，它们的电化学性能列于表 5－7 中。

表 5－7　牺牲阳极的电化学性能

性　　能		单　　位	Mg、Mg 合金	Zn、Zn 合金	Al、Al 合金
相对密度		1	1.74～1.84	7.14	2.83
开路电位(SCE)		V	−1.60～−1.55	−1.05	−1.08
对钢的有效电压		V	−0.75～−0.65	−0.20	−0.25
理论产生电量		(A·h) /g	2.21	0.82	2.87
海水中 $3mA/cm^2$	电流效率	%	50	95	80
	实际产生电量	(A·h) /g	1.10	0.78	2.30
	消耗率	kg/(A·a)	8.0	11.8	3.8
土壤中 $0.03mA/cm^2$	电流效率	%	40	65	65
	实际产生电量	A·h/g	0.88	0.53	1.86
	消耗率	kg/(A·a)	10.0	17.25	4.86

1. 镁合金牺牲阳极

镁合金是最常用的牺牲阳极材料，其特点是高的开路电位，低的电化当量和好的阳极极化特性，缺点是电流效率低且自腐蚀大。土壤中多使用梯形截面的棒状阳极或带状阳极。典型配方列于表 5－8。

表 5-8　镁合金牺牲阳极的典型配方

阳极系列	化学成分,%							
	Al	Zn	Mn	Si	Mg	Cu	Ni	Fe
纯镁	<0.01	<0.03	<0.01	<0.01	>99.95	<0.001	<0.001	<0.002
镁锰	<0.01	—	0.5～1.3	—	余量	<0.02	<0.001	<0.03
镁铝锌锰	5.3～6.7	2.5～3.5	0.15～0.60	<0.1	余量	<0.02	<0.003	<0.005

2. 锌合金牺牲阳极

锌是阴极保护中应用最早的牺牲阳极材料。锌合金牺牲阳极在土壤中阳极性能好，电流效率高，缺点是激励电压小，适于在土壤电阻率较低的环境中使用。土壤中多使用梯形截面的棒状阳极或带状阳极。典型配方列于表 5-9 中。

表 5-9　锌合金牺牲阳极典型配方

阳极系列	化学成分,%					
	Al	Cd	Zn	Fe	Cu	Po
ASTMⅡ型	<0.005	<0.003	余量	<0.0014	—	—
Zn—Al—Cd	0.3～0.6	0.05～0.12	余量	<0.005	<0.005	<0.006
Zn—Al—Cd	0.1～0.5	0.025～0.15	余量	<0.005	<0.005	<0.006
Zn—Al	0.3～0.6	—	余量	<0.005	<0.005	<0.006

3. 铝合金牺牲阳极

铝具有足够的负电位，又有高的理论电流输出。但由于铝的自钝化性能，所以钝铝不能作为牺牲阳极材料。目前已开发的铝合金系列牺牲阳极的典型配方列于表 5-10 中。

表 5-10　铝合金系列牺牲阳极典型配方

阳极系列	化学成分,%					
	Zn	Hg	In	Cd	Si	Al
Al—Zn—Hg	0.45	0.045	—	—	—	余量
Al—Zn—In—Si	3.0	—	0.015	—	0.1	余量
Al—Zn—In—Cd	2.5～4.5	—	0.018～0.05	0.005～0.02	<0.13	余量
Al—Zn—In—Sn	2.2～5.2	Sn 0.018～0.035	0.002～0.045	—	<0.13	余量

铝合金牺牲阳极电流效率和溶解性能随阳极成分、制造工艺的不同差异较大。在土壤中常由于胶体 $Al(OH)_3$ 的聚集而使阳极过早报废。因此，铝合金牺牲阳极在土壤中的应用还有待于探索。

（三）牺牲阳极的应用

1. 阳极种类的选择

土壤中选择何种牺牲阳极材料主要根据土壤电阻率、土壤含盐类型、被保护管道防腐层状态及经济性来确定。一般说来，高土壤电阻率选用镁阳极，低土壤电阻率选用锌阳极。而铝阳极目前还没统一认识，国外不主张用于土壤中。表 5-11 列出了推荐意见。

表 5-11　土壤中牺牲阳极推荐使用范围

土壤电阻率 Ω·m	>100	60～100	15～60	<30 潮湿环境	<15
推荐采用的 牺牲阳极	不宜采用 牺牲阳极	纯镁、镁锰 合金系列	镁、铝、锌、 锰系列阳极	锌合金牺牲阳极	锌合金牺牲阳极

2. 牺牲阳极填包料

土壤中使用牺牲阳极时，为降低阳极接地电阻，增大发生电流，并达到阳极消耗均匀的目的，必须将牺牲阳极置于特定的低电阻率的化学介质环境中，此称填包料。在填包料中，牺牲阳极处于最佳工作环境，具有最好的输出特性和高的效率，而且阳极腐蚀产物疏松，降低了对电流的限制作用。每种牺牲阳极都有与其性能相适应的一种或几种较好的填包料，见表 5-12。

表 5-12　牺牲阳极填包料

阳极类型	填包料成分的质量分数，%						应用环境 电阻率，Ω·m
	石膏粉	硫酸钠	硫酸镁	生石灰	氯化钠	膨润土	
镁阳极	50	—	—	—	—	50	≤20
	25	—	25	—	—	50	≤20
	75	5	—	—	—	20	>20
	15	15	20	—	—	50	>20
	15	—	35	—	—	50	>20
锌阳极	25	25	—	—	—	50	潮湿土壤 饱水土壤
	50	5	—	—	—	45	
	75	5	—	—	—	20	
铝阳极	—	—	—	20	60	20	—
	—	—	—	30	50	20	

第四节　杂散电流的腐蚀与防护

杂散电流腐蚀是由非指定回路上流动的电流引起的外加电流腐蚀。通常称沿规定回路以外流动的电流为杂散电流，或称迷走电流。大地中形成杂散电流表现为直流、交流和大地中自然存在的地电流三种，形成杂散电流的原因较多，而且各有特点。

直流杂散电流主要来自于直流电解设备、电焊机、直流输电线路等，其中以直流电气化铁路最具代表性，对埋地管道造成影响和危害也是最大的。杂散电流引起的地电位差可达几伏至几十伏，对埋地管道具有干扰范围广、腐蚀速度大的特点，造成新建管道在半年内出现腐蚀穿孔多次也是常见的。直流杂散电流的腐蚀机理是电解作用。

交流杂散电流的主要来源是交流电气化铁路、输配电线路及其系统，通过阻性、感性、容性耦合对相邻近的埋地管道或金属体造成干扰，使管道中产生电流，电流进出管道而导致腐蚀。它对地下油气管道的干扰和防护是国际国内研究的课题。

地中存在的自然地电流，除了主要由地磁场的变化感应出来以外，还有由于大气中离子的移动，产生空中至地面的空地电流，地中的物质和温度不均匀引起的电动势以及地中各种宏电池形成的电位差等。一般情况下，地磁场变化引起的地中电流很小，可以忽略。但各种宏电池形成的电位差，可达 0.2～0.4V，应考虑其引起的腐蚀。

一、直流电力系统引起的腐蚀

电车、电气化铁路以及以接地为回路的输电系统等直流电力系统，都可能在土壤中产生杂散电流，图 5-3 为地下管道受电车供电系统杂散电流腐蚀的原理图。

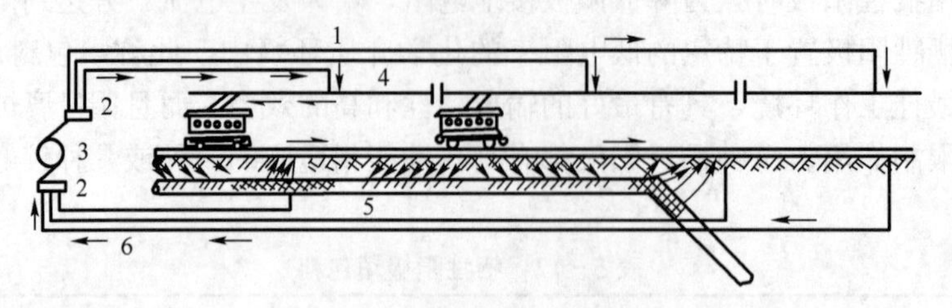

图 5-3 杂散电流腐蚀原理图

1—输出馈电线；2—汇流排；3—发电机；4—电车动力线；5—管道；6—负极母线

电流从供电所的发电机流经输出馈电线、电车、轨道，经负极母线返回发电机。电流在铁轨上流动过程中，当流动到铁轨接头电阻大处，部分电流将由轨道对地的绝缘不良处向大地漫流，流入经过此处的管道，又从管道绝缘不良处流入大地，再返回铁轨。杂散电流的这一流动过程中形成了两个由外加电位差引起的腐蚀电池，使铁轨和金属管道遭受腐蚀，而且比一般的土壤自然腐蚀要强烈。

杂散电流的数值是随行驶在路上的车辆数量、车辆间相互位置、车辆运行时间、轨道状态、土壤情况以及地下管道系统的情况而变化的。从测量管道上任意一点昼夜管地电位的变化，可以看出杂散电流的变化情况。显然一天中车辆运动最频繁的时候，电位和电流值达到峰值；当车辆减少和电机断路时，电位和电流值降低。从管道沿线电位的变化图上可以判断腐蚀电池的阳极区和阴极区以及遭受腐蚀最严重的部位。

影响管道杂散电流腐蚀的主要因素是负荷电流的大小和形态、管道对地的绝缘性和土壤电阻率的大小。负荷电流的大小由运输生产的要求决定，但电车的运行状态如电车的起步、加速、匀速、刹车及电车的移动，将对杂散电流的大小和分布有着重要的影响。提高管道防腐层的绝缘电阻，有利于减小流入管道中杂散电流的数量，从而减轻干扰影响。但要注意的是，防腐层整体的绝缘性越好，若局部地区存在明显的缺陷时，杂散电流腐蚀的局部性和集中性将显得更为突出，孔蚀速率越大。土壤电阻率不仅影响杂散电流的大小，而且也是影响干扰腐蚀范围的重要因素之一。

二、阴极保护系统的干扰腐蚀

阴极保护系统的保护电流流入大地，使附近金属构件遭受此地电流的腐蚀，引起土壤电位的改变，产生干扰腐蚀。导致这种腐蚀的情况各不相同，可能有以下几种情况。

1. 阳极干扰

阴极保护系统中阳极地床附近的土壤中形成正电位区，电位的高低决定于地床形态、土壤电阻率以及保护系统的输出电流。若有其他金属管道通过这个区域，部分电流将流入管道，电流沿管道流动，又从金属管道的适当位置流回大地。电流从管道流入大地处为发生腐蚀的区域。由于这种情况遭受腐蚀的原因是因为受干扰的管道接近阴极保护系统的阳极地床，所以称为阳极干扰。

2. 阴极干扰

阴极保护系统中受保护的管道附近的土壤电位，较其他区域的电位低，若有其他的金属管道经过该区域，则该管道远端流入的电流将从该处流出，发生强烈的干扰腐蚀。由于遭受腐蚀的原因是由于受干扰的管道靠近阴极保护系统的阴极，因此称这种干扰为阴极干扰。阴极干扰的影响范围不大，仅限于管路交叉处。

3. 合成干扰

当一条管道既经过一个阴极保护系统的阳极地床，又与这个阴极保护系统的阴极发生交叉，在这种情况下，其干扰腐蚀是两方面的：一是在阳极附近获得电流，而在管道的某一部位电流流回大地，发生阳极干扰；另一方面，在管道远端流入的电流，在交叉处流出而引起腐蚀。由于腐蚀既有阳极干扰，又有阴极干扰，所以称这种干扰为合成干扰。

4. 诱导干扰

地中电流以某一金属构筑物作媒介所进行的干扰称为诱导干扰。如图 5－4 所示，某地下管道经过某阴极保护系统的阳极附近而又不靠近阴极(称管道 1)，另一条地下管道与此相反，它恰好与该阴极保护系统的阴极交叉但不经过阳极(称管道 2)，但是它们同时与另一条地下管道(或其他金属构筑物)交叉(称管道 3)。显然，管道 1 遭受的干扰为阳极干扰，管道 2 遭受的干扰为阴极干扰，管道 3 是一条起诱导作用的管道，它遭受的腐蚀称为诱导干扰。这三条管道电流流出的部位发生强烈的腐蚀。

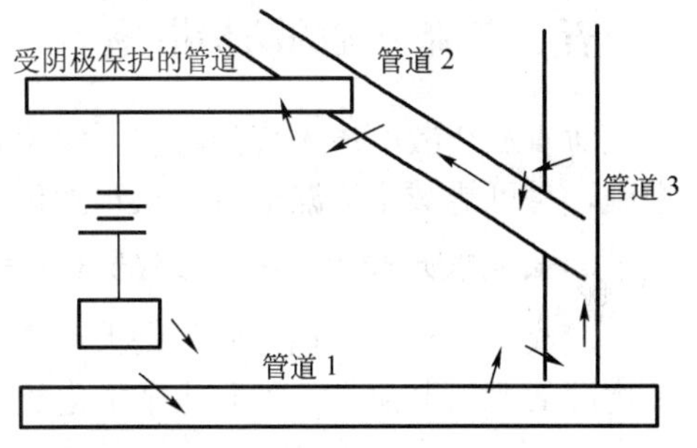

图 5－4　诱导干扰示意图

管道 1—阳极干扰管道；管道 2—阴极干扰管道；管道 3—诱导干扰管道

5. 接头干扰

接头处由于电位不平衡而引起的腐蚀(称为接头干扰)，例如绝缘法兰的阴极干扰即属此种腐蚀。绝缘法兰的装设也会产生潜在的不利因素，法兰两侧由于带电程度不同，一般有 0.5V 左右的电位差，使非保护管道产生干扰影响，造成加速腐蚀。这种腐蚀多发生在距绝缘法兰 5～10m 之内，所以规定在两侧 10m 之内的管道防腐覆盖层做特加强级防护。

三、直流杂散电流腐蚀的特点

直流杂散电流腐蚀与自然腐蚀相比，有以下的特点：

(1) 腐蚀部位的外观特征不同。如钢铁在土壤中的自然腐蚀，多生成疏松的红褐色的产物 $Fe_2O_3 \cdot 3H_2O$ 和相对紧密的黑褐色的产物 $Fe_3O_4 \cdot nH_2O$，这些生成物有分层结构。除去腐蚀产物后所暴露的腐蚀坑，没有金属光泽，边缘不清楚。而典型的干扰腐蚀，腐蚀产物多呈黑色粉末状，无分层现象，蚀坑中能见到金属光泽，边缘也较清晰。

(2) 自然腐蚀和干扰腐蚀都属于电化学腐蚀，但自然腐蚀是原电池作用结果，干扰腐蚀是电解池作用结果。因此干扰腐蚀的腐蚀量与流经的电流量和时间成正比，通过电解法则进行计算。

(3) 自然腐蚀和干扰腐蚀中的阴极反应都可能是氢离子的还原反应。但是由于干扰腐蚀中阴极区的电位很负，有可能发生析氢破坏。而一般自然腐蚀的阴极电位达不到发生析氢破坏的低电位。

四、直流干扰的判定指标

埋地管道是否受到干扰以管地电位的变化为判据，最明显的特征是管地电位的正、负交替。对此，各国根据本国的国情制定了自己的标准。例如英国标准(BSI)以＋20mV 为指标，德国把标准定为＋100mV，而日本则以＋50mV 为判定指标。我国的电铁和埋地管道的数量虽然没有发达国家那么多，但存在分布集中的特点，而且已有的直流电铁和管道的绝缘水平较低，对漏泄电流量在法律上也没有限制，因此干扰和干扰腐蚀特别严重。鉴于我国的国情，目前把干扰腐蚀的判定标准分为两个台阶：一是确定干扰存在的标准，二是必须采取措施的标准。具体为：

(1) 当在管道上任意点的管地电位差较自然电位正向偏移 20mV 或管道附近土壤的电位梯度大于 0.5mV/m 时，确定有直流干扰。

(2) 当在管道上任意点的管地电位差较自然电位正向偏移 100mV 或管道附近土壤的电位梯度大于 2.5mV/m 时，管道应采取保护措施。

五、直流干扰的防护措施

对直流杂散电流干扰的防护一定要从干扰源和干扰体这两方面进行考虑：从干扰源方面来说，尽可能减小泄漏电流；从干扰体方面来看，尽可能少受影响。

1. 最大限度地减少干扰源的泄漏电流

造成杂散电流干扰的原因是大地中存在来自于各种电气设备产生的泄漏电流，因此减少干扰源的泄漏电流是一种防止杂散电流干扰的积极而又重要的措施。对于地中杂散电流的一大来源——直流牵引系统，为了减小流入大地的杂散电流，应尽可能高压、低电流运行，减小轨道的纵向电阻和增大轨道接地电阻等等。减小阴极保护系统中的各种干扰，必须限制阴极保护站的输出电流，尽可能采用牺牲阳极法的阴极保护，通过提高管道防腐层的质量以降低保护电流。

2. 保持足够的安全距离

离干扰源越远，杂散电流就越小，因此保持与干扰源一定的安全距离是减小杂散电流腐蚀的一个措施。一般新建管道，要与电气化铁道和其他阴极保护系统中的阳极地床保持500m 以上的安全距离；阴极保护管道与邻近其他金属管道、通讯电缆平行埋设间距不宜小于 10m；交叉时，管道间净距不小于 0.3m，与电缆的净距不小于 0.5m。

3. 增加回路电阻

使干扰体尽可能少受干扰的一个措施是尽可能提高干扰体的绝缘程度。因此凡可能遭受杂散电流腐蚀的管路，其防腐层的等级应为加强级或特加强级。例如当达不到安全距离敷设时，在小于安全距离段以及两端各延伸 10m 以上的管段应做特加强级防腐。

4. 排流保护

如果把在管道中流动的杂散电流直接引流回(不再经大地)电铁的回归线(铁轨等)，流动的电流将成为阴极保护电流，所以不仅不会对管道产生腐蚀，而且可以起到保护作用。要做到这一点，需要将管道与电铁回归线用导线作电气上的连接，这一作法称排流法。利用排流法保护管道不遭受电蚀，称为排流保护。排流保护是直流干扰防护的不可缺少的措施。

依据排流接线回路的不同，排流法分为直接、极性、强制和接地四种排流方法，其接线示意图如图 5－5 所示。

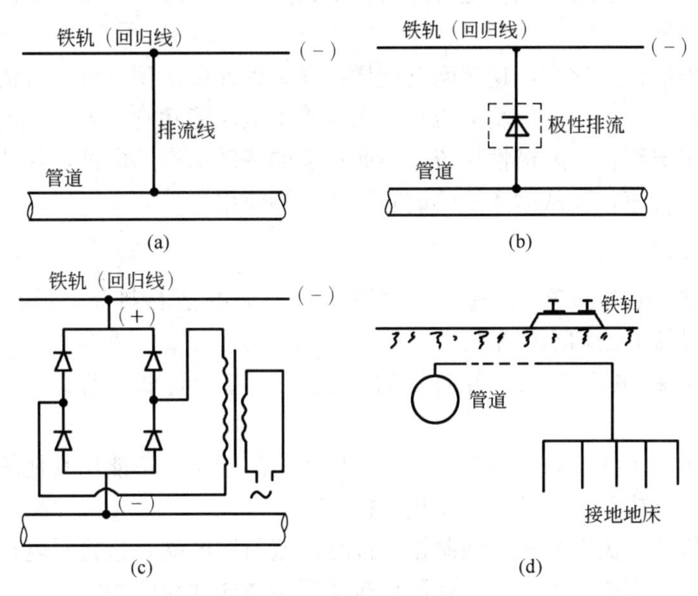

图 5－5　排流保护示意图

(a) 直接排流；(b) 极性排流；(c) 强制排流；(d) 接地排流

1）直接排流法

直流排流法是把管道与电铁变电所中的负极或回归线(铁轨)，用导线直接连接起来。这种方法无需排流设备，最为简单，造价低，排流效果好。但是当管道对地电位低于铁轨对地电位时，铁轨电流将流入管道内，产生逆流。所以这种排流法只适合于铁轨对地电位永远低于管地电位、不会产生逆流的场合。

2）极性排流法

由于负荷的变动、变电所负荷分配的变化等，管地电位低于铁轨对地电位而产生逆流的现象比较普遍。为了防止逆流，使杂散电流只能由管道流入铁轨，必须在排流线中设置单向导通的二极管整流器、逆电压继电器等装置，这种装置称为排流器。具有这种防止逆流的排流法称极性排流法，这是国内外最经常使用的排流方法。

能阻止逆流的极性排流器应具备下列条件：在轨一管间电压在较大范围内变化时也能可靠工作；正向电阻小，反向耐压大，逆电流小；持久耐用，不易发生故障；能适应现场恶劣环境条件；维修简单、方便；能自动切断异常电流，防止对排流器和管道造成损伤。

极性排流器一般有半导体式和继电器式两种。半导体式排流器，没有机械动作部分，维修简单，逆电流小，耐久性好，造价低。但当轨一管电压(排流驱动电压)低时，排流量小，驱动电压低到一定程度时，不能动作排流。过去一般使用硒半导体，它的正向电阻小。目前大多使用硅二极管。硅二极管整流特性好，但是不耐电压冲击。

3）强制排流法

强制排流法是在管道和铁轨的电气接线中加入直流电流，促进排流的方法，如图 5-5(c)所示。这种方法可以看作以铁轨为辅助阳极的强制电流的阴极保护。因为全部铁轨接地电阻很低，所以作接地阳极是非常适宜的。这种方法有可能造成使管道发生过保护、铁轨加重腐蚀的局面，同时可能对其他埋地管道或构筑物产生干扰影响，因此不能随意采用，尽量将排流量控制到最低。

由于铁轨对地电位变化大，逆流问题同样存在。因此要达到良好的排流效果，不仅要求强制排流器的输出电压要比管—轨电压高，而且输出电压能随管—轨电压的变化而变化。

强制排流法主要用在一般极性排流法不能排流的特殊形态的电蚀，如轨地电位很大，电流从铁轨附近流入管道，要从远离铁轨的管道的一端流出。

4）接地排流法

以上三种方法都是通过管道和铁轨之间进行电气连接进行排流。但在一些特殊的情况下，以上的三种排流方法均不能采用：

①需要排流处距电铁太远，若向铁轨排流，排流线过长，导线电阻较大，影响排流效果。

②干扰源位于地下深层，它对其上层的埋地管道的干扰，不能用其他的排流方法进行消除，因为排流线很难或无法与井下铁轨相连接。

③由于直接排流、极性排流和强制排流都将电流引回电铁，这将对电铁的运行信号有一定的干扰影响，预防措施较难，另外强制排流法还会造成铁轨的腐蚀，因此这些方面给电铁运行的安全带来一定的威胁。

可见，在某些特殊的场合，不能采用直接、极性和强制排流法进行排流保护，而只能采用接地排流。接地排流有直接接地排流和间接接地排流两种方式。将极性排流中的排流器连接铁轨的一端改接到接地极上就是极性接地排流法。

接地排流法所用的接地极，可采用镁、铝和锌等牺牲阳极。为了得到较大的排流驱动电压，适应管地电位较低的场合，接地极的接地电阻越小越好，标准要求不应大于 0.5Ω。所以要求多只牺牲阳极并联埋设，埋设方法与牺牲阳极法埋设牺牲阳极的方法相同。埋设在靠铁路一侧，距离管道的垂直距离 20m 左右为宜。

接地排流法实施简单灵活，且排流功率小，影响距离短，有利于排流工程中管地电位的调整。由于接地极采用牺牲阳极，当管地电位比牺牲阳极的开路电位更负时，才能产生逆流，正常情况下可对管道提供阴极保护电流。

接地排流法的最大缺点是排流驱动电压低，导致排流效果差。同时接地体要经常检查，要及时更换。

第六章　金属储罐的腐蚀与防护

第一节　腐 蚀 特 征

近年来，随着人类对能源需求的不断增长，我国的许多港口及炼厂建立了大量的原油储罐。这些设施的可靠运行与高效生产及环境安全有直接关系。一般储罐的设计使用寿命为20年。目前大多采用金属储罐。金属储罐在运行当中，经常遭受内、外环境介质的腐蚀，大大缩短了储罐的使用寿命。

腐蚀不仅缩短了储罐正常的使用寿命，而且使油品中掺入铁锈等杂质。这些杂质的掺入造成炼油后续工艺催化剂中毒，并对成品油质量造成不良影响。因此，原油金属储罐的防护越来越受到重视。

通常储油罐的漏油事故多发生在运行7年以后，运行10～15年时孔蚀次数频率增加，但是也有少数金属储罐使用30年以上未发现漏油事故的。

天津石化公司石化厂的一台30000m^3原油储罐于1996年投用，主体材质为Q235A，壁厚24mm。1998年7月，该罐侧部出现泄漏。开罐后，发现罐体水平高度15m以下出现大面积蚀坑，点蚀深度大小不一，底板上有大面积疏松的片状腐蚀。

茂名石化公司2000年和2001年，在原油罐区连续突发原油泄漏事故，经现场分析和相应测试，均为硫化物腐蚀开裂造成油罐罐体焊缝损伤导致的泄漏。

长距离管道系统的金属储罐也不容乐观。如中洛线首站2号($1\times10^4 m^3$)浮顶式储罐，1985年2月建成投产，1994年6月就发现漏油。调查发现罐底板腐蚀穿孔共56处，孔径为2～10mm。用超声波测厚仪等工具全面测量发现，中幅板腐蚀深度在5.4mm以上的有3130处(中幅板厚度为6mm)，边缘板腐蚀深度在7.2mm以上的共有860处(边缘板厚度为8mm)。这是个典型的实例。

某公司曾针对原油储罐的运行情况作过专门的统计，统计资料显示，原油储罐投用2～3年后，罐体均出现程度不同的腐蚀，并有38%的储罐出现过穿孔漏油，60%的储罐受到硫酸盐还原菌的严重污染。

原油储罐的外壁腐蚀（外腐蚀）与内壁腐蚀（内腐蚀）相比较一般较轻，主要为大气腐蚀、工业大气腐蚀、保温层水浸后的腐蚀等几种情况。内壁腐蚀主要是两个腐蚀环境，即气相和液相。这些腐蚀造成的主要后果有：产品的损失、环境的污染、维修费用高、土壤净化费高、环保处罚。

通常对于储罐系统的腐蚀控制采用的措施为：

新建罐——覆盖层；阴极保护。

已建罐——加双底，涂敷防腐层及阴极保护；涂敷衬里；阴极保护。

防腐层加阴极保护是对储罐防腐蚀最为经济合理的方法。随着人们对腐蚀认识的不断加深和环保意识的增强，金属储罐的腐蚀与防护问题越来越受到重视。

第二节 金属储罐的腐蚀

一、金属储罐的内腐蚀

随着我国不少油田开发进入后期，原油含水量增多，储罐的内腐蚀问题日益严重。原油金属储罐内腐蚀部位可分为储罐上部的气相、储罐的储油部分、罐底水相三部分，其分布如图 6-1 所示。

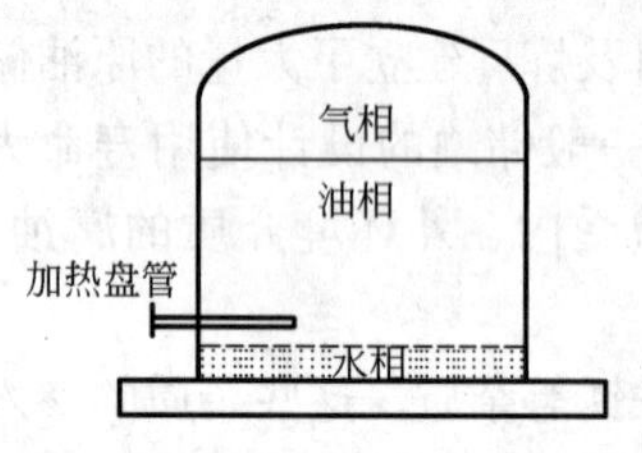

图 6-1 原油储罐示意图

（一）储罐上部的气相部位

储罐气相部位以化学腐蚀为主，气相部位基本上为均匀腐蚀。这是因为油料中挥发出的酸性气体 H_2S、HCl 外加通过呼吸气阀进入罐内的水分、氧气、二氧化碳、二氧化硫等腐蚀气氛在油罐上凝结成酸性溶液，导致化学腐蚀的发生。由于罐顶的凝结水膜很薄，所以易为酸性气体所饱和，故其腐蚀性较强，其中硫化氢的腐蚀性最强，化学反应式为：

$$O_2+2Fe+2H_2S \rightarrow 2FeS+2H_2O$$

$$4Fe+6H_2S+3O_2 \rightarrow 2Fe_2S_3+6H_2O$$

$$H_2S+2O_2 \rightarrow H_2SO_4$$

硫化氢不仅造成化学腐蚀，而且由于腐蚀产物硫酸的存在，还可能造成电化学腐蚀。

（二）储罐的储油部位

该部位腐蚀速率低，一般不会造成特殊危险。罐壁中部直接与油品接触，其腐蚀属于电化学腐蚀，腐蚀程度最轻。造成腐蚀的原因是油品中含有水及各种酸、碱、盐的离子变成的电解质，从而产生电化学腐蚀。原油中的硫化物，例如硫醇可与金属镍、铅及合金作用，生成硫醇的金属衍生物。另外，在气、液交界处，由于氧气的浓度不同，容易发生氧浓差电池腐蚀。

（三）罐底水相部位

罐底内表面的腐蚀形貌为点蚀。主要原因是罐底积聚了酸性沉淀物，酸性水中含有大量的富氧离子，成为较强的电解质溶液，产生化学腐蚀；加上储油中固体杂质和储罐腐蚀产物大量沉积于罐底，它们与储罐罐底有不同的电极电位，这就形成了腐蚀电池，产生了电化学腐蚀。

1. 罐底积水引起的电化学腐蚀

罐底积水引起了电化学腐蚀，阳极反应的电化学反应式为：

$$Fe \rightarrow Fe^{2+} + 2e$$

阴极反应的电化学反应式为：

$$2H_2O \rightarrow 2H^+ + 2OH^-$$

$$2H^+ + 2e \rightarrow 2H_2 \uparrow$$

总反应式为：

$$Fe + 2H_2O = Fe(OH)_2 + H_2 \uparrow$$

钢铁的腐蚀产物 $Fe(OH)_2$ 在空气中进一步氧化、脱水，变成三氧化二铁。反应式为：

$$4Fe(OH)_2 + 2H_2O + O_2 = 4Fe(OH)_3 \downarrow$$

$$2Fe(OH)_3 = Fe_2O_3\text{(铁锈)} + 3H_2O$$

罐底积水是原油储罐的腐蚀根源。沉积水主要来源于冷凝水、雨水和采油采出水，随原油开采时间、原油品种和地层水情况不同，其成分差别很大。影响沉积水腐蚀性的因素较多，主要有 pH 值、矿化度、氯离子及硫化物含量等。pH 值反映了沉积水中氢离子的浓度，pH 值在 7 左右时，氢离子浓度的变化对腐蚀速率的影响不大。矿化度高时(沉积水中 Ca^{2+}、Mg^{2+} 含量多)，一方面增强了沉积水的电导率，有利于电子迁移和腐蚀反应的进行；另一方面，又利于沉积结垢，抑制氧扩散，容易发生氧浓差电池腐蚀。氯离子去极化度高，是强烈的腐蚀催化剂，它能促进腐蚀过程的发生。

2. 冲刷腐蚀

对于含砂原油来说，由于收发油作业很频繁，储罐进液管垂直下方没有设置缓冲装置，进液冲力大，液体直接冲刷储罐底部，造成底部防腐层破损严重，进而磨损钢板，使钢板产生点蚀。

3. 焊缝腐蚀

焊缝腐蚀是由多种因素造成的，其主要原因有：

(1) 焊接热影响区在焊接时温度升高到约 1200℃，这样焊缝和本体局部受热，产生热应力，造成应力腐蚀。

(2) 由于焊缝材料与本体材料不同，产生电极电位的差异，形成电偶腐蚀。

4. 堆集腐蚀

原油储罐中砂粒、污泥及罐底腐蚀产生的沉积物沉积于罐底，由于沉积物与罐底板金属具有不同的电位，形成腐蚀电池，产生电化学腐蚀。

5. SRB(硫酸盐还原菌)引起的腐蚀

罐底无氧条件很适合硫酸盐还原菌的生长，在罐底可引起严重的针状或线状的细菌腐蚀。硫酸盐还原菌的作用是将氢原子从金属表面除去，从而使腐蚀过程进行下去。

阳极反应为：

$$4Fe \rightarrow 4Fe^{2+} + 8e$$

阴极反应为：

$$8H_2O \rightarrow 8H^+ + 8OH^-$$

$$H_2S \rightarrow 2H^+ + S^{2-}$$

$$8H^+ + 8e \rightarrow 4H_2$$

总反应为：

$$Fe^{2+} + S^{2-} \rightarrow FeS$$
$$3Fe^{2+} + 6OH^{+} \rightarrow 3Fe(OH)_2$$

二、金属储罐的外腐蚀

金属储罐的外壁处于三种环境状态，有大气腐蚀、土壤腐蚀和保温层水浸后的腐蚀及微生物腐蚀四种形态。

（一）大气腐蚀

大气腐蚀是金属储罐与所处的自然大气环境间因环境因素而引起材料变质或破坏的现象。对于不带保温层的金属储罐，直接暴露在大气中，遭受着大气腐蚀。

大气中的 SO_2、NO_2、H_2S、NH_3 等都会增加大气的腐蚀作用，加快金属储罐的腐蚀速率。

表 6－1 列出了几种常用金属在不同大气环境中的平均腐蚀速率。

表 6－1　几种常用金属在不同大气环境中的平均腐蚀速率

腐蚀环境	平均腐蚀速率，mg/(dm² · d)		
	钢	铜	锌
农村大气	—	0.17	0.14
海洋大气	2.9	0.31	0.32
工业大气	1.5	1.0	0.29
海水	25	10	8.0
土壤	5	3	0.7

石油燃料的废气中含 SO_2 最多，因此，在城市和工业区，SO_2 的含量可达 0.1～100mg/m³。多数研究认为，SO_2 的腐蚀作用机制是硫酸盐自催化过程。SO_2 促进金属储罐大气腐蚀的机制主要有两种方式：其一，认为部分 SO_2 在空气中能直接氧化成 SO_3，SO_3 溶于水后形成 H_2SO_4；其二，认为有一部分 SO_2 吸附在金属表面上，与 Fe 作用生成易溶的 $FeSO_4$，$FeSO_4$ 进一步氧化并由于强烈的水解作用生成了 H_2SO_4，H_2SO_4 再与 Fe 作用，按这种循环方式加速腐蚀。

（二）土壤腐蚀

第三章已经详细介绍了土壤腐蚀的特点、电化学过程、金属在土壤中的分类等，本章不再赘述，着重介绍土壤对金属储罐的腐蚀。

大量的调查结果及文献证明，储罐的腐蚀与防护重点在于储罐的外部底板。其腐蚀原因主要有以下几种：

（1）由于氧浓差电池作用在罐底，氧浓差主要表现为罐底板与砂基础接触不良，如满载和空载比较，空载时接触不良；另外罐周和罐中心部位的透气性差别，也会引起氧浓差电池被腐蚀。

（2）由杂散电流引起的腐蚀。杂散电流是土壤介质中的导电体因绝缘不良而漏失出来的电流，或者说是正常电路以外流入的一种大小、方向都不固定的电流。杂散电流的主要来源是直流电、大功率电气装置，如电气化铁道、有轨电车、电解及电镀车间、电焊机、电化学保护设施和地下电缆等。对于由电焊机、电机车引起的杂散电流，用瞬间变化的电位可以很容易判断；而由阴极保护稳定干扰源产生的杂散电流往往不易被发现，需要进行专门的检测。

(3) 接地极引起的电偶腐蚀。为避雷和消除静电，按规范要求，储罐必须接地。但当接地材料和罐底板的材质不同时就会形成电偶，造成腐蚀。例如，当采用铜材接地时产生的腐蚀电流为：

$$I=\frac{E_c-E_t}{R_c+R_t} \tag{6-1}$$

式中 I——腐蚀电流，A；

E_c——铜接地极电位，$E_c=-0.5V$；

E_t——罐底电位，$E_t=-0.8V$；

R_c——罐接地电阻，$R_c=0.6\Omega$；

R_t——铜接地电阻，$R_t=1.2\Omega$。

计算得 $I=\frac{0.3}{1.8}=0.17(A)$。如果采用锌接地极，则产生的电偶腐蚀影响将很小。

(4) 水的影响。土壤中含水量对腐蚀的影响很大。当土壤含水量很高时，氧的扩散渗透受到阻碍，腐蚀作用减弱。随着含水量的减少，氧的去极化变易，腐蚀速率增加；当含水量减少到10%以下时，由于水分的短缺、阳极极化和土壤比电阻加大，腐蚀速率又急速降低。例如，罐的排水、消防喷水、罐底板穿孔漏水等都会加速底板腐蚀；当有温度作用时，更会加强水的腐蚀作用。

(5) 混凝土的影响。有的罐底板坐落在混凝土的圈梁上，如果混凝土中的钢筋暴露在外面直接与罐底板电接触，因混凝土中钢筋电位比罐底板电位高，二者之间会形成腐蚀原电池，加速腐蚀。因混凝土的 pH 值高，罐底板处 pH 值低，有时还可把这种现象称为 pH 差电池。

(三) 保温层水浸后的腐蚀

一般情况下，原油或重质油储罐都有外保温层。保温材料多为聚氨酯硬质泡沫、蛭石、岩棉等。通常保温层外面有防护铁皮保护，通过保温钉固定。这种结构遭受日晒雨淋之后可能造成保温钉处的电偶腐蚀，穿孔进水。一旦保温层中有了水，就成了常说的穿“湿棉袄”，长期对罐壁造成腐蚀。

通过调查发现，聚氨酯硬质泡沫的水浸液 pH 值为 5 左右，蛭石和岩棉的水浸液 pH 值为 6.4，均属酸性，所以腐蚀性较强。

在潮湿的前提下，焊接的保温钉处，因保温钉和罐壁的材质、表面条件不同也形成了电偶腐蚀。

保温层一旦进水，如下雨时，雨水进入保温层，顺罐壁下流，在罐壁的下部形成一个水线；当雨停之后，在水线处形成氧浓差电池。打开保温层之后，会发现罐壁上有一个明显的腐蚀环带。

（四）微生物腐蚀

微生物腐蚀是指在微生物存在与生命活动参与下所发生的腐蚀过程。凡同水、土壤或湿润空气相接触的金属设施，都可能遭到微生物腐蚀。与腐蚀有关的主要微生物有硫酸盐还原菌、硫氧化菌和铁细菌。

第三节　金属储罐的防腐措施

由本章第二节的讲述可以看出，影响储罐腐蚀的因素是很复杂的，因此腐蚀控制是一个系统工程。对于储罐的防腐，主要是采用覆盖层将储罐钢板与腐蚀介质隔开，从而避免产生化学和电化学腐蚀。目前常用的覆盖层是涂料，但由于涂层本身有微孔，老化后易出现龟裂、剥离等现象，这样微孔处金属裸露易遭到腐蚀，因此采用单独的涂料保护效果不好，需要采用涂料加阴极保护来综合防腐。同时要对储罐防腐蚀设计及制造、运输、安装以及运行进行全面的监督、检测和管理，才能减轻储罐的腐蚀，延长储罐的使用寿命。

一、正确选材与合理设计

（一）正确选材

根据储罐所处位置以及介质和使用条件的不同，选用合适的金属材料。正确选材需遵循以下基本原则：

（1）全面考虑材料的综合性能，优先搞好腐蚀控制，防止和减轻材料腐蚀。除了考虑材料的力学性能(强度、硬度等)、物理性能(耐热性、导电性、密度等)、加工性能和经济性能外，尤其应重视材料在不同状态和环境介质中的耐蚀性。

（2）按储罐的工作环境条件和特殊要求进行选材，必须掌握储罐中介质的浓度、温度、压力、流速等特定条件。

（3）按腐蚀特性正确选材，选用具有最高的耐蚀性和最低费用的金属材料，如碳钢用于碱性环境，钢用于浓硫酸等介质中。

（4）按产品的类型、结构和特殊要求正确选材。对于原油储罐来说，用材需要有良好的耐蚀性，表面光滑以及在其表面不易生成坚实的垢层。

（5）综合考虑选材的经济性与技术性。选材时必须在使用周期内保证性能可靠的基础上尽量降低成本，保证经济核算。因此，产品的选材还必须考虑产品的使用寿命、更新周期、基本材料费用、加工制造费、维护和检修费、停产损失、废品损失等费用。

正确选材的基本步骤如下：

（1）确认生产工艺流程，确定材料使用环境。

（2）查阅有关技术资料。

（3）核查实际情况，实地调查研究，收集有关数据和资料。

（4）综合评定。一是选材的方案力争实现用较低的生产投资生产出较长使用年限的产品；二是在不能保证经济耐用的情况下，则要求保证在使用年限内的可用而经济。

（二）合理设计

合理设计是指在确保金属储罐使用性能的结构设计的同时，全面考虑储罐的防腐蚀结构设计。合理设计与正确选材是同样重要的，因为虽然选用了较优良的金属材料，由于设计不合理，常常会引起机械应力、热应力、金属表面膜的破损、电偶腐蚀电池的形成等现象，造成多种局部腐蚀而加速腐蚀过程。严重腐蚀会导致过早报废。

对于均匀腐蚀，一般产品结构设计时，只要在满足机械和强度上的需要后，再加一定的腐蚀裕度即可。但对金属储罐来说，大多数是发生局部腐蚀，上述防腐措施是远远不够的，必须在整个设计过程中贯穿腐蚀控制的内容，作出专门的防腐蚀结构设计。

防腐蚀结构设计的一般原则如下：

（1）结构应尽量简单、表面平直光滑、表面积小。

（2）应避免异种金属的直接组合，防止产生电偶腐蚀。

（3）应对不同的腐蚀类型，采取相应的防腐蚀结构设计。

1. 腐蚀余量的考虑

在产品设计时，一般应先进行强度计算，初步算出结构尺寸，再根据构件的使用环境、腐蚀介质的性质来考虑留取适当的腐蚀余量。对于金属储罐的设计也不例外。我国对材料全面腐蚀的耐蚀性通常分为 10 级，每级都计算出了腐蚀速率，可根据需要查有关手册，在设计时再根据结构的使用年限算出尺寸余量。另外，考虑到结构部位的重要性和其他安全系数，实际上留出的余量比计算的要大一些。例如，在管道和储罐设计时，由于所接触的往往是腐蚀性较强的介质，壁厚常为计算量的 2 倍，所以腐蚀余量的选择要根据具体情况决定。

2. 表面外形的合理设计

产品的结构与外形复杂、表面粗糙常会造成电化学不均匀而引起腐蚀。在条件允许的情况下，采取结构简单、表面平直光滑的设计是有利的。

3. 防止电偶腐蚀结构设计

为了避免产生电偶腐蚀，在结构设计中应尽量采取同一结构中使用同一金属材料的方法，避免不同金属材料直接组合。如果必须选用不同金属材料，则应尽量选用电偶序中电位相近的材料，两种材料的电位差应小于 0.25V。但是在使用环境介质中，如果没有现成的电偶序可查，应通过腐蚀试验，确定其电偶序电位及其电偶腐蚀的严重程度。

4. 防止缝隙腐蚀的结构设计

在设计过程中，尽量避免和消除缝隙是防止缝隙腐蚀的有效途径。

对于结构设计来说，只要提出各种规定和要求，都应引起足够的重视。

二、采用覆盖层保护

覆盖层保护方法在第四章已经被详细介绍，这里着重介绍金属储罐的覆盖层保护。在金属储罐的表面上使用覆盖层保护是防止金属腐蚀最普通而重要的方法。对于覆盖层的基本要求为：良好的电绝缘性，稳定性，耐久性；足够的机械强度；耐阴极剥离和土壤应力；易于进行补口和补伤。

当选定覆盖层后，应进行表面处理，按规定的施工条件施工，并对每一过程进行检查和测试。完成后要依据技术标准进行检验，查出的缺陷，均应修补。对于金属储罐的覆盖层来说，主要有金属覆盖层和非金属覆盖层两种。

（一）金属覆盖层

用耐蚀性较强的金属或合金把容易腐蚀的金属表面完全遮盖起来以防止腐蚀的方法，称为金属覆盖层保护。国内外大量的实践证明，在金属构筑物上喷涂一层金属（如铝、锌），并加以封闭处理，在各种大气和水腐蚀环境中，具有优异的防护性能，使用寿命长达20～30年，甚至50年。

覆盖金属储罐的加工方法主要是热喷镀。

热喷镀技术是利用热源将喷涂材料加热到熔融状态，通过高速气流使其雾化，喷射到基材表面上，形成各种性能要求的覆盖层。喷镀的目的在于防止大气或其他介质对金属材料制品的腐蚀，提高材料的抗蚀性，喷涂的材料可以是纯金属，也可以是合金或其他金属的复合材料。喷镀方法同其他方法相比，最主要的特点是设备简单并可移动，特别便于室外大型工程结构的防护操作，对产品的形状无一定要求，便于产品的局部涂覆；另一个主要特点是沉积速度快，并可获得很厚的涂层。

对于金属储罐来说，常用的金属覆盖层，主要是锌和铝。近些年也有喷涂合金及陶瓷材料的。除用于防蚀目的外，还用于提高金属部件的强度、硬度，提高耐磨性。

1. 热喷锌

热喷锌以高温火焰（或电加热）将锌丝熔化，并用压缩空气将熔融的锌喷散成雾状颗粒，使之高速喷射并粘附在经过预处理的基体金属表面上。这些颗粒与钢板接触后发生变形而成蝶形，并互相嵌塞，形成一种鳞片状的层状结构。它们相互重叠、钩结，形成多层的叠合覆盖层。由于这些颗粒在经高压空气喷射中外表面冷却，对钢板的金相组织没有明显的影响，更不会使构件变形。

喷涂表面应进行喷砂处理，喷射的磨料必须清洁有棱角。喷砂后，基体表面应达到喷涂层表面均匀、致密，无鼓泡、洞孔、裂纹和剥落现象，用铲刀刮铲不起层，用非磁性测厚仪可检查喷层的厚度。要求喷涂用锌中锌含量达到99.99%。一般锌层厚度为80～160μm，供给喷枪的空气必须清洁干燥。喷涂层最后要做封闭处理，以提高防蚀性能。封闭材料必须具备下列条件：能与锌层相容；在所处环境中，有耐蚀性；具有较低的粘度，易渗入到锌层中去。

2. 热喷铝

喷涂前的工序和喷锌一致。喷涂用铝的材料至少应达到GB/T 3190—2008中L2号铝的要求，含铝量为99.5%以上。其他性能检查、封闭处理和喷涂锌要求一致。

3. 锌铝复合层

该种结构的特点是先喷锌后喷铝，因为锌与钢的附着力大（锌与钢的附着力为5～6N/mm^2，铝与钢的附着力为2～3N/mm^2，铝与锌的结合力为5.9N/mm^2）。锌铝复合层在防蚀性能上，充分发挥锌的牺牲阳极功能和铝的易氧化功能，减小了覆盖层的腐蚀速率。最外层采用两道氯磺化聚乙烯漆涂料封闭，从而极大地延长复合层的寿命。

具体工艺是：

第一步，表面喷砂除锈，要求金属表面无油污，干燥、清洁，达到Sa3级质量标准，表面呈均一的金属本色，并具有足够的粗糙度。

第二步，用干燥、洁净的压缩空气吹扫干净。

第三步，喷涂锌层 20μm。

第四步，喷涂铝层 110μm。

第五步，刷两道氯磺化聚乙烯漆涂料封闭。

与有机涂料相比，锌铝复合层一次投资成本约高出 40%，但由于延长了使用寿命，减少了频繁维修的费用，经济效益还是十分的显著。

（二）非金属覆盖层

非金属覆盖层是指由有机物或无机物制成的表面涂层。

无机涂层包括化学转化涂层、搪瓷或玻璃覆盖层等。用于防蚀的金属的化学转化膜主要有磷化膜、钢铁的化学氧化膜、铝及铝合金的阳极氧化膜。而搪瓷涂料是类似玻璃的物质，由于搪瓷涂层没有微孔和裂缝，所以能将钢材基体与介质完全隔开，起到防护作用。

有机涂层包括涂料涂层、塑料涂层、硬橡皮覆盖层、防锈油脂。

对于金属储罐的外壁覆盖层要考虑大气环境的因素，主要有气温的变化、阳光及紫外线的照射、空气湿度、风沙的影响。根据这些因素来选择有机涂层或无机涂层。金属储罐内壁防蚀用的覆盖层，应能耐所盛介质的腐蚀。对于有防静电要求的成品油储罐，所选用的涂料应是导静电类型的，其电阻率为 $10^8 \Omega \cdot cm$。

按储存物质来选择内覆盖层材料可参照表 6-2。

表 6-2　适用于储罐内壁的非金属覆盖层材料

储 罐 类 型	适用的覆盖层材料
原油、天然气	环氧漆、环氧煤沥青、无机锌涂料
成品油	各类导静电涂料
淡水、污水	环氧漆、环氧煤沥青、水泥砂浆

三、储罐的阴极保护技术

对于金属储罐来说，牺牲阳极法和外加电流法两种方法依然是有效的保护方法。

（一）牺牲阳极法

牺牲阳极法安装简单，不会产生腐蚀干扰，安装后，除需定期测量电位和保护电流外不需保养，对于储罐基础施工质量有保证。周围土壤的电阻率较低时，可选用牺牲阳极法保护。对于新建罐，可将阳极均匀分布在罐底，力求得到分布均匀的电流。

储罐在采用牺牲阳极法防腐蚀时，储罐与管道以及其他系统的绝缘性要好，否则储罐难以得到充分保护。其他系统包括管网、仪表连接线、混凝土钢筋以及储罐接地系统等。对这些系统进行绝缘，花费大且维护费用高。牺牲阳极系统的驱动电压一般低于 0.7V，限制了阴极保护系统的电流输出。一旦储罐与上述任何系统发生短路，不但使储罐保护困难，而且牺牲阳极系统会很快耗尽，缩短保护寿命。

牺牲阳极法除了防蚀功能外，还具有接地功能，故镁极或锌极都是钢质储罐的良好接地材料，工程实践中多选用锌合金。接地电阻可依据选用接地的间距和串接的支数进行计算。

（二）外加电流法

外加电流阴极保护又称强制电流阴极保护。它是根据阴极保护的原理，用外部直流电源作阴极保护的极化电源，将电源的负极接被保护构筑物，将电源的正极接辅助阳极。在电流的作用下，使被保护构筑物对地电位向负的方向偏移，从而实现阴极保护。

1.保护电流需要量的计算

保护电流需要量一般通过估算或测试现场电流需要量求得。所需的电流量往往随时间的延长而减少，所以要计算最大的保护电流需要量，以满足阴极保护初期以及外界条件恶化时的需要。结合我国储罐的具体情况，推荐储罐保护电流密度为5～10mA/m²，则保护电流总需要量为：

$$I_{总} = J_s S_{总} \tag{6-2}$$

式中 $I_{总}$——阴极保护电流总需要量，A；

J_s——阴极平均保护电流密度，mA/m²；

$S_{总}$——被保护的总有效面积，m²。

2.阳极的计算

阳极的计算主要是确定阳极的尺寸和数量。阳极尺寸的确定是先算出阳极总的有效面积：

$$S_a = \frac{I_{总}}{J_a} \tag{6-3}$$

式中 S_a——阴极总的有效面积，m²；

$I_{总}$——阴极保护电流总需要量，A；

J_a——阳极的工作电流密度，mA/m²。

阳极数量可以根据阳极的排流量和作用半径来确定，或由经验来确定。

对于所需阴极保护电流较大的罐底，采用强制电流法较为合适，因其电流、电压可根据需要任意调节。当罐底面积很大时，辅助阳极的布置对罐底板中心部位的保护水平起一定作用，其布置的典型形式有四种，如图6-2所示。

以上几种阳极结构设置的方法，其目的是尽可能改善阴极保护电流在罐底板上的均匀分布，使罐底板中心和边缘的保护电位尽可能接近。

（三）内壁阴极保护

对于金属储罐的内壁来说，在罐底板内侧及部分罐身圈板采用阴极保护在技术上是可行的。储罐内壁实施外加电流阴极保护的关键是辅助阳极的选择和分布。理论上讲，用于储罐外部阴极保护的辅助阳极材料基本上也适用于储罐内部。但由于内部不易更换和检测，所以通常内壁施加阴极保护时多选用体积小、寿命长的阳极。

对于阳极品种的选择，考虑到温度影响，不宜选用锌阳极；考虑到安全因素，不宜选用镁阳极。一般多选用铝合金牺牲阳极。

阳极的分布取决于阳极数量，在罐底呈放射状均匀分布。图6-3为某储罐牺牲阳极在罐底的布置示意图，共布置101块，分布在5个圆周上，由外向里各圆周上的数量依次为32块、30块、20块、13块、6块；壁板上共布置18块，如图6-4所示。

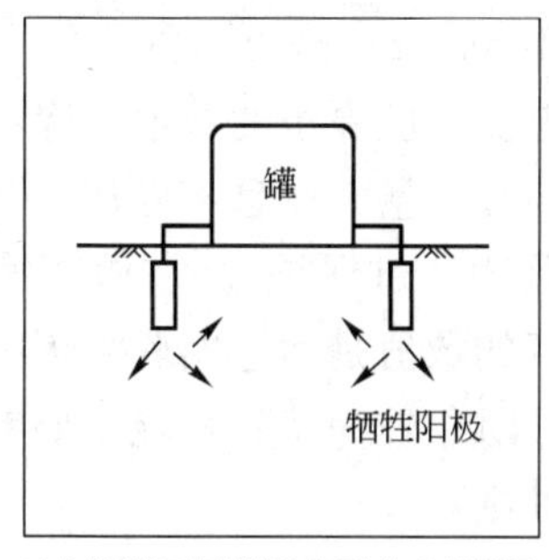

(a)在储罐四周装置水平或垂直阳极

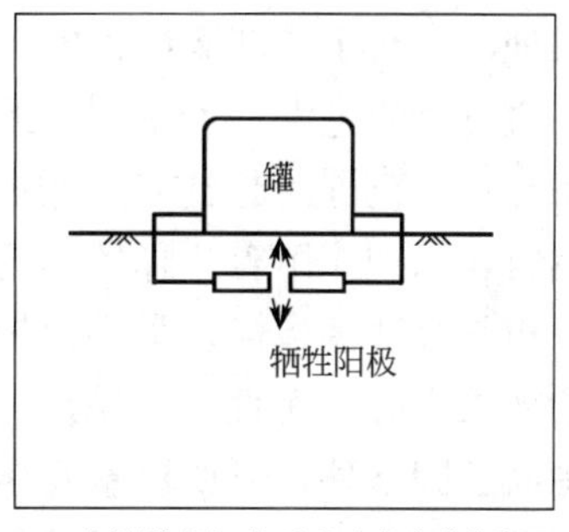

(b)在储罐底部水平或垂直安装阳极

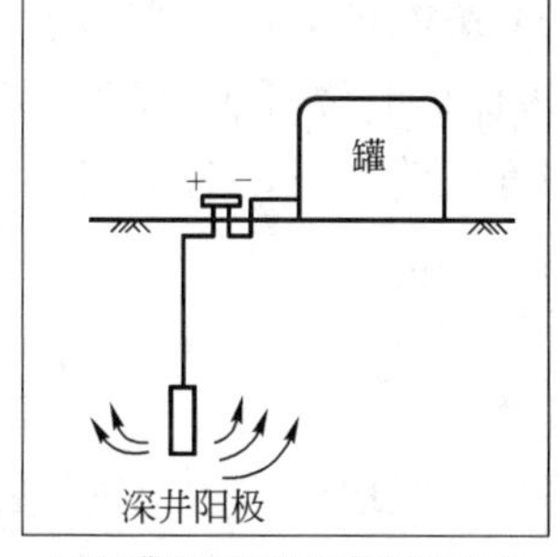

(c)在罐周围安装深井阳极地床

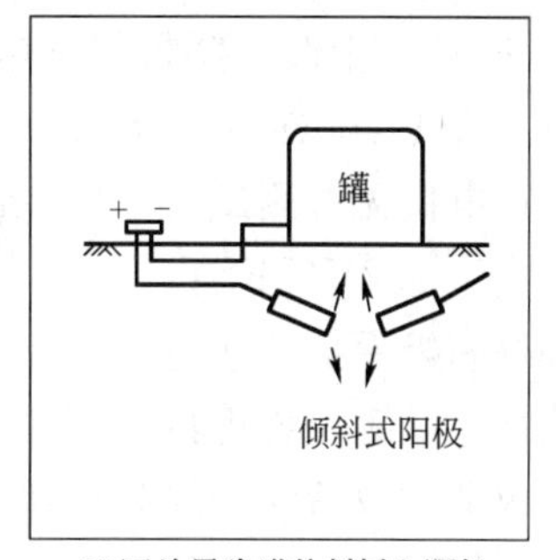

(d)国外最先进的斜插入阳极

图 6－2　不同阳极结构形式的罐底板外侧阴极保护

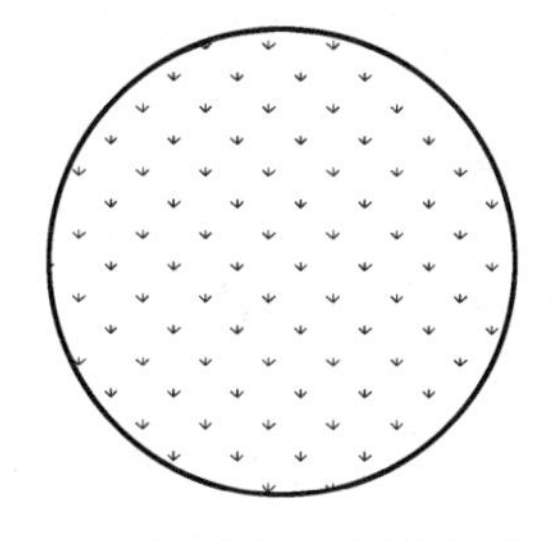

图 6－3　牺牲阳极在罐底的布置

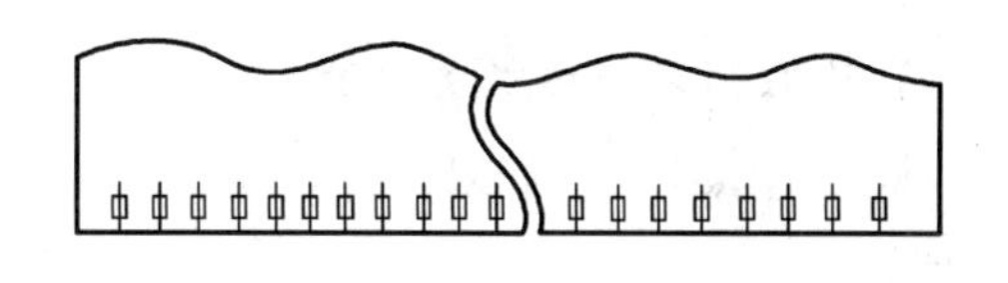

图 6－4　牺牲阳极在壁板上的布置

(四) 罐底板外壁阴极保护

储罐底板坐落在沥青砂基础上，时间长了沥青砂层产生裂纹，使得地下水上升造成底板腐蚀。这种腐蚀由土壤环境和储罐运行条件所决定。对于这种情况，阴极保护是一种非常有效的方法。

对于罐底板外壁阴极保护来说，重要的参数是最小保护电流密度，它是使金属得到完全保护所需的电流密度。它的数值与金属的种类、金属的表面状态(有无保护膜等)、介质条件(温度、浓度)等有关。表 6－3 列举了一些金属在不同介质中的最小保护电流密度值。一般当金属所在介质的腐蚀性越强、降低阴极极化的因素越大(如温度升高、压力增大)，都会使最小保护电流密度增加。

表 6－3　一些金属在不同介质中的最小保护电流密度

金属或合金	介 质 条 件	最小保护电流密度，mA/m^2
钢(有较好沥青玻璃覆盖层)	土壤	1～3
钢(沥青覆盖层有破坏)	土壤	16
钢	室温、静止	50～100

大量的资料证明，对于老储罐保护电流密度为 $10mA/m^2$ 是可取的。值得注意的是外加阴极电流密度不宜过小或过大，若采用比最小保护电流密度更小的数值，起不到完全保护作用。如果过大，在一定范围内起到完全保护作用，但耗电量大而且不经济。当保护电流密度超过一定的范围时，保护作用有些降低，这种现象称为“过保护”。在储罐覆盖层良好的条件下，$5mA/m^2$ 也是合适的指标。最小保护电流密度的数值是通过实验测得的。

阴极保护的效果很好，而且简单易行，由于保护对象较为特殊，除了要考虑普通金属结构进行阴极保护时的因素外，还要注意几条特殊的准则：

——在透气性差的粘土中，阴极保护电位应取－950mV(CES)。

——温度在60℃以上时，阴极保护电位应为－950mV(CES)。

——在电阻率大于500Ω·m的砂质环境中，阴极保护电位可取－750mV(CES)。

——当罐中心电位无法测试时，应在确保电流密度的前提下，对于直径大于40m的罐，罐周围电位应不小于1.2V(CES)。

对罐底板外壁阴极保护的注意事项有：

(1) 电连续性。储罐及相连接的管道应具备电连续性。

(2) 接地极改造。改造与储罐相连接的防雷、防静电接地极，为成锌或镀锌材料。

(3) 电绝缘。储罐和与之相连的所有管道进行电绝缘。

(4) 安全条件。施工及管理测量期间应符合有关操作规定。

(五) 罐底板外壁阴极保护参数的计算

1. 罐底板分布电位的计算

根据电学原理，如果以圆心为 O，任一点距圆心的距离为 a，可列出：

$$\partial V = \rho \frac{\partial a}{2\pi a^2} i\pi a^2 \tag{6-4}$$

对上式进行积分得：

$$V = \int_0^r \rho \frac{i}{2}\, \mathrm{d}a = \rho \frac{ir}{2} \tag{6-5}$$

式中 V——沿半径方向的电位降，V；

r——罐底半径，m；

ρ——土壤电阻率，Ω·m；

i——电流密度，A/m^2。

式(6-5)表明，罐中心和罐周的电位差与土壤电阻率、保护电流密度及罐底半径有关。

2. 罐底板平均电流密度的计算

平均电流密度可作为罐底板保护水平的标度参考。在圆盘导体的某点（B 点）上求罐底板平均电流密度。按静电学原理，有：

$$i = \frac{I}{2\pi r\sqrt{r^2 - b^2}} \tag{6-6}$$

式中 i——圆盘导体距圆心 O 点的电流密度，mA/m^2；

b——B 点距圆心的距离，m；

r——圆盘的半径，m；

I——圆盘的总电流，A。

圆盘的平均电流密度为：

$$i_{cp}=\frac{I}{\pi r^2} \tag{6-7}$$

圆盘中心点的电流密度为：

$$i_c=\frac{I}{2\pi r^2} \tag{6-8}$$

比较式(6-7)、式(6-8)，可以看出圆盘中心点的电流密度为平均电流密度的一半。不过，计算并不是绝对准确的，由于电阻率的不均匀、阳极位置的偏差，所形成的电场也不均匀，所以只能在工程实践中证实 。

3. 环形接地电阻的计算

当采用带状阳极或柔性阳极，环状布设时，接地电阻可按下式计算：

$$R=\frac{\rho}{2\pi D^2}(\ln\frac{8D}{d}+\ln\frac{4D}{s}) \tag{6-9}$$

式中 R——环状接地体对地电阻，Ω；

D——环的直径，m；

d——接地体直径，m；

$s/2$——埋深，m。

四、缓蚀剂保护

缓蚀技术是减轻石油化工行业中各类油、气、水储罐内腐蚀的有效方法 ，储罐用缓蚀剂根据用途不同分为三类：

（1）防止与油层接触的金属腐蚀的油溶性缓蚀剂。一般作为防锈油添加剂，它只溶于油而不溶于水。其作用一般认为是由于这类缓蚀剂分子存在着极性基因被吸附在金属表面上，从而在金属和油的界面上隔绝了腐蚀介质。这类缓蚀剂品种很多，主要有石油碳酸盐、羧酸和羧酸盐类、脂类及其衍生物、氮和硫的杂环化合物等。

（2）防止储罐底部沉积水腐蚀用的水溶性缓蚀剂。它只溶于水而不溶于矿物质润滑油。要求它们能防止钢、合金、铸铁等表面处理和机械加工时的电偶腐蚀、点蚀、缝隙腐蚀等。无机类(如硝酸钠、亚硝酸钠、硼砂等)和有机类(如苯甲酸盐、六亚甲基四胺、三乙醇胺等)物质均可用作水溶性缓蚀剂。

（3）储罐上部与空气接触的金属防腐蚀用气相缓蚀剂。它是在常温下能挥发成气体的金属缓蚀剂。如果是固体，就必须有生化性；如果是液体，必须具有大于一定数值的蒸气分压，并能分离出缓蚀性集团，吸附在金属表面上，阻止金属腐蚀过程的进行。典型的气相缓蚀剂有无机酸或有机酸的胺盐、硝基化合物及其胺盐、酯类、混合型气相缓蚀剂等。

五、清洗

金属储罐的清洗是去除污垢，防止腐蚀的一种有效方法。它包括物理清洗和化学清洗。

（一）物理清洗

物理清洗是通过物理或机械的方法对系统或设备进行清洗。它避免了化学清洗后废液带来的排放和处理问题，因而，它不会产生二次污染。尽管它不能代替化学清洗，但它在生产中的应用越来越受到人们的关注和重视。

1. 激光清洗

用激光清洗金属储罐表面的优点有：对环境无妨碍，不需用水及常规技术中使用的腐蚀性溶剂、溶液、研磨剂和其他化学品，不会留下任何残留物。

2. 超声波清洗

超声波清洗是以水或有机溶剂等液体作为介质，对金属储罐做超声波振荡，利用所产生的空化作用和振动冲击除去污垢。它具有清洗速度快、质量高的优点。目前，从环境保护角度要求以水代替有机溶剂进行超声波清洗。

3. 干冰清洗

干冰清洗时将液体二氧化碳通过干冰制备机制成干冰颗粒或干冰方块，将干冰颗粒或干冰方块研磨成细粉，通过喷射清洗机与压缩空气混合喷射到被清洗物体表面，利用高速运动的固体干冰颗粒或细粉的冲击力，结合干冰本身温度低以及升华的特点产生热力冲击，使得被清洗表面的结垢、油污、残留杂质迅速被剥离、清除，丝毫不会对被清洗物体，特别是金属表面造成任何伤害。因被清洗物体干燥洁净，不存在残留清洗介质，不会产生二次浮锈，不会产生任何环境污染问题。

4. 高压水射流清洗

高压射流水经过喷枪喷头以一定的角度作用于被清洗表面。当高速水射流撞击于垢层上时，动能转变为压力能，通过渗透、压缩、剪切和水楔作用使垢层从金属表面脱落。它具有清洗速度快、质量高和无化学污染等特点。特别是在化学清洗无能为力，如化学难溶垢时，高压水射流清洗更显示出无比的优越性。

5. 空气爆破清洗

空气爆破清洗技术是结合国内外清洗技术发明的一种新技术。其原理是由充入压缩空气的气动弹释放出高速喷射的空气，剥离被清洗物表面的污垢。然后用挤出泵、喷射泵、喷射枪、真空抽吸车排出清洗后的残渣。它具有不损伤被清洗物的表面、能清洗坚硬污垢、清洗速度快、成本低、无污染、劳动强度低等优点。

（二）化学清洗

化学清洗是利用一定浓度的酸、碱和缓蚀剂配制的化学溶剂来清除金属储罐表面污垢的清洗方法。化学清洗具有以下优点：可以除去硬垢和腐蚀产物；清洗时间较短，效率高；可以在不停车状态下进行。同时化学清洗具有以下缺点：清洗时处理不当，会引起设备的腐蚀；废液需处理，否则会引起环境污染；有些药剂费用较高，有些药品对人体健康有害。从科技发展水平和环境保护的要求来看，必须继续研制和使用高效、无毒、无公害的清洗剂和缓蚀剂。

化学清洗常用酸分为两类：无机酸和有机酸。无机酸有盐酸、硝酸、硫酸、氢氟酸和氨基磺酸等。无机酸清洗具有溶解力强(表6-4)、速度快、效果明显、所需费用低等优点。但是也有缺点，对金属材料的腐蚀性大，易产生氢脆和应力腐蚀，在清洗过程中产生大量酸雾，造成环境污染。

表6-4　酸对铁的溶解能力比较(酸含量为1%)

项目	无机酸				有机酸		
	盐酸	硝酸	硫酸	氢氟酸	柠檬酸	草酸	EDTA
溶解铁的数量，μg	7500	4400	5700	14000	4400	6200	3800

有机酸有柠檬酸、草酸、乙二胺四乙酸(EDTA)、聚丙烯酸(PAA)等。

有机酸清洗具有以下优点：

(1) 络合性。有机酸如柠檬酸、草酸、EDTA、PMA、PAA等含有羧基，能与许多金属离子(Fe^{3+}、Fe^{2+}、Cr^{3+})等形成稳定的络合物。

(2) 弱酸性。在水中发生离解反应，缓慢电离出H^+。

(3) 安全性。没有氯离子等有害成分，不会引起设备的孔蚀和应力腐蚀，比使用无机酸安全。特别适合金属储罐和不锈钢的清洗，可不停车清洗。但有机酸也具有清洗时间较长，成本较无机酸清洗高的缺点。

第四节　金属储罐防腐层质量检测

一、质量检测

金属储罐防腐层质量检测，可以分为表面处理、涂装工艺、涂装质量验收三部分。质量检测包括如下内容。

(一) 表面处理质量检查

金属储罐防腐层施工(内壁、外壁)均应采取喷砂除锈工艺。喷砂作业宜从罐底开始并连续作业，防止二次生锈。

(二) 涂装工艺的质量控制

涂装作业应由上而下进行，先涂装一道底漆封闭罐壁表面，防止在大气中二次生锈。为保证施工质量，雨天、风力三级以上天气不宜进行施工作业。作业温度以10～30℃为宜。

(三) 涂装质量验收内容

(1) 验收工作应在防腐层实干后进行。

(2) 外观检查防腐层应无漏涂、无脱落、无龟裂、无起泡、无流挂等缺陷。

(3) 防腐层厚度应均匀，符合设计规范的规定。测试方法采用罐壁涂层自动测厚仪。

(4) 防腐层完整性检查即漏点检查。应使用电火花检漏仪检查金属储罐防腐层的漏点和缺陷。

二、罐壁防腐层测厚

罐壁防腐层厚度的测量应先根据罐的容积确定测点数目。一般取罐容积立方米数的20%为宜，并按面积比例，分配在罐底、罐壁、顶部等各部位。小于 500m^3 的罐应取 100 个测点。防腐层厚度为所测各点厚度之和除以所测点数：

$$\overline{B}=\frac{\sum_{i=1}^{n}B_i}{n} \tag{6-10}$$

式中 $\overline{B}$——平均厚度值，mm；

B_i——各点所测厚度值，mm；

n——测点数。

各测点厚度的偏离差为：

$$\delta_i=|\overline{B}-B_i| \tag{6-11}$$

防腐层厚度平均偏离率（$\overline{\delta}$）为：

$$\overline{\delta}=\frac{\sum_{i=1}^{n}\delta_i}{n\cdot\overline{B}}\times100\% \tag{6-12}$$

即所测各点厚度偏离差（δ_i）之和除以所测点数（n），再和防腐层平均厚度相比所得的百分数。$\overline{\delta}$ 值越小说明防腐层越均匀。初步规定 $\overline{\delta}$ 在 10%以内为均匀，10%～20%为比较均匀，大于 20%为不均匀。

第七章　油气集输系统的腐蚀和防护

油气集输系统指的是油井采出液从井口经单井管线进入计量间，经计量后进入汇管，最后进入油气集中联合处理站，处理后的原油进入原油外输管道长距离外输。根据油品性质和技术工艺要求，有些原油还要经过中转站加热、加压，再进入汇管。该系统中的油田建设设施主要包括油气集输管线、加热炉、产水管线、阀门、泵以及小型原油储罐等。其中以油气集输管线和加热炉的腐蚀对油田正常生产的影响最大。

第一节　腐蚀特征——油田采出液的内腐蚀

水是石油的天然伴生物。在油田开发过程中，为了保持地层压力，提高采收率，普遍采用注水开发工艺。水对金属设备和管道会产生腐蚀，尤其是含有大量杂质的油田水对金属会产生严重的腐蚀。初期采出液中含水很少，常注清水；中后期需要注入油层的水量逐年上升，导致采出液中含水量随之提高，采出液的腐蚀速率呈明显的上升趋势。如2000年中原油田采出液的腐蚀速率上升到0.602mm/a，比1994年的0.25mm/a上升了1.41倍，而且呈逐年递增趋势。严重的腐蚀问题干扰了油田的正常生产，影响着油田的发展，控制腐蚀已成为一个亟待解决的问题。

一、采出液腐蚀的影响因素及特征

（一）溶解氧

油田水中的溶解氧在浓度小于1mg/L的情况下也能引起碳钢的腐蚀。因此，SY/T 5329—1994《碎屑岩油藏注水水质推荐指标及分析方法》中规定，油层采出水中溶解氧浓度最好小于0.05mg/L，不能超过0.10mg/L；清水中的溶解氧要小于0.50mg/L。

在油田采出水中本来不含有氧或仅含微量的氧，但在后来的处理过程中，与空气接触而含氧。浅井中的清水也含有少量的氧。

碳钢在室温下纯水中的腐蚀速率小于0.04mm/a，只有轻微的腐蚀。如果水被空气中的氧饱和后，腐蚀速率增加很快，其初始腐蚀速率可达0.45mm/a。几天之后，形成的锈层起到阻碍氧扩散的作用，碳钢的腐蚀速率逐步下降，自然腐蚀速率约为0.1mm/a。这类腐蚀往往是较均匀的腐蚀。

氧气在水中的溶解度是压力、温度和氯化物含量的函数。氧气在盐水中的溶解度小于在淡水中的溶解度。但是，碳钢在含盐量较高的水中出现局部腐蚀，腐蚀速率可高达3～5mm/a。

碳钢在接近中性水溶液中的溶解氧腐蚀主要有四个过程：

(1) 阳极氧化反应过程。铁素体放出自由电子而成为 Fe^{2+} 进入溶液，并把当量电子留在金属上。

$$Fe \rightarrow Fe^{2+} + 2e$$

(2) 电子转移过程。自由电子从阳极铁素体流入阴极渗碳体。

(3) 阴极还原反应过程。溶解氧在渗碳体上吸收电子被还原，阴极反应后的产物 OH^- 进入溶液。

$$\frac{1}{2}O_2 + H_2O + 2e \rightarrow 2OH^-$$

(4) 阴、阳极产物相结合生成 $Fe(OH)_2$ 沉淀。

$$Fe^{2+} + 2OH^- \rightarrow Fe(OH)_2$$

这四个过程中最慢的是阴极还原反应过程，因此阴极还原反应过程的速率控制了整个过程的腐蚀速率。在上述过程中，溶解氧不仅直接参与了阴极反应，它还可以把 $Fe(OH)_2$ 进一步氧化成 $Fe(OH)_3$，其反应式是：

$$2Fe(OH)_2 + \frac{1}{2}O_2 + H_2O \rightarrow 2Fe(OH)_3 \downarrow$$

实际上碳钢表面上的锈层是很复杂的，绝不是单一的二价或三价氢氧化物，往往是各种价数的氧化物、氧化物的水合物或氢氧化合物的混合物。在锈层中，外层氧化物中氧含量最高，而内层氧化物中氧含量低。在腐蚀过程中，尽管这层腐蚀产物不如钝化膜那样完整和致密，但它毕竟阻滞了氧的扩散速率，降低了腐蚀速率。

中性或近中性盐水中，溶解氧在腐蚀过程中的去极化作用是十分显著的。油田采出水属于高矿化度的盐水，本来腐蚀性就较强，在含有溶解氧后，腐蚀将更为严重。

油田水中的溶解氧是碳钢产生腐蚀的因素，但不是唯一的因素，还有许多其他因素也会影响腐蚀速率，因此必须综合考虑油田水水质对腐蚀的影响。

(二) 二氧化碳和硫化氢

油田大多数采出液中溶有一定的二氧化碳和硫化氢。

其中二氧化碳主要来自三方面：

(1) 由地层中的有机物质生物氧化作用过程产生。

(2) 为提高采收率而注入气体强化采油。

(3) 采出液中 HCO_3^- 减压、升温分解。

而硫化氢，一方面来自含硫油田伴生气在水中的溶解，另一方面来自硫酸盐还原菌的分解。

关于二氧化碳和硫化氢具体的腐蚀机理参考本书第三章。

(三) 微生物

微生物腐蚀是指在微生物生命活动参与下所发生的腐蚀过程。凡是同水、土壤或湿润空气相接触的金属设施，都可能遭到微生物的腐蚀。在油田生产中由于微生物的腐蚀造成油管、套管及注水管的严重堵塞和锈蚀穿孔，导致采油工作难以顺利进行。据 1993 年不完全统计，长庆油田已有 100 多口井的套管被腐蚀穿孔，30 多口井报废，其原因不同程度地与微生物腐蚀有关。

1. 微生物腐蚀的特征

（1）微生物的生长繁殖需要具有适宜的环境条件，如一定的温度、湿度、酸度、环境含氧量及营养源。

（2）微生物腐蚀并非微生物直接食取金属，而是微生物生命活动的结果直接或间接地参与了腐蚀过程。

（3）微生物腐蚀往往是多种微生物共生、交互作用的结果。

微生物主要按以下四种方式参与腐蚀过程：

（1）微生物代谢产物的腐蚀作用。微生物代谢产物包括无机酸、有机酸、硫化物、氨等。

（2）促进腐蚀的电极反应动力学过程。如硫酸盐还原菌的存在能促进金属腐蚀的阴极去极化过程。

（3）改变金属周围环境的氧浓度、含盐量、酸碱性等，从而形成氧浓差局部腐蚀电池。

（4）破坏保护性覆盖层或缓蚀剂的稳定性。例如地下管道有机纤维覆盖层被分解破坏，亚硝酸盐缓蚀剂因细菌作用而氧化等。

与腐蚀有关的微生物主要是细菌类，其中最主要的是直接参与自然界硫、铁循环的细菌，即硫氧化细菌、硫酸盐还原菌、铁细菌等。另外，某些霉菌也能引起腐蚀。上述细菌按其生长发育中对氧的要求分属好氧性和厌氧性两类。前者需要有氧存在时才能生长繁殖，称为好氧性细菌，如硫氧化菌、铁细菌等；后者主要在缺氧条件下生长繁殖，称为厌氧性细菌，如硫酸盐还原菌。它们的主要特性列于表7-1。

表7-1　与腐蚀有关的主要微生物的特性

类　　型	对氧的需要	被还原或氧化的土壤组分	主要最终产物	生存环境	活动的pH值范围	温度范围℃
硫酸盐还原菌（脱硫弧菌）	厌氧	硫酸盐、硫代硫酸盐、亚硫酸盐、连二亚硫酸盐、硫	硫化氢	水、污泥、污水、油井、土壤、沉积物、混凝土	最佳：6～7.5 限度：5～9.0	最佳：25～30 限度：55～65
硫氧化菌（氧化硫杆菌）	嗜氧	硫、硫化物、硫代硫酸盐	硫酸	施肥土壤、含有硫及磷酸盐的矿石、氧化不完全的硫化物土壤、海水	最佳：2.0～4.0 限度：0.5～6.0	最佳：28～30 限度：18～37
铁细菌（铁细菌属）	嗜氧	碳酸亚铁、碳酸氢亚铁、碳酸氢锰	氢氧化铁	含铁盐和有机物的静水和流水		最佳：24 限度：5～40

2. 硫酸盐还原菌

随着我国二次采油技术的发展，在绝大多数油田集输系统的油井和注水井中发现有大量的硫酸盐还原菌(SRB)存在。SRB的繁殖可使系统H_2S含量增加，腐蚀产物中有黑色的FeS等存在，导致水质明显恶化，水变黑、发臭，不仅使设备、管道遭受严重腐蚀，而且还可能把杂质引入油品中，使其性能变差。同时，FeS、$Fe(OH)_2$等腐蚀产物还会与水中成垢离子共同沉积成污垢而造成管道堵塞。此外，SRB菌体聚集物和腐蚀产物随注水进入地层还可能引起地层堵塞，造成注水压力上升，注水量减少，直接影响原油产量。

1）SRB 的类型及腐蚀特征

SRB 是一种在厌氧条件下使硫酸盐还原成硫化物，而以有机物为营养的细菌。据研究报导，美国生产油井发生的腐蚀，70%是由硫酸盐还原菌造成的；英国有 95%的地下管道腐蚀主要是由硫酸盐还原菌引起的。硫酸盐还原菌所造成的腐蚀类型常呈点蚀，腐蚀产物通常是黑色带有难闻气味的硫化物。硫酸盐还原菌在管壁上是成群或成菌落式附着的，它们附着的地方会出现坑穴，这种现象在油田埋地管道的管壁上是常见的。

由 Von wolzgen Kuhr 等人提出的阴极去极化理论认为，在厌氧环境下，硫酸盐还原菌的阴极去极化过程为：

水的电离

$$H_2O \rightarrow H^+ + OH^-$$

阳极

$$Fe \rightarrow Fe^{2+} + 2e$$

阴极

$$H^+ + e \rightarrow H$$

硫酸盐还原菌阴极去极化

$$SO_4^{2-} + 8H \rightarrow S^{2-} + 4H_2O$$

腐蚀产物

$$Fe^{2+} + S^{2-} \rightarrow FeS$$

$$Fe^{2+} + 2OH^- \rightarrow Fe(OH)_2$$

即硫酸盐还原菌能去除阴极表面腐蚀电池阴极区上的氢，起到去极化剂的作用，促使阳极的 Fe 被氧化成 Fe^{2+}，进入溶液的 Fe^{2+} 分别与 S^{2-} 和 OH^- 形成 FeS 和 $Fe(OH)_2$ 沉淀，沉积于金属管壁，呈锈垢状，而锈垢又作为金属的阴极，可加速腐蚀作用。同时硫酸盐还原菌代谢所产生的 H_2S 能引起金属阳极溶解，造成典型的局部腐蚀，甚至引起金属管材的穿孔。

2）影响 SRB 生长繁殖的环境因素

SRB 在自然界分布极广，在各种类型的土壤、淡水、海水、泥浆、油井、地下水、热泉水以及受腐蚀的金属表面等环境下都可生存。SRB 与其他生物一样受环境因素的制约。有利的环境可刺激 SRB 生长繁殖，而不利的环境则抑制其生长，或引起变异，甚至死亡。影响 SRB 生长的因素主要有如下几种：

（1）温度。SRB 的生长温度随菌种不同分为高温型和中温型两类。中温型 SRB 的最适宜生长温度为 20～40℃；高温型 SRB 的最适宜生长温度为 50～55℃。

与大多数化学反应随温度升高而加速一样，SRB 的生长速度在一定温度范围内也随温度的升高而加速，通常温度升高 10℃，细菌的生长速度增加 1.5～2.5 倍。在最低至最高生长温度范围内，SRB 尚能生存和生长，超过此范围它的生长将受到抑制甚至死亡。

（2）盐浓度。油田采出液系统中的 SRB 对盐浓度的适应性较强，尽管各油田 SRB 长期生活在盐浓度有很大差异的环境中，但它们均可在较大的盐浓度范围内生存。

（3）氧。一般认为 SRB 为厌氧性细菌，需要在严格的无氧条件下生长，SRB 在空气中暴露会逐渐死亡，然而在未严格除氧的培养液中它们可以存活，尤其是它们能在一个实际有氧而局部无氧的环境中迅速繁殖。

（4）pH 值。pH 值对细菌的生命活动影响很大，细菌只有在一定酸碱度的环境中才能正常生长繁殖。每一种细菌生长繁殖所能适应的pH值都有一定的范围，即最低pH值、最适宜pH值和最高pH值。在最低和最高pH值环境中，细菌尚能生存和生长，但速度缓慢且容易死亡。SRB生长活动的pH值范围较宽，一般在5.5～9.0之间，最适宜pH值为7.0～7.5。

3）控制SRB腐蚀的方法

在油田生产系统中，为了防止微生物对管道、设备的腐蚀以及产生污泥堵塞等问题，必须采取相应的措施。

（1）改变介质条件。突然改变SRB所处的环境条件，使其无法适应变化较大的某种环境，就能杀死它或使其生长繁殖受到抑制。例如在注水系统，周期性地注入60℃的高温水和高矿化度水或适当调节pH值都可以抑制SRB的生长繁殖甚至导致其死亡。

（2）投加化学杀菌剂。防止微生物生长，最容易实行且行之有效的方法是投加化学杀菌剂。对SRB有较好杀灭作用的几类杀菌剂有：醛类化合物、季铵盐化合物、氰基类化合物和杂环类化合物。近期研究表明，采用氧化型杀菌剂(臭氧和二氧化氯)的杀菌工艺优于目前采用的非氧化型杀菌工艺，这两种杀菌剂对含油废水中的硫酸盐还原菌、腐生菌等具有强烈的杀灭效果。

值得注意的是，在使用某种杀菌剂时，除了通常考虑的药效、毒性、价格、原料来源以及安全性和储存稳定性等因素外，还应结合油田水质、SRB生长环境以及油田所用缓蚀剂、阻垢剂、破乳剂等药剂的配伍性。此外，还应考虑现场使用时，药剂被介质中各种悬浮物、沉淀物等吸附的可能性。

（3）实施阴极保护。对于钢材来说，在SRB存在的条件下，控制其电位比普通保护电位−0.10V，就有较明显的保护效果。

（4）涂层保护。涂层保护是指选用合适的耐腐蚀的金属或非金属材料，涂覆钢铁表面使其与介质隔离。尽管这一方法不能控制介质中SRB的生长繁殖(除非在涂料中添加缓释型杀菌剂)，但只要涂层完整就能使钢铁设备免遭SRB腐蚀。

3.硫氧化菌

当腐蚀现象发生于含有大量硫酸的环境，而又无外界直接的硫酸来源时，其腐蚀现象是由硫氧化菌的作用引起的。因为硫氧化菌能将硫及硫化物氧化为硫酸，其反应为：

$$2S+3O_2+2H_2O \xrightarrow{\text{硫氧化菌}} 2H_2SO_4$$

所产生的硫酸浓度可高达10％～12％，溶液的pH值可下降到0.5，对钢铁的腐蚀速率比无硫氧化菌时高16倍。这种腐蚀现象在接触含硫油气的设备中经常见到。

4.铁细菌

铁细菌分布广泛，形态多样，有杆、球、丝等形状。它们以低铁盐为营养，把二价铁氧化成三价铁，并沉积于菌体内外，从而促进铁的阳极溶解过程。其反应过程如下：

$$2Fe(OH)_2+H_2O+\frac{1}{2}O_2 \rightarrow 2Fe(OH)_3\downarrow$$

三价铁离子具有很强的氧化性，还可以将硫化物进一步氧化成硫酸，从而加速金属的腐蚀。

铁细菌常在金属管壁表面形成菌落或结瘤，消耗局部环境中的氧，加上细菌菌体所吸附的无机盐和反应沉积物覆盖了局部表面，造成金属表面氧浓度梯度，引起氧浓差电池腐蚀。所以，在受到铁细菌腐蚀的水管内，经常出现机械堵塞以及称为“红水”的水质恶化现象。

（四）溶解盐类

油田水中含有相当数量的溶解盐，其中包括 K^+、Na^+、Ca^{2+}、Mg^{2+}、Cl^-、SO_4^{2-}、CO_3^{2-}、HCO_3^-、Ba^{2+}、Sr^{2+} 等。在溶解盐类浓度非常低的情况下，不同的阴离子和阳离子对水的腐蚀程度也是不同的。氯化物、硫酸盐和重碳酸盐是油田水中常见的溶解盐类，三种盐类对钢腐蚀速率的影响如图 7－1 所示。图中三条曲线分别表示当蒸馏水中加入溶解的氯化物、硫酸盐和重碳酸盐时钢的腐蚀情况。在图中所指的阴离子浓度范围内，硫酸盐对水的腐蚀性比氯化物更大，而重碳酸盐显示出有抑制腐蚀的倾向。显然，重碳酸盐抑制腐蚀的能力随着浓度增加而提高，但不能完全防止腐蚀。

含有溶解盐类的水的腐蚀性随着溶解盐浓度的增大而增大，直到出现最大值后趋于减小。这是因为含盐量增加，盐水导电性增大，腐蚀性增大；但含盐量足够大时会明显引起水中氧气的溶解度降低，腐蚀性反而下降。溶解盐类也可能降低所形成的腐蚀产物的保护性能。

（五）pH 值

碳钢在含有微量盐类水中的腐蚀速率与 pH 值的关系如图 7－2 所示。由图可见，腐蚀速率变化规律以 pH 值等于 7 的腐蚀速率为分界线。也就是说没有保护措施的碳钢在碱性水中的均匀腐蚀速率将低于酸性水，pH 值在 4～10 范围内同样存在 pH 值对腐蚀速率的影响。

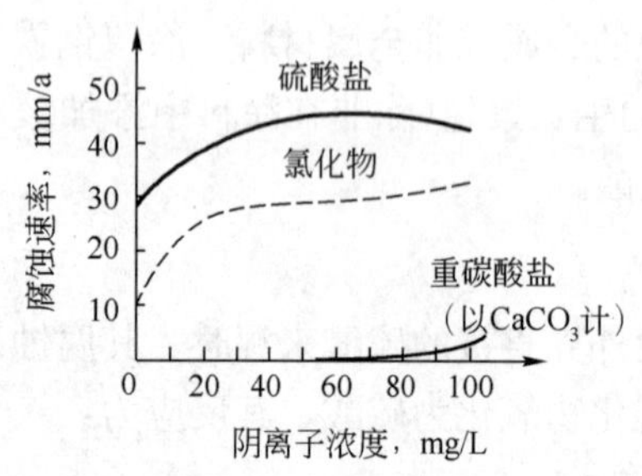

图 7－1　硫化物、氯化物和重碳酸盐对钢腐蚀速率的影响

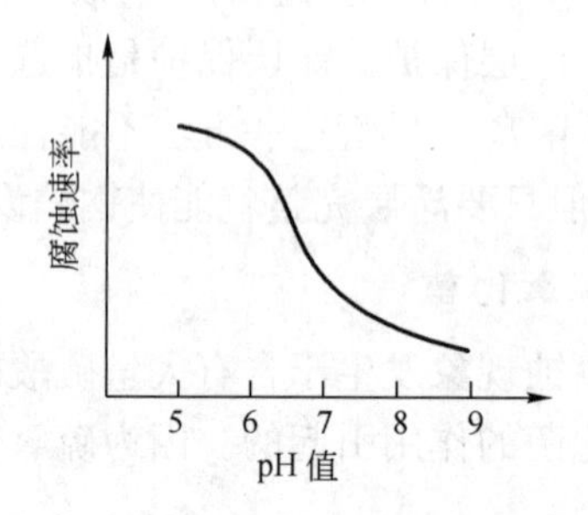

图 7－2　碳钢在含微量盐类水中的腐蚀速率与 pH 值关系

这一结论仅适用于常温下碳钢的全面腐蚀，当水温较高时，如果出现沉积物又不加以控制，则将导致严重的局部腐蚀。因此可以认为碱性体系将会降低碳钢的均匀腐蚀速率，但有可能增加局部腐蚀或结垢的危险。

（六）温度

当腐蚀由氧扩散控制时，在给定氧浓度下，大约温度每升高 30℃，腐蚀速率增加一倍。在允许溶解氧逸出的敞口容器内，到达 80℃之前，腐蚀速率随温度升高而增加，然后逐渐降低，在沸点时，降到很低的数值。80℃以后腐蚀速率的降低和温度升高时水中氧的溶解能力显著下降有关，这种影响最终超过了由于温度升高引起的加速腐蚀作用。而在封闭的系统内，氧不能逸出，所以腐蚀速率不断随温度升高而增加，直到所有的氧都被消耗完为止。温度对含溶解氧水中铁腐蚀的影响如图 7-3 所示。

当腐蚀与析氢反应有关时，那么温度每升高 30℃，腐蚀速率的增加还不止一倍。例如，铁在盐酸中的腐蚀速率大约温度每升高 10℃就增加一倍。

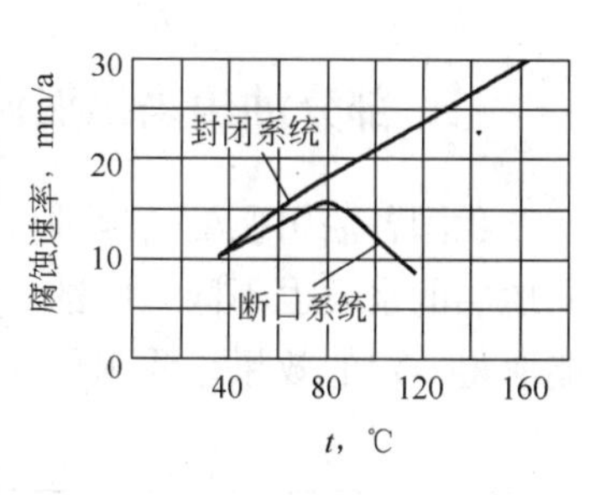

图 7-3 温度对含溶解氧水中铁腐蚀的影响

（七）流速

油田采出液中，pH 值通常不足以低得使析氢起主导作用，并且水的相对运动起初由于携带了更多的氧到达金属表面而增加了腐蚀速率。在流速高到一定值后，足够的氧会到达金属表面，可能引起金属表面部分钝化，如果这种情况发生，腐蚀速率在经过起初的增加过程后会下降。

假如流速再进一步增加，钝化膜或腐蚀产物膜的机械磨损又使腐蚀速率增加。金属表面光滑度不同，水中杂质含量不同，流速对钢腐蚀速率的影响也不同。例如，在钝化之前，有一个最大腐蚀速率出现在某一流速下，这个腐蚀速率值与金属表面光滑度及水中杂质含量有关，表面越粗糙其腐蚀速率越大。在高氯离子浓度时，任何流速下都不能建立钝化状态，腐蚀速率始终随流速单调上升，并不存在某个中间速度区使腐蚀速率下降的情况。

（八）空泡磨蚀

假如流速的状况是交替地产生低压（低于大气压）和高压区域，那么气泡会在金属和液体的界面上不断产生并崩溃，这种现象称为“空泡作用”。受空泡作用的金属损伤称为空泡磨蚀或空泡损伤。

空泡磨蚀经常发生在泵的转子上和螺旋桨的推进面上。使旋转泵在最高可能的压头下工作，避免气泡生成，可降低这种损伤。此外，在金属上覆加氯丁橡胶或类似的弹性涂层也可适当地防止空泡磨蚀造成的损伤。

（九）水中悬浮物和油污

油田采出液中的悬浮物主要为腐蚀产物、泥沙、细菌代谢产物、乳化物及机械杂质。油田采出液中的油类则主要以浮油、分散油、乳化油和溶解油四种形式存在。油田采出液系统中含有大量悬浮物和油污会给回注水系统带来很多危害，主要体现在以下几方面：

（1）油膜粘附于管壁上，阻碍了缓蚀剂与金属表面的接触，使保护膜不能形成或保护膜不完整而导致局部腐蚀。

（2）悬浮物和油污往往是回注水系统中微生物的营养源，它们的存在将增加微生物的活性，从而使微生物的繁殖加快。

（3）悬浮物和油污互相粘结在一起，吸附沉积在系统内壁形成污垢，污垢堆积处的电位较低，成为阳极，无污垢处电位较高，成为阴极，从而形成垢下腐蚀。

（4）污垢会增大对杀菌剂的吸附，使杀菌效果变差，从而助长了细菌的腐蚀。

（5）金属管壁上粘附了油污后，就会使原来浮在水中的微生物粘泥、油粒、悬浮物等在这一区域结合起来导致沉积物积聚，可能会导致管井和地层的堵塞。

综上所述，悬浮物和油污对油田水系统的影响作用很大。因此，回注水新标准中明确规定，悬浮物的粒径小于 2.0μm，含量小于 1.0mg/L，含油量不得高于 5.0mg/L。

二、部分油田采出液性质及分级

我国各油田所处的地理位置不同，地下采出液的水质也不同。同一个油田，不同油区不同地层的水质也不同，腐蚀状况及腐蚀因素也不同，只有针对不同水质采取不同防腐措施才能取得一定的效果。我国部分油田采出液性质见表 7-2。

表 7-2 部分油田采出液性质

油田	水型	总矿化度，mg/L	Cl^-浓度，mg/L
大庆油田	$NaHCO_3$	6000～9000	1600～3500
胜利油田	$CaCl_2$，$NaHCO_3$	15000～20000	14000～128000
辽河油田	$NaHCO_3$	1500～6100	100～1300
中原油田	$CaCl_2$	30000～180000	13000～100000
江苏油田	$NaHCO_3$	4800～33000	1800～15000
克拉玛依油田	$NaHCO_3$，$CaCl_2$	7000～49000	200～20000
吉林油田	$NaHCO_3$	6100	23000
大港油田	$NaHCO_3$，$CaCl_2$	3500～46000	—
华北油田	$NaHCO_3$，$CaCl_2$	1300～19000	490～11000
青海油田	$CaCl_2$	1000～17000	60000～100000
玉门油田	$CaCl_2$，Na_2SO_4	9000	—
江汉油田	Na_2SO_4	31000	180000

通常油田采出液的腐蚀性是用矿化度来描述的。按造成腐蚀的程度，可以把采出液分为三个等级，即矿化度小于 12g/L 的称为轻腐蚀采出液，矿化度在 12～20g/L 之间的称为中腐蚀采出液，矿化度大于 20g/L 的称为重腐蚀采出液。

第二节 油田集输系统的腐蚀与防护

一、油田集输系统的腐蚀环境

油田集输系统的腐蚀是指原油及其采出液和伴生气在采油井、计配站、集输管线、集中处理站和回注系统的金属管线、设备、容器内产生的内腐蚀以及与土壤、空气接触所造成的外腐蚀。油田生产过程中内腐蚀造成的破坏一般占主要地位。由于油田所处地理位置及生产环节的不同，其腐蚀特征和腐蚀影响因素也不同。因此，有针对性地采取防腐措施，减缓大气、土壤和油气集输介质的腐蚀是十分必要的。

由大气中的水、氧、酸性污染物等物质的作用而引起的腐蚀，称为大气腐蚀。钢铁在自然环境条件下生锈，就是一种最常见的大气腐蚀现象。通常所说的大气腐蚀，就是指金属材料在常温下潮湿空气中的腐蚀。

一般地讲，钢材在大气条件下，遭受大气腐蚀有三种类型：

(1) 干燥的大气腐蚀。此时大气中基本没有水汽，普通金属在室温下产生不可见的氧化膜，钢铁的表面将保持光泽。

(2) 潮的大气腐蚀。这是指金属在肉眼看不见的薄膜层下所发生的腐蚀。此时大气中存在水汽，当水汽浓度超过临界湿度(铁的临界湿度约为 65%，某些镍的腐蚀产物临界湿度约为 85%，而铜的腐蚀产物临界湿度接近 100%)，相对湿度低于 100%时，金属表面有很薄的一层水膜存在，就会发生均匀腐蚀。若大气中有酸性污染物 CO_2、H_2S、SO_2 等，腐蚀显著加快。大气条件下钢材的腐蚀实质上是水膜下的电化学腐蚀。

(3) 湿的大气腐蚀。这是指空气中的相对湿度为 100%左右或在雨中及其他水溶液中产生的腐蚀。此时，水分在金属表面上已成液滴凝聚，存在肉眼看得见的水膜。

石油在输送中大量地应用了钢质管道，一般埋地钢质管道在土壤作用下常发生严重的腐蚀穿孔，造成油、气、水的跑、冒、滴、漏。不但造成经济损失，而且可能引起爆炸、着火、污染环境等。正确地评价土壤的腐蚀性，对正确选择防腐措施有十分重要的意义。

由于土壤具有多相性和不均匀性，并且具有很多微孔可以渗透水及气体，又由于土壤具有相对稳定性，因此不同土壤具有不同的腐蚀。在土壤中，氧通过土壤空隙输送，其输送速率取决于土壤的结构和湿度，不同土壤中氧的渗透率会有很大差别。在土壤中除生成与多相组织不均匀性有关的腐蚀微电池外，还会因土壤介质的宏观差别而造成宏腐蚀电池。宏腐蚀电池的种类有：

(1) 长距离输油管道穿越不同土壤形成的宏腐蚀电池。

(2) 管体不同材料埋在土壤中产生的宏腐蚀电池。

(3) 由于管道埋深不同，上下部土壤的密实性不同而导致氧浓差电池形成的宏腐蚀电池。

二、油田集输系统中的腐蚀

油田集输系统中的油田建设设施主要包括油气集输管线、加热炉、伴热水或掺水管线、阀门、泵以及小型原油储罐等。其中以油气集输管线和加热炉的腐蚀对油田正常生产的影响最大。

(一) 集输管线的外腐蚀

集输站外埋地管线中，由于沿线土壤的腐蚀性强及管线防腐保温结构的施工质量差、老化破损等原因，常常导致集输管线的外腐蚀。例如，辽河油田沈一抚输油管线全长 64.77km，管径为 D377mm×7mm，管材为 16Mn 螺旋焊缝钢管，全线采用聚氨酯泡沫外加防腐保温。自 1987 年投产 20 余年间，累计漏油 21 次，管线腐蚀十分严重。尤其是首站至中间站部分，已有 16km 管段更换了防腐保温材料，在大修过程中发现腐蚀点 350 多处，其中 250 处进行了补焊。高一联至兴一转输油管线全长 32km，管径为 D377mm×7mm，管线材质为日本产 T/5－52K(相当于国产 16Mn 钢)螺旋焊缝钢管，全线采用聚氨酯泡沫加黄夹克防腐保温。自 1990 年投入运行以来，个别地段腐蚀较严重，且主要是外腐蚀，特别是在 1998 年连续发生 4 次漏油事故，不但影响了原油生产，而且造成了严重的环境污染。华北油田荆一联至晋县加热泵站地下输油管线全长约 40km，管径为 D159mm×5mm，采用“黄夹克—泡沫塑料—黄夹克”结构进行防腐保温，管线沿途穿越农田、水渠、树林、村庄等。1984 年至 1997 年间已发生多次腐蚀穿孔事故，特别是 1995 年以后，严重影响了管线的安全运行。集输管线外腐蚀的原因有以下几点。

1. 土壤的腐蚀性

土壤含盐、含水、孔隙度、pH 值等因素引起土壤腐蚀性的不同，是造成管道外壁腐蚀的重要原因之一。一般采用土壤电阻率、土壤电流密度、土壤腐蚀速率来评价土壤腐蚀（见石油天然气行业标准 SY/T 0087.1—2006），也有采用土壤理化性质的综合分析法进行评价。

2. 土壤的宏电池腐蚀

因土壤性质的差异(透气性、含盐量等)形成土壤宏腐蚀电池。例如，管线穿过不同性质土壤的交界处形成的宏腐蚀电池，新旧埋地管线连接处形成的宏腐蚀电池。对处于土壤湿度不同的管线，其管线的电位差可达 0.3V 左右。对处于土壤透气性不同的管线，也可形成较大的电位差，其宏腐蚀电池两极间的距离可达几千米。

3. 保温层破损

在管线保温层破损处，泡沫夹克层进水，水自泡沫向内侧延伸一定距离。进入保温层的水很难自行排除掉。由于季节的变化和下雨等天气变化，管线经常处于半湿的状态，此时管线发生氧浓差电池腐蚀的危险增加，这种腐蚀主要发生在管道的中下部，一般为局部坑蚀，对管线的威胁较大。

4. 防腐层质量较差，阴极保护不足

当防腐层因施工质量或老化等因素出现防腐层质量较差时，常常会影响到阴极保护的效果，从而使管道达不到完全保护。如果阴极保护系统不能正常运行，那么埋地管线就更不能得到有效的保护。

5. 杂散电流干扰腐蚀

由电气化铁路、两相一地输电线路、直流电焊机等引起的杂散电流干扰腐蚀对埋地管线的影响是较大的。如东北抚顺地区受直流干扰的管道总长 50 余千米，占该输油管理局所辖管道的 2%；20 余年来，直流干扰腐蚀穿孔数约占该输油管理局所辖管道腐蚀穿孔次数的 60%以上。在该地区流进、流出管道处杂散电流高达 500A，新敷设的管道半年内就出现腐蚀穿孔的事故已发生多起。

6. 硫酸盐还原菌对腐蚀的促进作用

土壤中 SO_4^{2-} 的存在为硫酸盐还原菌的生长提供了条件。60℃左右的输油温度也适合硫酸盐还原菌的生存。对埋地管线现场土壤一些采样点的腐蚀产物进行分析，结果表明 FeS 含量高达 76%。

7. 温度影响

温度对腐蚀速率有很大影响，一般来讲，温度每升高 20℃，腐蚀速率加快一倍。从油田生产实际情况来看，埋地高温单井管线、稠油管线及伴热管线的腐蚀率高于集油管线，而集油管线的腐蚀率高于常温输送管线。

（二）集输管线的内腐蚀

典型的集输管线内腐蚀如中原油田，1992 年单井管线穿孔 1889 次，每年每千米平均 2.4 次。其中，在集输支线中，已有 66 条穿孔，因腐蚀累计更换 9.63km，占总长度的 5.7%；集输干线中，已有 45 条穿孔，因腐蚀累计更换 55.7km，占总长度的 22.2%。

集输管线的内腐蚀与原油含水率、含砂量、产出水的性质、工艺流程、流速、温度等有密切关系。存在着以下腐蚀类型。

1. 集输管线的管底部腐蚀

剖开管子后发现管子底部存在着连续或间断的深浅不一的腐蚀坑。在这些腐蚀坑上面，有的覆盖有腐蚀产物及垢，有的呈现金属基体光亮颜色，腐蚀形态为坑蚀或沟槽状。这种腐蚀与管道内输送介质含水率有关，在含水率低于60%时，油与水能形成稳定的油包水型乳状液，即使伴生气中含CO_2，因为管线接触的是油相，腐蚀很轻微；另外，含水低时的产出液中一般不含SRB，细菌腐蚀的可能性极小。含水率大于60%时，出现游离水，此时管线内液体为“油包水＋游离水”或“油包水＋水包油”的乳状液。当含水继续升高时，游离水的量可形成“水垫”，托起油包水乳状液。此时管线底部为水，中部为油包水，上部为伴生气。管线的底部直接接触水，如果水中含有CO_2、SRB或O_2，底部的腐蚀必然严重得多。吉林油田在管线不同部位挂片证实，底部腐蚀速率为中上部的2～70倍。

2. 输送量不够的管线腐蚀

在管线设计规格过大、输液量小、含水率高、输送距离远的情况下，管线多发生腐蚀穿孔、使用周期缩短的问题。含水率超过70%，流速低于0.2m/s时腐蚀更为严重。管线内的环境适合于SRB生长时，SRB可造成管线底部点蚀穿孔。某采油厂一条集输管线，其规格为D272mm×7mm螺旋焊缝钢管，日输液量约350m^3，含水80%，因输液量少，流速只为0.1m/s左右，下游温度只有38℃，正好适合于SRB生长。经测试，管线底部污水中SRB含量达到4.5×10^6个/mL，腐蚀产物中含有大量硫化物，腐蚀一般呈蜂窝状或坑蚀。该管线使用3年后发生穿孔。

3. 油井出砂量大的区块的管线腐蚀

油井出砂量大的区块腐蚀非常明显，在流速低的情况下，砂在重力作用下沉积于管线底部。随着油气压力时大时小、时快时慢地脉动，采出液不停地冲刷管线的底部，形成冲刷腐蚀，从而加剧了管线的腐蚀穿孔。

4. 掺水工艺的集输管线腐蚀

集输过程中掺入清水后，由溶解氧引起的腐蚀非常严重。一般情况下，集输管线污水中不含有溶解氧。在流程不密闭或管线液量不够以及油井需掺水降粘时掺入含氧清水后，可能会使输送介质中含有溶解氧而引起腐蚀，即使含有微量氧，腐蚀也是很严重的，氧腐蚀是不均匀腐蚀。某采油厂一集输管线，1985年投产后到1989年运行一直正常，后来因管线上游液量不够，在1989年掺入了含氧4～5mg/L的清水，掺水一年半后发生穿孔，更换后的新管线穿孔周期更短，只有5个月。后采取掺入处理好不含氧的水以及使用内防腐管线后，腐蚀才得到控制。

5. 含CO_2采出水的腐蚀

在油田采出水中常含有CO_2，其腐蚀严重的程度与CO_2分压、水中HCO_3^-的含量、O_2、温度等有关。CO_2分压升高，pH值降低，CO_2腐蚀速率随CO_2分压增加而增加，随温度升高而降低。当采出水中含有HCO_3^-时，CO_2的存在将影响保护性碳酸盐膜的形成，同时O_2的存在将加速CO_2腐蚀的速率，污水中Cl^-的存在，使得碳钢容易发生点蚀穿孔。钢材受CO_2腐蚀而生成的腐蚀产物都是可溶的，CO_2腐蚀形态多呈沟槽状或台面状。

6. 管线材质的影响

管线的材质对腐蚀的影响很大，螺旋焊缝钢管一般比无缝钢管腐蚀严重，其原因是有的螺旋焊缝钢管含有超标的非金属夹杂物，如 MnS 等。

7. 内防腐层质量的影响

内防腐层材质、质量不好或根本未进行内涂敷的管线比合理采取内防腐层的管线腐蚀要严重得多。

8. 流速的影响

腐蚀穿孔多发生在管线中下游，这是因为中下游层流趋势更明显。流速较慢时，细菌腐蚀和结垢或沉积物下的腐蚀更加突出，加快了腐蚀速率。

（三）加热炉的腐蚀

在原油集输系统中，加热炉的腐蚀也是一个不容忽视的问题。大多数加热炉以原油作为燃料，燃烧后绝大部分燃烧物以气态形式通过烟囱排出炉外，只有少部分灰垢残留在炉内。引起加热炉腐蚀的原因有以下三方面：

（1）当原油中含有硫化物时，燃烧后会生成 SO_2 或 SO_3，它们与烟气中的水蒸气作用生成酸蒸气，然后与凝结的水作用生成液态硫酸或亚硫酸，硫酸或亚硫酸均是强腐蚀剂。

（2）水蒸气的露点一般在 35～65℃之间，酸蒸气的露点比水蒸气高，通常在 100℃以上。加热炉的空气预热器一般为管式空气预热器，金属管壁温度对酸露点腐蚀至关重要。当金属管壁的温度低于酸露点时，在壁面上会形成较多的稀硫酸、亚硫酸盐溶液，这些溶液大量吸附烟灰并发生反应形成大量致密坚硬的积灰，加速了金属管壁的腐蚀。

（3）原油燃烧后留下的不可燃部分主要是钠、钾、钒、镁等金属的固体盐，还有碳素在燃烧不完全的情况下残留下来的微粒以及燃料油中不能蒸发汽化的部分重质烃类加热后分解留下的残炭。后者形状近似球形，直径大致为 10～200μm。这些积灰堵塞烟道，严重恶化传热性能，并加重管壁腐蚀。

三、联合站设备的腐蚀

联合站是进行油、气、水三相分离及处理的场所，一般分为水区和油区两大部分。水区腐蚀比较严重，油区腐蚀常发生在水相部分或气相部分，如三相分离器底部、罐底部、罐顶部以及放水管线、加热盘管等。

（一）原油罐的腐蚀

联合站内原油罐的腐蚀包括外腐蚀和内腐蚀。外腐蚀主要是底板外壁的土壤腐蚀和罐外壁的潮湿的大气腐蚀。内腐蚀情况比较复杂，在原油罐的不同部位，腐蚀因素和腐蚀程度都有所不同。罐内腐蚀特征为：

（1）罐底腐蚀。罐底腐蚀在原油罐内腐蚀中较为严重，大多为溃疡状的坑点腐蚀，容易形成穿孔。造成腐蚀的原因是罐底沉积水和沉积物较多。沉积水对罐底的腐蚀受水中氯离子、溶解氧、硫酸盐还原菌及温度的影响。硫酸盐还原菌可引起严重的针状或丝状腐蚀。沉积物中含有盐类和有机淤泥，其粘性抑制了氧的扩散，形成氧浓差电池。此外，钢材组织的不均匀(如焊接的热影响区)也会产生腐蚀。

当原油罐中有加热盘管时，罐底部处于高盐分污水中的加热管电化学腐蚀、细菌腐蚀及垢下腐蚀较严重。据资料介绍，有的罐底和加热管3～4年被腐蚀穿孔破坏，其腐蚀特征是斑点和坑蚀，最大穿孔直径可达15mm，最深4～5mm，腐蚀速率一般为0.4～0.8mm/a，最大可达2mm/a。

（2）罐壁腐蚀。罐壁腐蚀较轻，为均匀腐蚀，腐蚀严重的区域主要发生在油水界面或油与空气交界处。

（3）罐顶腐蚀。罐顶腐蚀较罐壁腐蚀严重，常伴有点蚀等局部腐蚀，属气相腐蚀。气相中的腐蚀因素主要是氧气、水蒸气、硫化氢、二氧化碳及温度。由于气温的变化，水蒸气易在罐顶内壁形成凝结水膜。而罐内气体中含有的二氧化硫、硫化氢、二氧化碳、挥发酚等杂质也会溶解在凝结水膜中。同时，由于罐的呼吸作用，氧气不断进入罐内并很容易通过凝结水膜扩散到金属表面。所以罐顶的凝结水膜是含有多种腐蚀性成分的电解质溶液，导致罐顶腐蚀严重。其中耗氧腐蚀仍然起主导作用。

由于原油性质及水的腐蚀性不同，罐内腐蚀程度不同。一般原油罐内部不同部位的腐蚀速率见表7-3。

表7-3　原油罐内部不同部位的腐蚀速率

项　　目	罐底（内表面）	油相罐壁	油气或油水两相交界处	罐　　顶
腐蚀速率，mm/a	0.2～0.3	0.1	0.2～0.3	0.1～0.2

（二）三相分离器的腐蚀

三相分离器的腐蚀穿孔往往发生在焊缝区及其附近，原因有以下两点：

（1）焊条材质选择或使用不当时（尤其是焊条耐蚀性比钢板基体差时），由于材质的不同，焊缝区成为阳极，基体成为阴极。由于焊缝区相对面积小，这样就构成了大阴极小阳极的腐蚀电池。焊缝区的腐蚀速率同未形成此种腐蚀电池时相比，可增加几十倍甚至上百倍，焊缝可很快溶解穿孔。

（2）焊缝附近的热影响区，其金相组织不均匀，表现为树枝状组织，珠光体含量高，因此电化学行为活泼，易遭受腐蚀。

（三）污水罐及污水处理设备的腐蚀

污水罐及污水处理设备的腐蚀与含油污水水质、处理量以及不同工艺流程有关。国内各油田中，污水腐蚀比较有代表性的要数中原油田。下面列出了中原油田濮一联2号注水罐及缓冲罐内分层挂片试验结果（见表7-4）。

表7-4　濮一联2号注水罐及缓冲罐内分层挂片试验结果

罐　类	介　　质	平均腐蚀速率，mm/a	腐　蚀　形　态
缓冲罐	罐顶气体	0.25	棕色腐蚀产物，麻点坑蚀，最大0.62m
	污水（6m）	0.15	黑色腐蚀产物，局部坑蚀
	污水（3m）	0.09	黑色腐蚀产物，局部坑蚀
	污水（1m）	0.02	黑色腐蚀产物，基本均匀，个别坑蚀
	水底污泥	0.01	黑色腐蚀产物，基本均匀腐蚀

续表

罐 类	介 质	平均腐蚀速率，mm/a	腐 蚀 形 态
注水罐	罐顶污水	0.18	局部黄锈，圆形坑蚀
	罐中污水	0.44	两端及边缘严重腐蚀，无腐蚀产物
	罐底污泥	0.63	严重腐蚀穿孔，无腐蚀产物，表面光亮

从表中数据可以看出，缓冲罐内腐蚀速率从罐底到罐顶逐渐上升，而注水罐内腐蚀的数据恰好相反，这反映了罐内腐蚀的两种不同机理。对缓冲罐而言，从腐蚀形态看，介质腐蚀性的变化主要受氧气扩散控制的影响，罐顶部位含氧量较高，而罐底含氧量低，所以造成罐顶的高腐蚀。对注水罐而言，由于油区来的水 CO_2 分压较高，造成罐底 CO_2 的分压较高，而且罐底同时存在 CO_2、O_2、细菌等，这也是造成注水罐罐底高腐蚀的原因。

在开式流程中，以氧腐蚀为主。如中原油田文一联合站 1979 年 7 月投产，由于流程不密闭，运行 8 个月后缓冲罐壁就出现穿孔，腐蚀速率达 6.1mm/a。此后，沉降罐进出口管线、过滤罐出口管线也相继腐蚀穿孔，两年内穿孔几十次，严重时一周穿孔 3 次，直接经济损失 300 多万元。

处理量不足时，污水在站内停留时间过长，致使 SRB 繁殖严重，污水处理设备中以微生物腐蚀为主。如中原油田马厂联合站，设计能力为 $1.0\times10^4 m^3/d$，实际处理量只有 800～2000 m^3/d，因为设计规模与实际处理量相差甚远，污水在站内停留时间长达 3 天，因此 SRB 沿处理流程繁殖严重。其 1990 年 6 月测试数据如下：油井来水含 SRB10^2 个/mL，一次收油罐进口含 SRB10^2 个/mL，二次收油罐进口含 SRB10^4 个/mL，沉降罐出口含 SRB10^6 个/mL，注水泵进口含 SRB10^6 个/mL，马厂联合站 SRB 生长速度之快为中原油田之首。该站由于长期处理水量少，站内容器、管线 SRB 污染严重，因微生物腐蚀引起多处穿孔。

四、油田集输系统腐蚀的防护措施

在油田集输系统中，不同环境引起金属腐蚀的原因不尽相同，且影响因素非常复杂。对于系统内腐蚀主要是由于储存和输送介质的各方面特性所决定的，而外腐蚀是由大气、土壤等外部环境引起的。

油田集输系统的内腐蚀控制的基本原则为：因地制宜，一般实行联合保护。所谓因地制宜，是指在调查现场管道、设施内介质腐蚀性等各方面参数的基础上，提出相应、有效、经济的保护方法。而联合保护则是有效实施保护的重要技术路线。在油气田生产中，对内腐蚀主要采用以下防护措施：

(1) 根据不同介质和使用条件，选用合适的金属材料。如在含 H_2S 及 CO_2 的介质中，选用耐腐蚀合金钢 N-80、13Cr 等，油气田管道、储罐等常用碳钢和低合金钢。

(2) 选用合适的非金属材料(如玻璃钢衬里及玻璃钢管线)及防腐层。

(3) 介质处理。主要是去除介质中促进腐蚀的有害成分，调节介质的 pH 值，降低介质的含水率等，以降低介质的腐蚀性。

(4) 添加化学药剂。在介质中添加少量阻止或减缓金属腐蚀的物质，如缓蚀剂、杀菌剂和阻垢剂等，以减少介质对金属的腐蚀。

(5) 合理的防腐蚀设计及改进生产工艺流程以减轻或防止金属的腐蚀。

视具体保护对象，油田目前常用的是以上五种方法联合保护的方式。如管线内腐蚀控制，视介质腐蚀性、管线寿命、工艺参数等一般采用添加化学药剂、介质处理、选用合适的防腐层、改进生产工艺流程等联合保护。当然有的保护对象根据其特定所处环境及条件，也可以采用单一保护措施。如套管内部及油管采用添加化学药剂的保护方法。

每一种防腐蚀措施，都有其相应的应用范围和条件，各有优缺点。需配合使用，取长补短。

(一) 材料选择

选材是有效抑制金属腐蚀的手段之一，又是一项细致而又复杂的技术，既要考虑工艺条件及其生产中可能产生的各种影响因素，又要考虑材料的结构、性质及其经济性。在石油行业中主要是防腐层的选择、金属材料的选择和非金属材料的选择。

1. 影响选材的有关因素

材料的选择主要应根据材料所处环境的特点，即环境的腐蚀因素、可能发生腐蚀的类型等来选择适用的防腐层、耐蚀金属材料及非金属材料，同时应比较其经济性。选材时主要从以下两方面考虑。

1) 设备的工作条件

(1) 介质、温度和压力等环境条件。管道、设备一般是在特定条件下工作的，工作介质的浓度、成分、杂质等是选材时首先要分析和考虑的。此外，介质的导电性、pH 值及腐蚀产物的性质等，都对选择材料有重要影响。其次是所处的温度。通常温度升高，腐蚀速率加快。但在常温下稳定的材料，在高温时就不一定稳定。低温时还要考虑材料的冷脆问题。另外，还要考虑压力是常压、中压、高压还是负压。通常压力越高，要求材料的耐蚀性能越高。设备衬里选材时还要考虑负压的影响。同时，还应考虑环境对材料的局部腐蚀，特别要注意晶间腐蚀、电偶腐蚀、缝隙腐蚀、孔蚀、应力腐蚀破裂及腐蚀疲劳等类型的局部腐蚀。

(2) 设备的类型和结构。选材时要考虑设备的用途、工艺过程及其结构设计特点。

(3) 产品的特殊要求。在生产工艺中对材料的一些特殊要求，也是选材时应加以考虑的。

2) 材料的性能

对于耐蚀金属材料来讲，除了要具有一定的机械性能、加工工艺性能外，它的耐蚀性能也很重要。应注意的是，任何材料都不是万能的，所谓耐蚀也是相对的，因此选材时要根据具体情况进行具体分析。对于防腐层及非金属材料更应考虑其本身及环境的特性来选择。

2. 油田常用金属材料

在油田采油和集输系统中，出于经济性的考虑，在一般情况下油田通常采用普通钢，辅以其他防腐手段(如采用防腐层)。油田地面工程常用的碳钢和低合金钢如下：

(1) 适用于输气管道的钢材。有 10、20、30、Q235(A3、A3R)、09 MnV、16Mn、16MnSi、11MR 等。

(2) 适用于原油输送管道的钢材。有 Q235、10、20、15、25、09MnZV、16Mn、15MnV、09MnV 以及 API 标准钢材 A、B、X42、X52、X60、X65、X70、X80 等。

(3) 适用于石油储罐、容器的钢材。除适用于原油输送管道的钢材外，还有 Q235

(A3R)和 16MnR 。

(4) 耐大气腐蚀的低合金钢。有 16MnCu、10MnSiCu 等。

3. 非金属材料的选择及应用

耐蚀非金属材料很多，如防腐层、玻璃钢衬里、工程塑料、橡胶、水泥、石墨、陶瓷等，这些材料在油田广泛用在衬里和耐蚀部件上。除防腐层外，用量最大的是玻璃钢，如玻璃钢抽油杆、玻璃钢管等。

玻璃钢管诞生于 20 世纪 50 年代，现在其制造技术和工艺不断改善，质量和性能不断提高。玻璃钢管由于具有耐腐蚀性强、管内壁光滑、输送能耗低等一系列优点，目前已广泛应用于腐蚀性较强的油田地面生产系统。玻璃钢管的缺点是不耐高温，最高使用温度不能超过 200℃，能燃烧、不防火。

油气集输管线、注水管线、污水处理管线和油管及套管等都可使用玻璃钢管。国外陆上油田(如壳牌公司)，玻璃钢管主要用作出油管线和注水管线；在海上油田，玻璃钢管主要用于各种水管，如冷水管、注水管、污水处理管等。我国也有几个油田在腐蚀较强的环境中用玻璃钢管代替钢管。如胜利油田为防止污水对管道的严重腐蚀，1991 年 6 月至 9 月在新建的坝河污水站安装了直径为 80～450mm 的不同规格的玻璃钢管道 2440m ，管件 178 个。1991 年 9 月玻璃钢管道投入运行，取得了在污水站安装、试压、投产一次成功，十几年来运行良好。华北油田第五采油厂赵一联合站内的污水管线全部采用玻璃钢管，很好地解决了管线的腐蚀问题，取得了较好的效果。长庆石油勘探局 1996 年采用玻璃钢管安装天然气净化厂至靖边基地 22km 的输气管道，设计压力 6MPa ，管径为 150 ～600mm ，一次试压投产成功，运行至今，性能稳定，质量可靠。这些经验表明，对强腐蚀介质，宜采用玻璃钢管，尤其是在强腐蚀区的站内短管道系统和施工条件复杂的站外较长管道，玻璃钢管更有优越性。目前常用的多层复合玻璃钢管的尺寸规格见表 7－5。

表 7－5　常用多层复合玻璃钢管尺寸规格

静态压力级别	规格，in①	外径，mm	内径，mm	壁厚，mm	管道质量，kg/m	极限
3MPa，≤100℃	2	58.4	50	4.2	1.17	
	2.5	74.4	65	4.7	1.65	
	4	112	100	6	3.27	
	6	162.8	150	6.4	5.20	
	8	214.6	200	7.3	7.86	
	10	265.4	250	7.7	10.4	
10MPa，≤90℃	2	62.5	50	6.25	1.93	35MPa
	2.5	78.5	65	6.75	2.61	
	4	114.5	100	7.25	4.14	
18MPa，≤80℃	2	67.5	50	8.75	2.92	54MPa
	2.5	83.5	60	9.25	3.85	

① 1in=25.4mm。

(二) 合理设计及工艺流程的改进

在油田生产的设计工作中，如果忽视了从防腐蚀角度进行合理设计，常常会使金属弯曲应力集中，出现某些部位液体的停滞、局部过热、电偶电池形成等问题，这些都会引起或加速腐蚀，一般只要在设计时增加一定的腐蚀裕量即可。而对于局部腐蚀，则必须根据具体情况，在设计、加工和操作过程中采取有针对性的对策。

1.防腐蚀设计的一般原则

（1）结构形式应尽量简单。在可能的条件下采用筒形结构比方形或其他结构好。圆筒形结构简单，表面积小，便于防腐蚀施工和检修。

（2）防止残留液腐蚀和沉积物腐蚀。为了防止容器、管道内残留液体引起的浓差电池腐蚀，以及在液体滞留部位固体物质沉积而引起的沉积物腐蚀，容器出口管及容器底部的结构应设计得能使容器内的液体都能排尽，管道应尽量减少弯曲。

（3）尽可能不采用铆接结构而采用焊接结构。焊接时尽可能采用连续焊而不采用搭接焊、间断焊，以免形成缝隙腐蚀。

（4）法兰连接处密封垫片不要向内伸出，以免产生缝隙腐蚀或孔蚀。垫片最好采用不渗透的材料，而尽可能不要使用纤维和有吸湿能力的材料。

（5）为了避免容器底部与多孔性基础之间产生缝隙腐蚀，罐体不要直接坐在多孔性基础上，可在罐体上加裙式支座或其他支座。

（6）为了防止高速流体直接冲击设备而造成冲击腐蚀，可在需要的地方安装可拆卸的挡板或折流板以减轻冲击腐蚀。

（7）在设计时应避免承载零件在凹口、截面突变，以及尖角、沟槽、键槽、油孔、螺线等处产生应力集中。为了降低应力集中，减小应力腐蚀倾向，零件在改变形状或尺寸时不要有尖角，而应有足够的圆弧过渡。

（8）焊接的设备，应尽可能减少聚集的、交叉的和闭合的焊缝，以减少残余应力。

（9）为了避免产生电偶腐蚀，同一结构中应尽可能采用同一种金属材料。如果必须选用不同金属材料，则要尽量选用电偶序中位置相近的材料，也就是在该介质中电位相近的材料。一般，两种材料的电位差小于50mV时不致引起太大的电偶腐蚀。不同金属在腐蚀性介质中接触时要用绝缘材料将二者完全隔开，以防止电偶腐蚀。

要尽量避免两种不同金属间形成缝隙，这种情况的腐蚀比单独的电偶腐蚀和缝隙腐蚀要严重得多，因而在此结构中两种金属之间缝隙应采用胶粘剂涂封。不同金属材料连接时应尽量避免小阳极大阴极的危险结合，而应该有意识地创造大阳极小阴极的有利结合。

2.工艺流程的改进

油田中不少腐蚀问题是与生产工艺流程分不开的，如果工艺流程和布置不合理，就很可能造成许多难以解决的腐蚀问题。因此，在考虑工艺流程的同时，必须充分考虑发生腐蚀的可能性和防护措施。油田中常用的通过改进工艺流程而防腐的措施主要有以下几种：

（1）除去介质中的水分以降低腐蚀性。常温干燥的原油、天然气对金属腐蚀很小，而带了水分时则腐蚀加重，在工艺流程中应尽量降低原油、天然气的含水量 。

（2）采用密闭流程，坚持密闭隔氧技术，使水中氧的含量降低至0.02～0.05mg/L，以降低油田污水的氧腐蚀。

（3）严格清污分注，减少垢的形成，避免垢下腐蚀。

（4）缩短流程，减少污水在站内停留的时间。

（5）对管线进行清洗，清除管线内的沉积物，以减少管线的腐蚀。

（三）内外防腐层及电化学保护

1. 内外防腐层

（1）储罐、容器及架空管道的外防腐层。大气中的腐蚀性物质可分为腐蚀性气体、酸雾、颗粒物、滴溅液体等。外防腐材料可根据大气腐蚀性选择，在第六章有详细介绍。

（2）埋地管道用外防腐层。油田所有埋地金属管道必须有外防腐层。外防腐层一般分为普通级和加强级。选择防腐层时应根据土壤的腐蚀性、相关的环境腐蚀因素、管道运行参数以及管道使用寿命等来确定。

（3）内防腐层。根据储存或输送介质的品种、腐蚀性和介质温度选择防腐层，防腐层必须有较强的耐蚀性，并与工程寿命相一致，施工工艺简单，便于掌握，质量容易保证，经济性好。油田常用的内防腐层及其结构见表 7－6。

表 7－6　常用内防腐层及其结构

储存介质	温度,℃	推荐措施	推荐结构
清水	常温	水泥砂浆衬里 涂料防腐	厚度 1.2～1.5cm 二道底漆，二道面漆
回注污水	55～65	涂料防腐 玻璃钢衬里	二道底漆，四道面漆 一底四布四胶二面
含水原油	55～65	导静电涂料防腐 玻璃钢衬里	二道底漆，三道面漆 一底三布三胶二面
成品油	常温	导静电涂料防腐	二道底漆，二道面漆

（4）玻璃钢衬里。玻璃钢又称纤维增强复合材料，是一种机械性能、化学稳定性能都非常好的材料。一般用在储罐和容器的内壁衬里，由环氧树脂、石英粉、增韧剂、固化剂及玻璃布组成。其所用粘结料分为打底料、腻子料、贴布料和面层料四种。

玻璃钢的重量轻，比强度高，耐腐蚀，电绝缘，耐瞬时高温，传热慢，隔音，防水，易着色，能透过电磁波，是一种功能和结构性能兼优的新型材料。此外，它与金属材料相比还有以下优点：

（1）材料性能的可设计性。

（2）成型工艺的一次性。

（3）成型的方便性。

玻璃钢衬里有两种施工方法：手糊法和喷射法。

油田储油罐的罐顶、罐底，以及储水罐的内壁常用手糊法施工，一般常用四层玻璃布间隔涂树脂胶料，总厚度不小于 1mm 。该衬里有较好的防腐性能和较好的机械强度，但其缺点是当底材表面处理不好时局部粘结力不好，可能造成鼓泡或者大片脱落，因此在很多地方还不如玻璃毛鳞片涂料实用。

2. 阴极保护

在油田生产系统中，常采用阴极保护的方法来抑制油管、站内埋地管网及储罐罐底的腐蚀。阴极保护法一般有两种形式：外加电流阴极保护和牺牲阳极阴极保护。站内埋地管网及储罐罐底的阴极保护在本书的第五章和第六章已分别详细叙述。

油田区域阴极保护系统的结构形式一般有两种：

(1) 以油水井套管为中心，分井定量给套管提供保护电流，各井间电位的差异用所谓阴极链(即均压线)来平衡。这种系统比较节约电能，容易实现自动控制。缺点是投资大，易产生电位不平衡而造成干扰。

(2) 把所保护区域地下的金属构筑物当一个阴极整体，整个区域是一个统一的保护系统。阴极通电点一般设在保护站就近的管道上，各类管道既是被保护对象，又起传送电流的作用，油井套管是保护系统的末端。这种保护系统的优点是避免了干扰的产生，投资少。缺点是保护电流不易分配均匀，对阳极的布置要求较严格，电能消耗较多。

在实际应用中常采用划小保护区域的方法来达到电流的平衡和良好的保护效果，例如把联合站与油水井套管分开(绝缘法兰)，作为两个单独的区域进行保护或保护一部分。华北油田岔南联合站、岔北联合站、庄一联合站、泽 70 站、赵一联合站和东营首站的站内埋地管网和储罐罐底进行了区域阴极保护，其做法是将联合站的进出管线均加装绝缘法兰，原有接地改为锌接地避免电流的流失，在保护区域(联合站)内设置 2～4 组高硅铸铁深井辅助阳极及浅埋阳极地床，经测试保护站内的埋地管网及储罐罐底各点电位均达到了要求，取得了良好效果。

(四) 化学药剂防护

在油田生产系统中除了上述防腐措施外，还采用化学药剂防护，主要是添加合适的缓蚀剂、杀菌剂及阻垢剂等。

1. 缓蚀剂

缓蚀剂是一种当它以适当的浓度和形式存在于介质(环境)中时，可以防止或减缓腐蚀的化学物质或复合物质。按缓蚀剂的作用机理，它可分为阳极型、阴极型和混合型三种类型。按缓蚀剂所形成的保护膜特征，它可分为氧化膜型、沉淀膜型和吸附膜型三种类型。在本书第四章对缓蚀剂有详细介绍。

2. 杀菌剂

油田污水及注水系统中常常存在着硫酸盐还原菌、粘泥形成菌(腐生菌)、铁细菌及其他生物，这些微生物的存在使油田污水具有很强的腐蚀性，对油田生产产生极大的危害。油田系统中常常采用合适的杀菌剂来控制细菌产生的破坏。目前，油田采用的杀菌剂主要有季铵盐类化合物(氯化十二烷基二甲基苄基铵)、氯酚及其衍生物(NL－4、S－15)、醛类化合物(WC－85、KB901)以及其他类型杀菌剂。油田系统在使用杀菌剂时会产生抗药性，因此应当注意间歇用不同类型的药剂轮换使用。

3. 阻垢剂

结垢是油田水质控制中遇到的最严重的问题之一。结垢可以发生在采油系统、油田水处理系统和注水系统等部位。水垢的沉积会引起设备和管道的局部腐蚀，使之短期内穿孔而破坏。水垢的种类很多，影响因素也比较复杂，油田通常根据水介质组成及结垢类型来选用阻垢剂，抑制水垢的形成，从而减轻因结垢产生的腐蚀。油田常用的阻垢剂主要有 EDTMPS (乙二胺四亚甲基磷酸钠)、DCI－01 复合阻垢缓蚀剂、DDF－1 水质稳定剂、改性聚丙烯酸、CW－1901 缓蚀阻垢剂、NS 系列缓蚀阻垢剂、W－331 阻垢缓蚀剂、CW－1002 水质稳定剂、CW－2120 缓蚀阻垢剂等。

第三节　气田集输系统的腐蚀与防护

原油、天然气从井口采出经分离、计量，集中起来输送到处理厂，含 CO_2 和 H_2S 少的天然气也有直接进入输气干线的情况。在集输过程中管线设备受到湿天然气的电化学腐蚀和外壁土壤腐蚀、大气腐蚀，其中最危险的是 H_2S 腐蚀，其次是 CO_2 腐蚀。

一、气田集输系统的腐蚀特征

天然气田集输系统中的设备、管线，由于所处腐蚀环境因素比较复杂，特别是大气、土壤、输送介质、水的影响，其内外壁产生比较严重的腐蚀，内腐蚀造成的破坏一般占主要地位。以下详细介绍其腐蚀特征。

（一）局部坑点腐蚀

1. 氯离子影响

腐蚀点都在最低洼处。氯离子本身不参与腐蚀的阳极、阴极过程，但在腐蚀过程中起重要作用。氯离子极易穿透 $CaCO_3$、$FeCO_3$ 以及 $Fe(OH)_2$ 或 $\gamma-FeOOH$ 膜，使局部区域活化。氯离子浓度越大，活化能力越强。氯离子使金属的阳极溶解更加容易，从而以热力学方式加速材料的腐蚀。

在疏松的硫化铁锈垢中含有 H_2S—HCl 溶液，使锈垢与腐蚀钢材之间生成一层 $FeCl_2$。由于中间介入一层 $FeCl_2$ 而破坏了致密的硫化铁保护膜，从而加速了腐蚀。其作用机理如下：

$$FeO + 2Cl^- + H_2O \rightarrow FeCl_2 + 2OH^-$$

在金属膜遭到局部破坏的地方，成为电偶的阳极，而其余未被破坏的部分则成为阴极，于是形成了钝化—活化腐蚀电池。Cl^- 向小孔迁移，在小孔内形成金属氯化物（如 $FeCl_2$），使小孔表面继续保持活化状态，又因氯化物的水解：

$$FeCl_2 + 2H_2O \rightarrow Fe(OH)_2 + 2H^+ + 2Cl^-$$

$$FeCl_2 + H_2O \rightarrow FeOH^+ + H^+ + 2Cl^-$$

这样又进一步引起孔内的腐蚀加剧。

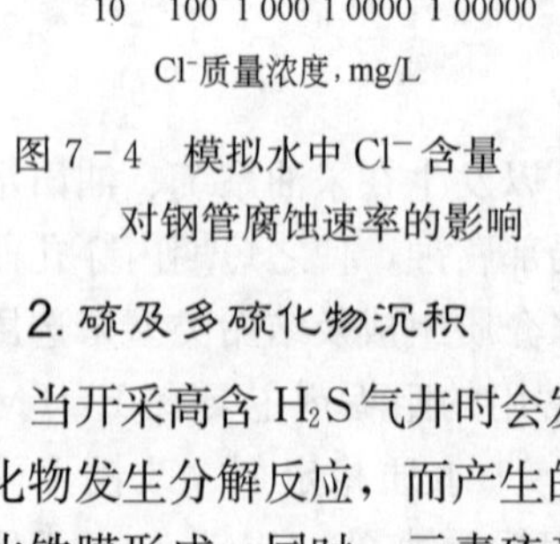

图 7－4　模拟水中 Cl^- 含量对钢管腐蚀速率的影响

图 7－4 给出了钢管的腐蚀速率随 Cl^- 质量浓度（10～50000mg/L）的变化，可以看出腐蚀速率是随 Cl^- 质量浓度增加而增大的。

2. 硫及多硫化物沉积

当开采高含 H_2S 气井时会发生此种腐蚀。随着气流压力和温度的降低，地层流体中的多硫化物发生分解反应，而产生的元素硫在金属壁上沉结，与硫化铁膜产生竞争，阻止保护性硫化铁膜形成；同时，元素硫又腐蚀电池中的氧化剂。因此在金属容器或管道底部形成局部坑点腐蚀。

（二）气相腐蚀

1. 甲醇影响

为抑制集气系统的水合物形成而注入甲醇。天然气沿着集气管道的流动而逐渐冷却，气流中甲醇和水汽在管道上部的金属表面冷凝形成凝聚相。由于甲醇比水挥发性高，故在凝聚相中水含量低，阻碍了管壁上形成硫化铁保护膜，因此由甲醇造成的局部坑点腐蚀，一般在管道中段。

2. H_2S 和 CO_2 比值影响

由 H_2S 和 CO_2 比值影响的腐蚀使管道底部两侧的腐蚀最显著，而在管道底部管壁没有显著腐蚀。CO_2 和 H_2S 溶于凝析水中形成混合酸，H_2S 和 CO_2 的比值对腐蚀性质和生成的腐蚀产物均有影响。当 $H_2S : CO_2 = 1 : 1$ 时，生成致密的硫化铁腐蚀产物，只有当甲醇浓度很高时，才发生气相腐蚀；当 $H_2S : CO_2 = 1 : 20$ 时，主要生成疏松的碳酸铁腐蚀产物，使金属反复暴露在酸性环境中而加速腐蚀。

管道中焊缝和热影响区比邻近母体金属的阳极性更强，构成更强的阳极，因此在焊缝区附近更易腐蚀。当焊缝处于液气界面时，腐蚀情况更为严重。

二、硫化氢的腐蚀类型

管道中硫化氢的腐蚀机理在本书第三章中已有介绍，以下介绍几种常见的硫化氢导致的腐蚀破坏类型。

（一）全面腐蚀和点蚀

这类腐蚀主要表现为局部壁厚减薄、蚀坑和穿孔，它是 H_2S 电化学腐蚀过程阳极铁溶解的结果。

（二）硫化物应力开裂（SSC）

1. SSC 的特点

在含 H_2S 的酸性天然气系统中，SSC 主要出现在高强度钢、高内应力构件及硬焊缝上。SSC 是由 H_2S 腐蚀阴极反应所析出的氢原子，在 H_2S 的催化下进入钢中后，在拉伸应力（外加的或/和残余的）作用下，通过扩散，在冶金缺陷提供的三向拉伸应力区富集，而导致的开裂，开裂垂直于拉伸应力方向。SSC 的主要特征有：

（1）SSC 发生在存在拉伸应力的条件下。

（2）主裂纹沿着垂直于拉伸应力方向扩散。

（3）SSC 属低应力破裂，开裂时的应力远低于金属材料的抗拉强度。

（4）SSC 具有脆性机制特征的断口形貌，裂纹源及稳定扩展区呈灰黑色，可发现覆盖的腐蚀产物。

（5）穿晶和沿晶的裂纹均可观察到，一般高强度钢多为沿晶破裂。

（6）SSC 破坏多具有突发性，裂纹产生和扩展迅速。对 SSC 敏感的钢构件在酸性天然气中，经短暂暴露后，就会出现破裂，以数小时到三个月情况居多。

发生 SSC 钢的表面不一定有明显的腐蚀痕迹。SSC 可以起始于构件的内部，不一定需要一个作为开裂起源的表面缺陷。它不同于应力腐蚀开裂（SCC）必须起始于正在发展的腐蚀表面。

2. SSC 产生的基本条件

对于酸性气体环境，产生 SSC 的基本条件有两个：一是输送介质中酸性 H_2S 含量超过临界值，二是拉伸应力的存在，两者相辅相成，缺一不可。酸性天然气管道的主要腐蚀介质是 H_2S 的水溶液。H_2S 只有溶入水，才具有酸性，发生 SSC 的临界值为 12mg/L，脱水干燥过的 H_2S，可视为无腐蚀性；拉伸应力主要为输送工作应力、焊接残余应力。90%以上的 SSC 发生在管线的出站端，原因就在于这里有较大的应力。

输送酸性气体介质时，管道内部接触 H_2S 和 CO_2，CO_2 的存在可大大加速 SSC 的发生，在拉伸应力和腐蚀介质的共同作用下，SSC 裂纹方向与拉伸应力方向垂直。

3. SSC 产生的机理

在硫化氢溶液中，H_2S 在水溶液中发生离解：

$$H_2S \rightarrow H^+ + HS^-$$

$$HS^- \rightarrow H^+ + S^{2-}$$

在拉伸应力作用下，材料表面钝化膜破裂，Fe 在水溶液中发生阳极反应：

$$Fe \rightarrow Fe^{2+} + 2e$$

并由此发生反应：

$$Fe^{2+} + S^{2-} \rightarrow FeS$$

阳极反应所放出的电子通过阴极反应被吸收：

$$2H^+ + 2e \rightarrow 2H$$

反应生成的氢，一部分结成氢气溢出；一部分进入裂纹尖端塑性区，并在夹杂物界面、晶界、偏析区、位错等缺陷处富集并形成氢分子。由于氢气的积聚而产生很高的氢压，当其达到一临界值时，引起微观区域断裂，导致裂纹的形成和材料脆性开裂。反应生成的 FeS 腐蚀产物存在缺陷结构，在其腐蚀层的结晶颗粒表面有许多裂纹和腐蚀沟槽，这更有利于 H_2S 溶液的渗入，易脱落，其电位也较正，作为负极可以和基体构成一活跃的微电池，在含有 H_2S 的水溶液中不能对进一步的应力腐蚀提供保护作用。

4. 预防 SSC 的措施

在进行含 H_2S 的酸性油气田开发设计时，可通过控制环境和控制设施用材两种办法来防止 SSC。采用抗 SSC 的材料及工艺是防止 SSC 最有效的方法。

控制环境因素有如下具体措施：

（1）脱水是防止 SSC 的一种有效方法。对油气田现场而言，经脱水干燥的 H_2S 可视为无腐蚀性。因此，经脱水使 H_2S 露点低于系统的运行温度，就不会导致 SSC。

（2）脱硫是防止 SSC 广泛应用的有效方法。脱除油气中的 H_2S，使其含量低于 NACE MR175 和 SY/T 0599—2006 规定的发生 SSC 的临界 H_2S 分压值。

（3）控制 pH 值。提高含 H_2S 油气环境的 pH 值，可有效地降低环境的 SSC 敏感性。因此，对有条件的系统，控制环境 pH 值可达到减缓或防止 SSC 的目的，但必须保证生产环境始终处于被控制的状态下。

（4）添加缓蚀剂。从理论上讲，缓蚀剂可通过防止氢的形成来阻止 SSC。但现场实践表明，要准确无误地控制缓蚀剂的添加，保证生产环境的腐蚀处于被控制的状态下，是十分困难的。因此，缓蚀剂不能单独用于防止 SSC，它只能作为一种减缓腐蚀的措施。

下面是四川气田控制 SSC 的措施：

抗 SSC 油套管：主要采用日本四大钢厂生产的 SM 系列（日本住友）、NKAC 系列（日本钢管）、NT 系列（新日铁）和 KO 系列（川崎）抗 SSC 专用管材。

抗 SSC 采气井口装置：研制出丝杆专用抗 SSC 合金钢——“318”钢，并已广泛用于制作各种抗 SSC 阀的丝杆。

新型抗 SSC 阀门：研制出新型抗 SSC 平板阀、高压抗 SSC 耐冲刷节流截止阀、新型防空阀、新型导阀式安全阀、气井井口高低压安全切断阀等，现均已广泛用于含 H_2S 气田。

抗 SSC 压力表：研制出“543”合金抗 SSC 压力表、P－250 合金抗 SSC 压力表，现均已广泛用于含 H_2S 气田。

（三）氢诱发裂纹（HIC）

氢诱发裂纹（Hydrogen Induced Cracking，缩写为 HIC），又称氢致开裂，是一组平行于板面，沿轧制方向的裂纹，它的生成不需外加应力，并与拉伸应力无关，也不受钢级的影响。它生成的驱动力是进入钢中的氢产生的氢压，其形态如图 7－5 所示。

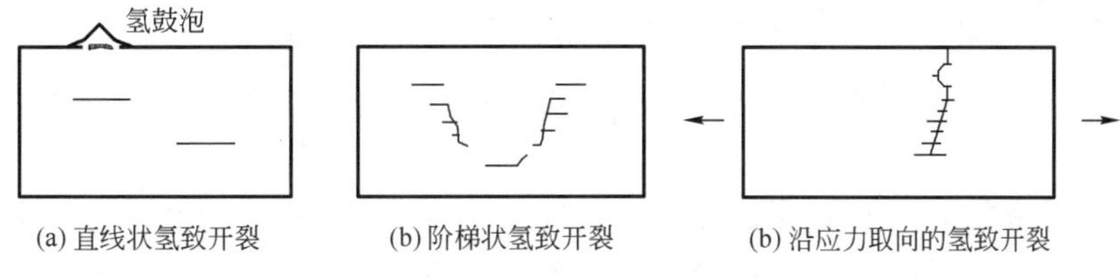

图 7－5　氢诱发裂纹形态示意图

1. HIC 的特点

在含 H_2S 酸性天然气气田上，HIC 常见于具有抗 SSC 性能的，延性较好的低、中强度管线用钢和容器用钢上。

HIC 在钢内可以是单个直裂纹，也可以是阶梯状裂纹，还包括钢表面的氢鼓泡。当氢诱发裂纹在接近材料表面的地方形成时，往往在表面会产生氢鼓泡。氢鼓泡是近表面的缺陷或裂纹内的氢压使表面发生塑性变形的结果。当材料内部条片状硫化物夹杂比较严重时，可形成阶梯状氢诱发裂纹。

HIC 极易起源于呈梭形、两端尖锐的 MnS 夹杂，并沿碳、锰和磷元素偏析的异常组织扩展，也可产生于带状珠光体和铁素体间的相界扩展。

2. HIC 产生的机理

1）氢压作用机理

如果材料中含有过饱和的固溶氢，氢原子在缺陷位置富集、析出并结合成氢分子，在恒温下产生很大的内压，则固溶氢浓度 C_H 在恒温下可表示为：

$$C_H = S\sqrt{p} \tag{7-1}$$

式中　C_H——固溶氢浓度；

p——平衡氢压；

S——常数。

微裂纹在外应力作用下会造成应力集中，而裂纹中的氢压又能增强外应力作用，使得材料在较低的外应力下发生断裂。对固溶氢损伤的现象，多半是因为金属中位错增值，并促使位错的运动，氢和位错的交互作用使裂纹前沿塑性区及三向应力集中区发生氢富集；富集的氢引起原子键合力下降，在一定的应力状态下，因氢浓度达到临界值而导致裂纹扩展。

2）氢降低表面能机理

材料在发生断裂时，将形成两个新的表面。对于完全脆性材料，断裂时所需的外力作功应等于形成新表面所需的表面能。根据此关系，Griffth-Orowan 推导了含裂纹试样的断裂判据：

$$\sigma_c = \sqrt{\frac{E(2\gamma + \gamma_P)}{\pi\alpha}} \tag{7-2}$$

式中 σ_c——裂纹失稳扩展所需的临界应力；

E——弹性模量；

γ——表面能；

γ_P——每个裂纹尖端扩展单位长度的塑性变形功；

α——裂纹长度。

对于平面应变问题，上式中的 E 用 $\frac{E}{1-\nu^2}$ 来代替，ν 为泊松比。

氢吸附后使表面能降低的理论认为，氢吸附在裂纹内表面后就能使表面能下降，从而使得 σ_c 下降。

Orowan 估计金属 γ_P 大约比 γ 高出三个数量级，因此影响断裂的主要是塑性变形功。氢在金属表面吸附时与金属表面原子能形成一定的化学键，使金属表面能降低。McMahon 指出塑性变形功 γ_P 与表面能 γ 有关，即表面能 γ 的降低会导致断裂的塑性变形功 γ_P 降低，并给出关系式：

$$\frac{d\gamma_P}{\gamma_P} = n\frac{d\gamma}{\gamma} \tag{7-3}$$

式中 n 表示数量级关系。因此表面能较小的变化就能使塑性变形功大大降低，而且当 $\gamma \to 0$ 时，$\gamma_P \to 0$。

3）氢降低原子键合力机理

氢降低原子键合力的机理是指氢进入材料后，材料的原子键合力下降，因而材料在较低的应力下就可能开裂。氢降低原子键合力的机理是基于氢的 1s 电子进入过渡族金属的 d 电子带，增加了原子间排斥力。张统一等通过研究氢作用下与键合力有关的物理量来解释该现象，并根据弹性模量与原子键合力近似成正比的关系，测定了充氢前后弹性模量的变化，以此间接地证明了原子键合力的影响。

4）氢促进塑性变形机理

金属材料受到一定的应力作用后，一般都要发生塑性变形，只有在塑性变形达到一定程度后才发生断裂。氢促进塑性变形导致断裂的机理认为：氢致开裂与一般断裂过程的本质一样，都是以局部塑性变形为先导，当它发展到临界条件就导致开裂，而氢的作用只是促进了这一过程。

3. 控制 HIC 的措施

提高钢材产生 HIC 的最低氢含量 C_{th} 和降低环境中氢含量 C_0 是控制管线用钢和容器用

钢发生 HIC 的两个有效途径。具体措施如下：

1）提高钢材产生 HIC 的最低氢含量 C_{th}，即提高抗 HIC 性能

（1）提高钢水的洁净度，降低硫含量、加钙处理可降低钢中 MnS 等非金属夹杂的含量和控制其形态，对提高钢板的 HIC 抗力非常有效。为避免钙处理钢中生成对 HIC 敏感的 Ca—S—O 非金属夹杂物，Ca/S 一般应取 2～3。

（2）降低碳含量，控制珠光体带状组织的生成。

（3）降低易偏析的 Mn、P 等元素的含量，避免其在中心偏析区生成低温转换的硬显微组织。

（4）控制轧制工艺，采用快速冷却方法以获得均匀的显微组织。

2）降低环境中氢含量 C_0

（1）控制金属表面的腐蚀反应，降低环境中氢的来源。对处理含 H_2S 天然气的管道和容器应尽可能避免积水和沉积物，必要时采取定时清除措施。现场调查表明，腐蚀严重部位的 HIC 也显著。添加缓蚀剂减缓腐蚀反应，也可降低环境中可供钢吸收的氢含量。

（2）采用防腐层。防腐层可起到保护钢材表面不受腐蚀或少受腐蚀的作用，从而减少氢的来源；防腐层还可以起到阻止氢原子向钢中渗透的作用。

（3）对于 pH 值等于或大于 5 的环境，添加铜，可使钢材表面形成保护膜，从而抑制氢进入钢中。

三、二氧化碳腐蚀的影响因素与防护措施

二氧化碳腐蚀一直是石油和天然气工业生产过程中的主要问题。早在 1940 年，油井中的 CO_2 腐蚀作用在美国路易斯安那州和得克萨斯州发现，以后在荷兰、德国、北海、几内亚湾以及加利福尼亚也都遇到过同样问题。油井或气井都存在 CO_2 腐蚀问题，但由于当时油气田管理者对频繁发生的 CO_2 腐蚀问题重视不够，因此，给油气田的正常开发造成了巨大的经济损失。CO_2 腐蚀机理在第三章已作说明，以下介绍其影响因素和防护措施。

（一）CO_2 腐蚀的影响因素

CO_2 的腐蚀过程是一种错综复杂的电化学过程，影响 CO_2 腐蚀的因素有多种，可以根据腐蚀机理从理论上得到，也可以从生产实践中了解到。CO_2 腐蚀的影响因素主要有温度、CO_2 分压、流速及流型、pH 值、氯离子、一氧化碳、硫化氢、氧含量、腐蚀产物膜、合金元素、砂粒等。这些因素可导致钢的多种腐蚀破坏、高的腐蚀速率、严重的局部腐蚀、穿孔，甚至发生应力腐蚀开裂等。

1. 温度的影响

温度对 CO_2 腐蚀的影响十分重要而复杂。高温能加快电化学反应和化学反应速率，Fe^{2+} 的溶蚀速率随温度升高而加大，从而加速腐蚀；$FeCO_3$ 的溶解度具有负的温度系数，则其随温度升高而降低，高温时沉淀速率增大，有利于保护膜的形成，因此造成了错综复杂的关系。温度对 CO_2 腐蚀的影响主要表现为：

（1）温度影响了介质中 CO_2 的溶解度。介质中 CO_2 浓度随着温度升高而减小。

(2) 温度影响了反应进行的速率。反应速率随着温度的升高而加快。

(3) 温度影响了腐蚀产物成膜的机制。温度的变化，影响了基体表面 $FeCO_3$ 晶核的数量与晶粒长大的速率，从而改变了腐蚀产物膜的结构与附着力，即改变了膜的保护性。

由此可见，温度是通过影响化学反应速率与成膜机制来影响 CO_2 腐蚀的。

事实上，温度影响了成膜机制，而表面的成膜状况直接影响腐蚀速率的大小与腐蚀类型。因此，具体温度分界点依赖于表面上的成膜状况，对于不同的钢材及不同的介质体系会有所不同，有时还可能会有较大的差别。

在较多的研究中发现，在60℃附近 CO_2 腐蚀在动力学上有质的变化。在60～110℃之间，钢铁表面可生成具有一定保护性的腐蚀产物膜，使腐蚀速率出现过渡区，该温度区局部腐蚀比较突出；而低于60°C时不能形成保护性膜层，钢的腐蚀速率(CR)在此区出现第一个极大值(含锰钢在40°C附近，含铬钢在60°C附近)；在110°C或更高的温度范围内，由于发生下列反应：

$$3Fe+4H_2O=Fe_3O_4+4H_2$$

可出现第二个腐蚀速率极大值(CR_{max})，腐蚀产物膜也由 $FeCO_3$ 膜变成混杂有 $FeCO_3$ 和 Fe_3O_4 的膜。随温度升高，膜层中 Fe_3O_4 量增加，在更高温度下 Fe_3O_4 在膜中占主导地位。

2. CO_2 分压的影响

CO_2 的分压与介质的 pH 值有关。CO_2 的分压值越大，pH 值越低，去极化反应就越快，腐蚀速率也越快。在 CO_2 水溶液体系中，CO_2 分压与 pH 值有如下关系：

$$\text{pH}(CO_2\text{水溶液体系})=3.71+0.0042t-0.5\lg(ap_{CO_2})$$

式中 t——温度,℃；

a——逸度系数；

p_{CO_2}——CO_2 分压。

CO_2 分压是衡量 CO_2 腐蚀性的一个重要参数。通常认为，当 CO_2 分压超过20kPa时，该类流体是具有腐蚀性的。在较低温度下(≤60℃低温区)，由于温度较低没有完善的 $FeCO_3$ 保护膜，腐蚀速率随 CO_2 分压的增大而加大。在100℃左右(中温区)，此时虽已形成 $FeCO_3$ 保护膜，但膜多孔，附着力差，因而保护不完全，出现坑蚀等局部腐蚀，其腐蚀速率也随 CO_2 分压的增大而增大。在150℃左右(高温区)，致密的 $FeCO_3$ 保护膜形成，腐蚀速率大大降低。

3. 流速及流型的影响

流速对 CO_2 腐蚀的影响主要是因为在流动状态下，将对钢表面产生一个切向的作用力。K. G. Jordan 和 P. R. Rhodes 研究了由于介质在钢管内流动而对管内壁产生的切向应力与流速的关系，如下式所示：

$$\tau_w/(\rho u^2)=0.0395Re^{-0.25} \tag{7-4}$$

$$Re=\frac{du}{\nu}$$

式中 τ_w——管内壁的切向应力，N/m^2；

ρ——流动介质密度，kg/m^3；

u——管内介质流动速率，m/s；

Re——雷诺数；

d——管道内直径，m；

ν——流体运动粘度，m^2/s。

切向应力的作用结果可能会阻碍钢表面形成保护膜或对表面已形成的保护膜起破坏作用，从而使腐蚀加剧。当介质中有固相、气相或三相共存时，就有可能对表面产生冲刷腐蚀。

流速使管壁承受一定的冲刷应力，促进腐蚀反应的物质交换，对沉积垢的形成和形貌起一定的作用。腐蚀速率与流速的关系如图 7－6 所示。流速影响的具体表现如下：

（1）流速较低时，能使缓蚀剂充分达到管壁表面，促进缓蚀作用。

（2）流速较高时，冲刷应力使部分缓蚀剂未发挥作用。

（3）当流速高于 10m/s 时，缓蚀剂不再起作用。流速增加，腐蚀速率提高。流速较高时，将形成冲刷腐蚀。

另外，腐蚀介质中有固体颗粒时，腐蚀将加剧。

由于高流速增大了腐蚀介质到达金属表面的传质速率，且高流速会阻碍保护膜的形成或破坏保护膜，因而随流速增大，腐蚀速率增加(图 7－7）。但在某些情况下，高流速会降低腐蚀速率，因为高流速除去了金属表面的碳化铁(Fe_3C）膜。流速对腐蚀的影响比较复杂，应视不同的流动状态分别研究。

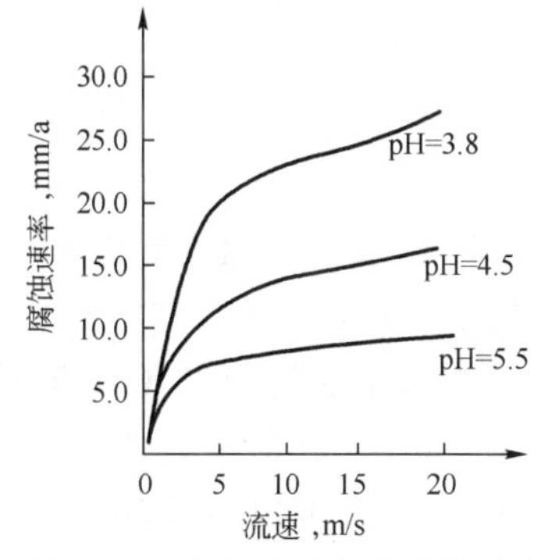

图 7－6　腐蚀速率与流速的关系

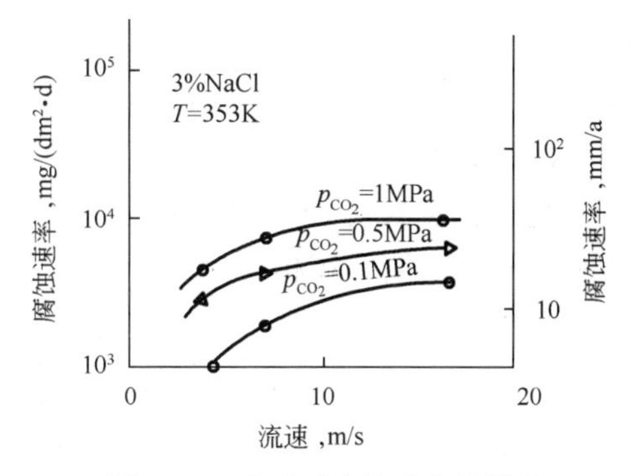

图 7－7　流速对腐蚀速率的影响

（1）金属表面无膜存在。

流速对腐蚀的影响要视被输送介质含水量的多少来决定。如果介质中含水量较高，那么腐蚀速率随着流速增加而增大。如果介质中含水量较低，那么流速达到临界流速时，腐蚀速率取得最大值。当流速小于临界流速时，随着流速增加，腐蚀速率增大；当流速大于临界流速时，腐蚀速率与流速关系不大。这是因为流速越低，管内壁的水膜越容易形成；流速高时，管内介质呈湍流状态，水分以液滴形式分布在介质中，腐蚀环境不易形成，因此，腐蚀速率与流速关系不大。

（2）金属表面有膜存在。

在较高温度下，由于表面膜的形成对物质传递有了屏障作用，因此腐蚀速率与流速关系不大。当表面膜受化学溶解或机械力作用部分或全部受到破坏时，可以导致非常高的腐蚀速率。膜破坏的两种机理都与流速和内部的传递过程有关。

国外一些专家用循环流动腐蚀实验仪测定流速对 CO_2 腐蚀的影响，得出结论：当腐蚀介质的流速在 0.32m/s 以下时，腐蚀速率随流速增加而加速；此后在 10m/s 范围内腐蚀速率基本不随流速的变化而变化，如图 7－8 所示。

有的专家在60～90℃下试验发现：在Fe^{2+}饱和情况下加上紊流会出现台面状腐蚀，当流速为20m/s时腐蚀最严重。在100℃左右，出现环状腐蚀，当流速在2.5～7m/s时其腐蚀不受影响；而流速在7～15m/s时腐蚀速率随流速增大而加速。

4. pH值的影响

液体的pH值是影响腐蚀的一个重要因素。CO_2水溶液的pH值主要由温度、H_2CO_3的浓度决定，pH值升高将引起腐蚀速率的降低（图7-9）。

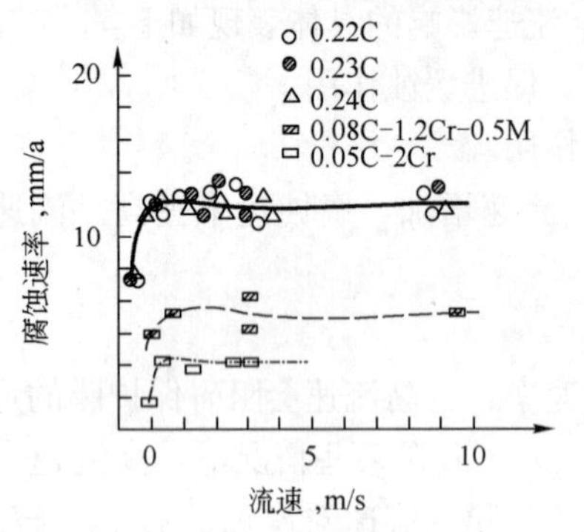

图7-8 循环流动腐蚀实验仪测定流速对CO_2腐蚀的影响

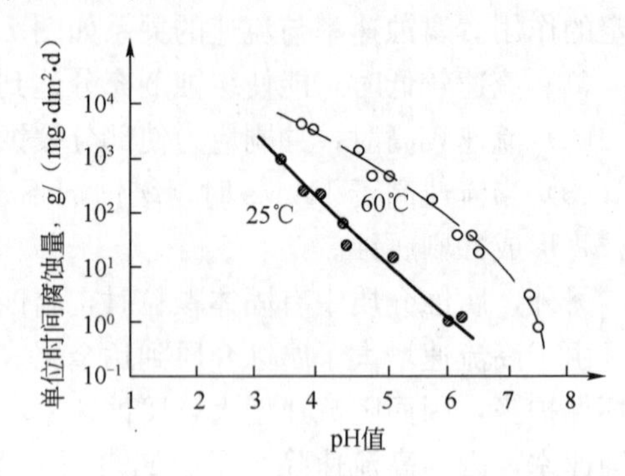

图7-9 X56钢腐蚀速率与pH值的关系

在20℃时pH值可由下式计算：

$$pH = 3.19 - 0.5\lg m_{H_2CO_3} \tag{7-5}$$

式中，$m_{H_2CO_3}$为H_2CO_3的摩尔浓度。

但是，值得注意的是CO_2水溶液的腐蚀性并不由溶液的pH值决定，而主要由CO_2的浓度来判断。试验表明，在相同的pH值条件下，CO_2水溶液的腐蚀性比HCl水溶液的高。

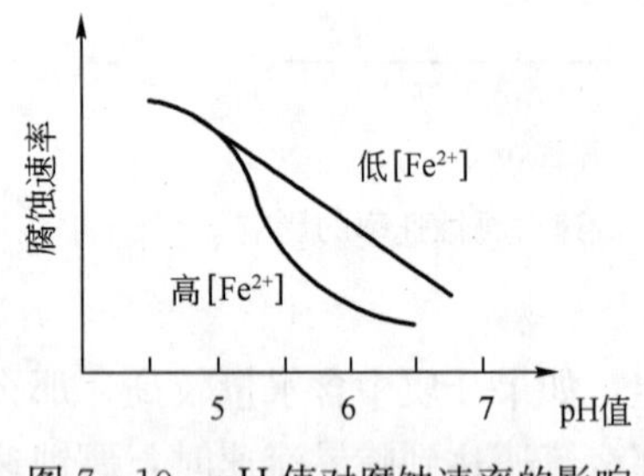

图7-10 pH值对腐蚀速率的影响

当CO_2分压固定时，增大pH值将降低碳酸铁的溶解度，有利于生成碳酸铁保护膜；pH值增大使H^+含量减少，氢的还原反应速率降低，故可以减小腐蚀速率。图7-10直观地给出了pH值对腐蚀速率的影响，可明显看出腐蚀速率随pH值的增大而大大减小。所以，仅仅依据CO_2分压和温度对腐蚀速率进行预测会产生很大的误差。

pH值对腐蚀速率的影响表现在两个方面：

（1）pH值的增加改变了水的相平衡，使保护膜更易形成。

（2）pH值的增加改善了$FeCO_3$保护膜的特性，使其保护作用增加。

5. 氯离子的影响

在常温下Cl^-的进入使CO_2在溶液中的溶解度减小，碳钢的腐蚀速率降低。如介质中含有H_2S，则结果会截然相反。当Cl^-浓度为$10～10^5\mu g/g$时，对在100℃左右出现的坑蚀等局部腐蚀的速率和形态没有影响，但在150℃左右的温度环境和有$FeCO_3$保护膜存在的情况下，Cl^-浓度越高腐蚀速率越大，特别是当Cl^-浓度大于$3000\mu g/g$时更为明显。这种现象可能是由于金属表面吸附Cl^-而延缓了$FeCO_3$保护膜的形成。另外有些报导认为Cl^-的存在可大大降低CO_2溶液中N80钢表面钝化膜形成的可能性。Cl^-的影响很复杂，对合金钢和非钝化钢的影响不同，可导致合金钢孔蚀、缝隙腐蚀等局部腐蚀。

6. 一氧化碳的影响

近来发现，CO 对湿 CO_2 环境中的局部腐蚀有重要的影响。在 CO—CO_2—H_2O 系统中，中碳钢和低碳钢易产生应力腐蚀开裂(SCC)。两种气体的分压低至 6kPa 时，足以促进 SCC，氧的存在将加剧 SCC 的严重性。管线钢对 CO—CO_2 应力腐蚀开裂的灵敏度及其严重性随 CO_2 和 O_2 浓度的增加而增加，随 CO 浓度的减少和阳极极化的增加而增加。采用含铬量大于 9%的钢可以有效防止 SCC。

7. 硫化氢的影响

H_2S 和 CO_2 是油气工业中主要的腐蚀气体。在无 H_2S(sweet gas) 气井中也难免有少量 H_2S 液体，H_2S 可形成 FeS 膜，引起局部腐蚀，导致氢鼓泡、硫化物应力开裂(SSC)。H_2S 对 CO_2 腐蚀的影响也很复杂，微量的 H_2S 不但影响了腐蚀的阴极过程，而且对 CO_2 腐蚀产物的结构和性质也有很大影响。H_2S 加速腐蚀的原因是 H_2S 影响了 CO_2 腐蚀的阴极过程，当 H_2S 浓度较高时，由于生成较厚的 FeS 沉积膜而减缓腐蚀，H_2S 在高于 100℃时对腐蚀速率影响很小。

因此，H_2S 对 CO_2 腐蚀的影响有双重作用：在低浓度时，由于 H_2S 可以直接参加阴极反应，导致腐蚀加剧；在高浓度时，由于 H_2S 可以与铁反应生成 FeS 膜，从而减缓腐蚀。即它既可通过阴极反应加速 CO_2 腐蚀，也可通过 FeS 的沉积而减缓腐蚀，其变化与温度和水的含量直接相关。一般地，在低温下(30℃)，少量 H_2S(3.3mg/L) 将使 CO_2 腐蚀成倍加速，而高含量(330mg/L) 则使腐蚀速率降低；在高温下，当 H_2S 含量大于 33mg/L 时，腐蚀速率反而比纯 CO_2 低；温度超过 150℃时，腐蚀速率则不受 H_2S 含量的影响。另外，H_2S 对铬钢的抗蚀性有很大的破坏作用，可使其发生严重的局部腐蚀，甚至应力腐蚀开裂。

8. 氧含量的影响

研究表明，氧气和二氧化碳的共存会使腐蚀程度加剧。氧对 CO_2 腐蚀的影响主要是基于两方面，一是氧起到了去极化剂的作用，去极化还原电极电位高于氢离子去极化的还原电极电位，因而它比氢离子更易发生去极化反应；二是亚铁离子与由 O_2 去极化生成的 OH^- 反应生成 $Fe(OH)_3$ 沉淀，若亚铁离子(Fe^{2+})迅速氧化成铁离子(Fe^{3+})的速率超过铁离子(Fe^{3+})的消耗速率，腐蚀过程就会加速进行。同时，由于表面具有半导体性质的 $Fe(OH)_3$ 的生成，可能会在金属表面引发严重的局部腐蚀。

O_2 和 CO_2 在水中共存会引起严重腐蚀，O_2 在 CO_2 腐蚀的催化机制中起着重大的作用。当钢铁表面未生成保护膜时，O_2 含量的增加会使碳钢腐蚀速率增加。若钢铁表面已生成保护膜，则 O_2 的存在几乎不影响碳钢的腐蚀速率。在饱和的 O_2 溶液中，CO_2 存在会大大提高腐蚀速率，此时 CO_2 在腐蚀中起催化剂的作用。在 O_2 含量不超过 1670μg/g、温度在 100℃左右或更低、$FeCO_3$ 膜难以形成的情况下，腐蚀的速率与 O_2 含量呈线性关系，这是由于 CO_2 腐蚀的阴极反应加上 O_2 的去极化反应所致。

$$O_2 + 4H^+ + 4e \rightarrow 2H_2O$$

氧对 CO_2 腐蚀的影响主要是基于以下几个因素：

(1) 氧起到了去极化剂的作用。氧的去极化还原电极电位高于氢离子去极化的还原电极电位，因而它比氢离子更易发生去极化反应。

(2) 如果在 pH 值大于 4 的情况下，亚铁离子(Fe^{2+}) 能与氧直接反应生成铁离子(Fe^{3+})，那么铁离子与由 O_2 去极化生成的 OH^- 反应生成 $Fe(OH)_3$ 沉淀或 Fe^{3+} 水解生成 $Fe(OH)_3$ 沉淀。若亚铁离子(Fe^{2+}) 迅速氧化成铁离子(Fe^{3+}) 的速率超过铁离子的消耗速率，腐蚀过程就会加速进行。同时，由于生成 $Fe(OH)_3$ 沉淀的水解反应，溶液中 H^+ 的浓度增加，pH 值下降。因此，$Fe(OH)_3$ 沉淀的生成可能会在金属表面引发严重的局部腐蚀。

(3) 氧易引发点蚀。氧对 CO_2 腐蚀的影响很大，随着氧含量的增加，腐蚀速率增大，并大大增加了点蚀的倾向；而对于生成了保护性能很好的保护膜的 CO_2 腐蚀类型，不受氧含量的影响。

9. 腐蚀产物膜的影响

很多文献报导了腐蚀产物膜对钢受 CO_2 腐蚀的显著影响。在含 CO_2 介质中，钢表面腐蚀产物膜的组成、结构、形态及特征受介质组成、CO_2 分压、温度、流速、pH 值和钢组成的影响。腐蚀产物膜中曾发现有合金元素富集，其稳定性和渗透性等会影响钢的腐蚀特性。视钢种类和介质环境状态参数的不同，腐蚀产物膜由 $FeCO_3$、Fe_3O_4、FeS 及合金元素氧化物等不同的物质组成，或单一或混合，比例也不同。

(1) 从 pH 值角度来看，一般说来，含 CO_2 的溶液 pH 值为 6～10 时，HCO_3^- 以较大优势存在，pH 值大于 10 时，CO_3^{2-} 占优势；pH 值在 10 左右时，腐蚀产物主要是 $Fe(HCO_3)_2$ 和 $FeCO_3$，pH 值在 4～6 时生成的腐蚀产物是 $FeCO_3$，没有生成 $Fe(HCO_3)_2$ 的迹象。$Fe(HCO_3)_2$ 膜是致密的，而 $FeCO_3$ 膜呈疏松状，无附着力，不能起到保护作用。关于 $FeCO_3$ 膜，Plaacios 曾对 API N80 钢及 UNS G10180g 钢在无氧的 CO_2 溶液中的腐蚀作了详尽的讨论，认为 $FeCO_3$ 膜对钢材有一定的保护作用，它有两种结构：$FeCO_3$ 膜的初始层不致密、多孔、晶粒粗大、有良好的粘附性，呈黑色或白色；而次生层致密、粘附性不好、易脱落、小晶粒、无小孔、呈棕色。

(2) 从温度角度来看，在一定的温度、压力、流态和 pH 值条件下，在低温(<60℃) 时生成的腐蚀产物膜为低温膜；在高温下(>60℃) CO_2 与金属接触时，由于 H^+ 和 Fe^{2-} 的作用，生成 $FeCO_3$ 和 Fe_3O_4，这些腐蚀产物膜为高温膜。这两类膜都能对管道起到保护作用，减少腐蚀。

10. 合金元素的影响

合金元素对 CO_2 腐蚀有很大影响，例如，在低于 30℃时，阴极反应机制是水解生成碳酸，其决定速率。当钢材中加入少量的 Cu 元素时，会大大降低 CO_2 水解生成碳酸的活化能，因而极大地提高了决定速率步骤的反应速率，使腐蚀加快。

铬钢的耐腐蚀性主要是因为 Cr 元素富集于腐蚀产物膜中。例如，在 Cr 含量为 2%(质量分数，下同) 的钢中，腐蚀产物膜中的 Cr 含量高达 15%～17%。在潮湿的环境下，铬钢的腐蚀产物膜致密并且粘附性和韧性都好，而且 Cr 含量越高，腐蚀产物膜越薄。Ikeda 等人的结论是，不同 Cr 含量的钢在不同温度下都存在一个最大的应力腐蚀速率，且最大应力腐蚀速率随着 Cr 含量的增加向高温方向移动。同时，不含 Cr 的钢和含 Cr 直至 5%的钢，在 200℃时腐蚀速率都出现了一个最小值。

各种金属材料耐腐蚀的能力见表 7 - 7。从表中可见，腐蚀速率随时间的增加而大大减小。

表 7-7 NACE 选择的金属材料的耐腐蚀能力

试验材料	在连续暴露的指定周期中的腐蚀速率，mm/a		
	7天	28天	70天
碳钢			
J-55	1.55	0.35	0.15
H-40	1.50	0.38	0.23
N-80	1.93	0.43	0.14
铸 HL-3604 L-A	0.35	0.11	0.06
铬钢			
铬 2¼	1.48	0.16	0.08
铬 5	1.15	0.02	0.11
铬 9	0.04	0.01	0.005
铬 12	0.02	0.007	0.003
铸 AW-2023 L-12	0.002	0.001	0.0003
8级	1.35	0.45	0.13

注：试验条件：无氧水溶液，CO_2 分压 1.3MPa，试验温度 54℃，试片转速 9r/min。

不锈钢抗 CO_2 均匀腐蚀的能力随合金添加剂添加量（特别是铬和锰）的增加而增强。含 Cr9%的铬合金，无论有无 1%Mo，在低硫凝析气井中都表现出很好的性能。13Cr 钢被成功地用作海上油田凝析气井的生产管柱。

含铬量大于 12%的镍铬钢是很耐湿 CO_2 腐蚀的，即使在高 CO_2 分压下也是如此。然而，当有氧化物存在时，也会出现坑蚀和裂隙腐蚀。

低合金钢 34CrMo4、30CrNiMo8 和 37Mn5 在 CO_2—H_2O 系统中，在 0～60℃温度范围、6MPa 和恒定载荷的试验条件下都遭到腐蚀开裂，开裂的灵敏度是钢材强度、载荷大小、CO_2 分压和温度的函数。在低于屈服强度的载荷下，CO_2 分压大于 1MPa 时，会产生开裂。在高 CO_2 分压下，开裂的灵敏度随钢材强度、载荷和温度的增加而增加。值得注意的是，当 Cr 含量降低时局部腐蚀的倾向也随之增大。

镍一般能改进耐腐蚀性，然而作用不很明显，即使添加量为 9%也是如此。9%的镍合金钢，用于高 CO_2 分压的腐蚀性环境中其耐腐蚀性能良好，但有时也会遭受腐蚀开裂和坑蚀。锰合金钢、镍合金钢的耐腐蚀性相当，但锰合金钢对抗蚀的灵敏度略高些。据报导，合金元素 Ni 的加入会促进 CO_2 腐蚀，但含 Ni 的钢对于防止硫化物腐蚀开裂是很有效的。

此外，还有研究认为焊缝金属和热影响区的腐蚀最有可能是由合金含量和微观结构的差异产生的电流效应引起的。

11. 砂粒的影响

用溶有 CO_2 的含砂水以一定的角度冲击试件，得出砂粒磨蚀的有关实验数据和结论，如图 7-11 所示。该图可说明在砂粒和 CO_2 的共同作用下引起的磨蚀腐蚀情况。

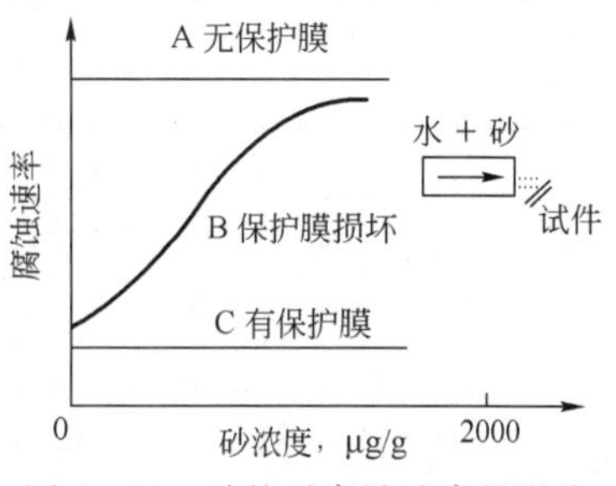

图 7-11 砂粒对腐蚀速率的影响

从图中曲线 A 可以知道，在壁面无保护膜的情况下，即使砂浓度达到几千个微克每克，腐蚀速率基本不变（实验中冲击角度为 20°，流速为 6m/s），即在无保护膜条件下砂粒对钢管腐蚀速率的影响很小。曲线 C 表明，在存在 $FeCO_3$ 保护膜的条件下，砂粒的磨蚀也不能增加腐蚀速率，其原因是保护膜对砂粒的冲刷有阻滞作用。此外，保护膜的再生相当快。

在表面保护膜损坏的情况下，偶尔发生砂粒对腐蚀速率有较大影响的情况，如图 7－11 中的曲线 B 所示。

由此可以得出结论：对于大直径、光滑的管道，在流体流动较慢的情况下，砂粒冲击所造成的磨蚀腐蚀是相当微小的。管道内壁的腐蚀速率要么保持在无保护膜状态下的较大值，要么保持在有保护膜状态下的较小值。上述结论不适用于管壁保护膜不完整的情况，也不适用于弯头或具有复杂几何形状的管件。

但在大直径输送管道内，滞留的砂粒会带来比磨蚀腐蚀更严重的问题。被砂粒覆盖区域与周围无砂粒区域间的电偶作用会加快钢材的局部腐蚀速率。

（二）CO_2 腐蚀的防护措施

目前，防止 CO_2 腐蚀的主要措施是采用抗蚀金属材料，表面涂层保护，加注缓蚀剂，除去水、氧和其他杂质以及通过适当的系统和设备设计尽量避免或减轻各种加速腐蚀的因素等等。这些措施应该在着手开发油气田时就决定，如井下管柱及地面设备管线是否采用昂贵的抗蚀材料或进行涂层保护、井身结构及完井时是否下封隔器等。特别是海上油气田开发，如果最初决定的措施不当，补救起来就有一定困难。因此，在油气田开发方案制定时，就必须根据首先完钻的第一、第二口井的资料预测今后腐蚀性的大小，从而确定最经济的防护措施。

1. 耐腐蚀材料的选择

耐 CO_2 腐蚀管道材料的选择一般都是按照 API Spec 5CT 的规定，根据井深、油气压等条件，选择不同强度级别的油管、套管。对于腐蚀程度一般的井，可选取 J55 和 N80 等低强度级别管材，而对于超深井，则需要用 C－95、P110、Q125 或更高强度级别的管材。对于 CO_2 腐蚀较为恶劣的油气井，国外采用含铬铁素体不锈钢或使用特种耐蚀合金钢管材，如 1Cr、9Cr、13Cr、22～25$Cr_{(\alpha\to\gamma)}$ 双相不锈钢等钢管，这些管材凭自身的耐蚀性能抵制 CO_2 腐蚀，在其有效期内无需其他配套措施，对油气井生产作业无影响，且工艺简单。由于我国多数油田是贫矿低渗透油田，使用价格昂贵的 13Cr 或更高钢级的油管，一次性投资太大，经济性较差，因此多数油田在 CO_2 腐蚀环境中使用的还是 J55、N80、P105 等一般碳钢管。

从表 7－8 所列部分耐蚀钢材的适用环境可以看出，铁金属材料从碳钢到高合金钢已被广泛地用作含 CO_2 油气生产系统的结构材料。20 世纪 70 年代以来，9Cr－1Mo、AISI410 (12%Cr)、13Cr 等马氏体铬钢曾成功用于含 CO_2 气井的井下管柱，而 22～25$Cr_{(\alpha-\gamma)}$ 双相不锈钢的抗蚀能力较它们更稳定。IFE 发现，管材中含有少量的铬有助于防止 CO_2 腐蚀，但过量含铬则不利于焊接处理，目前正在研究铬的最佳含量。

表 7－8　部分耐蚀钢材的适用环境

耐蚀材料	适用环境
9Cr－1Mo，304 不锈钢	用在退火困难的环境下，如热交换器
Monel	应力腐蚀破坏环境
316 不锈钢，9Cr，9Ni，Ni－Cu，Ni－Cr，Ni－Fe－Cr，Ni－Cr－Cu，Hastellogs，Incond 625	湿 CO_2 环境中
碳钢和低合金钢	低 CO_2 分压或经充分涂层或含抑制剂的环境
3～4Mo317 不锈钢	含氯化物的湿 CO_2 环境
22～25$Cr_{(\alpha-\gamma)}$ 双相不锈钢	含 CO_2 油气的井下管系

在湿 CO_2 环境中，即使在高 CO_2 分压下，不锈钢是很耐腐蚀的。316 不锈钢在湿 CO_2 环境中的实用性能良好。用 316 不锈钢制造的 CO_2 注入井的计量仪表、阀和井口装置及闸板阀和止回阀耐腐蚀性能良好。在含氯化物的湿 CO_2 环境中，含 3%～4%Mo 的 317 不锈钢耐腐蚀能力最强。在 H_2O—CO_2—Cl^- 系统中应用高 Cr 含量的钢，例如 9Cr—1Mo 和 13Cr 马氏体钢或 22～25 $Cr_{(\alpha-\gamma)}$双相不锈钢，它们既可适用于溶蚀相，又适用于高流速(超过 26m/s) 的两相流中。但美国腐蚀工程师协会编写的《油田设备抗硫化物应力腐蚀开裂的金属材料要求》(MR－01－75)中提出：不论奥氏体、马氏体、铁素体不锈钢，在含 H_2S 的酸性环境中使用时，硬度不超过 HRC22。在 CO_2 和 Cl^-共存的严重腐蚀条件下，采用 Cr—Mn—N 系统的不锈钢管(22～25Cr) 作油管和套管；在 CO_2 和 Cl^-共存并且井温也较高的条件下，应用 Ni—Cr 基合金(Supperalloy) 或 Ti 合金(Ti－15Mo－5Zr－3A1) 作套管和油管等；在苛刻的极强腐蚀环境条件下，油井管螺纹也需满足特殊的要求。这时，圆螺纹和偏梯形螺纹不能满足使用要求，需用特殊的螺纹连接来实现螺纹部分与腐蚀介质相隔绝的螺纹设计并满足螺纹连接的强度超过管体强度的要求。

根据国外资料介绍，外国油田对含有 H_2S、CO_2、Cl^- 等腐蚀介质的油气田，油套管一般选用合金钢。但是由于不锈钢与碳钢的价格有很大差距，所以人们还是试图寻找碳钢的防护措施，如 20 世纪 80 年代英国在北海油田的某区域考虑使用不锈钢镀层的碳钢高压管道。我国选择用钢的高压输送管线是从 20 世纪 60 年代开始的，铺设了四川天然气管线和大庆到北京的管线。实践表明，采用 16Mn 热轧板卷制成的螺纹焊接管，这种管材用于含 CO_2 和 H_2S 的天然气输送是不合适的，它引起了一系列的重大恶性事故，后改用从日本进口的 TS52K 钢，实际上它是一种新型的控轧管线用钢板。

采用综合的腐蚀速率来制定材料的选择原则，归纳如下：

(1) 低腐蚀率。使用碳钢，可能留有腐蚀裕量。

(2) 中等腐蚀率。使用碳钢并留有腐蚀裕量，化学处理（腐蚀抑制剂）。

(3) 高腐蚀率。使用耐蚀合金钢。

含珠光铁素体微观结构的 J55 型钢有良好的抗局部腐蚀性，可能是由于存在于腐蚀产物上的 Fe_3C 膜的固着效应所产生的结果。

2. 涂层保护

在近几十年，防腐层技术有了较大发展，在结构上向着多层复合型发展（如三层 PE 防护层），在涂料品种上，开发、应用了高固体分溶剂型涂料和水基涂料。高固体分溶剂型涂料主要是采用环氧体系，典型的组成为：低相对分子质量固态环氧树脂和酰胺二聚体。这个配方的优点是防腐蚀、防水、附着力强、涂膜坚硬。开发的目的是降低成本，减少溶剂挥发。水基涂料主要以丙烯酸酯共聚物等为基础，开发原因完全是为了减少环境污染。目前，水基涂料应用还不够广泛，主要原因是施工环境要求较高、表面处理级别较高、费用较高。从长远来看，上述两类涂料是今后一段时间内发展的主要内容。当然高固体分溶剂型涂料和水基涂料还需在性能等方面不断提高。

为了有效地防止管道的内腐蚀，国外普遍采用防腐蚀的内涂层，涂层技术对油气井的生产影响相对较小，成本低，使用方便，因此在防腐蚀过程中应用也很广泛。在管道容器的内壁采用树脂、塑料等涂层衬里保护，已成为防止腐蚀的常用方法。该种方法用无机和有机胶体混合物溶液，通过涂敷或其他方法覆盖在金属表面，经过固化在金属表面形成一层薄膜，使物体免受外界环境的腐蚀。

管道防腐层选择应考虑以下几个重要因素：

(1) 合理的设计。包括根据环境选择适合的防腐层，进行合理的结构设计等。

(2) 较好的表面处理。依据防腐层品种进行相应的表面处理，特别是修复防腐层应强调有良好的表面处理。

(3) 足够的防腐层厚度、无防腐层缺陷。

(4) 对防腐层局限性的认识。由于没有一种防腐层能适应任何环境，因此在应用中对防腐层的优点和缺点要有足够的认识，才能避免造成防腐层的过早失效。

3. 缓蚀剂防腐

缓蚀剂在使用过程中，按其与所用溶剂互溶情况，分为油溶性缓蚀剂和水溶性缓蚀剂。油溶性缓蚀剂是指缓蚀剂只能分散溶解于油中，水溶性缓蚀剂是指缓蚀剂均匀地分散在水中起缓蚀作用。部分缓蚀剂的缓蚀环境见表 7-9。

表 7-9　部分缓蚀剂的缓蚀环境

缓蚀剂	缓蚀环境	备注
聚马来酸铵盐	油包水乳状液中 CO_2 和 H_2S 的腐蚀	
α，β-乙烯基饱和醛与有机多胺（如乙二胺、丙烯二胺等）的反应产物	在 150～230℃高温下	反应产物应经过加热处理后使用
CT2-1	含凝析油，产水量小的气井	油溶性
CT2-4	产水量大，井筒积液不易带出或井底有水需封井保护的井	水溶性
硼砂、乙二醇胺、三乙醇胺、磷酸钾、苛性钠、$NaCO_3$	甘醇脱水装置	
咪唑啉与硫脲复合缓蚀剂	处于 CO_2 饱和的 NaCl 溶液中的碳钢	
硫脲衍生物	在 CO_2 饱和的水溶液中的碳钢	较低浓度时效果更明显

国外常用的康托尔(Kontol)系列缓蚀剂及纳尔科(Nalco)公司的 2VJ-612 型缓蚀剂等，据称抑制 CO_2 腐蚀有较好的效果。国内以华北油田生产的 WSI-02 型缓蚀剂抗 CO_2 腐蚀效果较好。含有氮、磷和硫分子的缓蚀剂对 CO_2 的腐蚀控制效果更好。缓蚀剂广泛用于湿 CO_2 系统中，用于井下管柱防腐的缓蚀剂是多种类型的有机化合物。对于含有分散剂晶粒的非水溶性有机物，在一次性处理或周期性处理时，必须充分搅动使其到达系统中全部金属表面上，在金属表面形成一层稳定的防腐膜。在选择合适的缓蚀剂后，往往由于投加方法不当，造成防腐效果不佳，为能充分发挥缓蚀效果，减少经济损失，需采用正确的投加方法。例如挪威 Ekofisk 油田采用置换法、注入法和地层挤入法这三种方式使用缓蚀剂，在保护含 CO_2 的油气井中取得了很好的效果。在 Little Greek 油田 CO_2 驱实验中，采用了连续注入方式。缓蚀剂由环形空间加入，通过单向阀进入井中并随产出流体经油管向上循环返出。

4. 系统设计中的防腐考虑

湿 CO_2 腐蚀控制应该从设计和工程建设阶段开始。设计中应考虑的问题是：

(1) 保持液体流速低于磨蚀限。

(2) 适当的设备尺寸，以避免夹带和污染。

（3）使用过滤器以保持系统无固体。

（4）采用在低温下操作的湿 CO_2 调节过程，并考虑使用非腐蚀性溶剂。

（5）在装置入口处用水冲洗塔和过滤分离器以清除送进的一些污染物。

（6）使用符合规范的良好设备和焊接规程。

（7）避免不同金属接触同种溶液。

（8）不能用平焊法兰和封闭焊接的螺纹接头。

（9）若气水交替使用，应考虑使用气水分离线。

5. 其他防护措施

（1）去除杂质。

某些杂质如水、氧、氯化物和固体等的存在会加剧 CO_2 的腐蚀。因此，在油气田中进行 CO_2 腐蚀的防护工作时，应考虑将这些杂质除去。

采用水洗法可将氯化物和固体从系统中除去；氧可以通过密封原料系统或用除氧剂除去。在系统开工之前和在系统与大气相通的任何时候，需要用除氧剂除氧。

从系统中除去湿气（即脱水）是最有效的防腐方法。目前，四川气田川东地区就是采用脱水工艺，而不是脱出采出气中的 H_2S 或 CO_2 来达到防腐的目的。因为在高压装置中，管线供给气脱水有助于将腐蚀减少到可接受的水平。

（2）增大 pH 值。

在高 pH 值（6～7）条件下，因 Fe^{2+} 的溶解度降低很多倍（$\ll 10^{-6}$），故保护膜更容易形成，同时 Fe^{2+} 溶解度降低也意味着保护膜（$FeCO_3$）不易被溶解。保护膜一旦形成，则只能靠机械力或冲刷作用才能除去。向凝结物中人为地添加 pH 值稳定剂或同时使用水化物抑制剂，可使高达 10～20mm/a 的腐蚀速率降低到合乎要求的程度，这一技术已经在 ELF Aquitaine 公司和挪威北海的里弗哥（Fille-Tragy）油田得到实际应用。

（3）降低温度。

一般在 80℃以内，腐蚀速率随温度升高而增加，所以降低温度也是抑制 CO_2 腐蚀的一种方法。这可通过如下方式实现：在管道的前面部分使用无隔热层的不锈钢管来使其温度降低，从而后面部分便可使用碳钢管材。

（4）避免紊流。

管道中的弯头和突出部位的紊流程度很高，这样会破坏保护膜或缓蚀剂吸附膜。此外，在这些部位，水也更容易分离出来，因而会增大腐蚀速率。

（5）阴极保护。

从理论上说，设备管线的金属材料在 CO_2 介质中的腐蚀是一种电化学腐蚀。根据 CO_2 腐蚀的电化学原理，将发生 CO_2 腐蚀的材料进行阴极极化，这就是阴极保护。阴极保护可以通过外加电流法和牺牲阳极法两种途径来实现。对于管线内腐蚀，实际上很难通过阴极保护来实现管线的防护。

（6）定期的腐蚀检测与适时的维修和保养。

定期的腐蚀检测与适时的维修和保养是及时发现和消除事故隐患的关键，从技术—经济的角度考虑，安全检测是必要的，尽管所花的代价相当大，然而它对避免重大事故，保证油气生产设备长期安全运行，具有巨大的技术、经济意义。

油田系统的腐蚀检（监）测技术主要包括：氢探头法、电阻法、磁粉探伤、超声检查与交流电位降法、压降法、肉眼检查等。

氢探头法：这是用来监测材料在远低于设计应力和许用应力条件下发生低应力腐蚀开裂和氢鼓泡危险性的一种方法。市场上有各种的仪器，如 Cormon、Petroll 和 Atel 氢探头等。但是这些商品仪器测得的仅仅是原子氢渗透电流的值，没有与材料/装置的低应力脆性断裂危险性联系起来，并且相应时间长，输出信号水平低。为此，杜元龙等人研究开发了新一代的管线钢硫化物应力腐蚀开裂危险性智能探测仪，它可以用来在线检测钢制管线/设备发生低应力脆性断裂的危险性，经适当改进还可用于长时间监测。可为调整控制工况条件和工艺参数，避免由于上述原因发生的恶性破坏事故，提供现场评价/判断依据。

电阻法：这种方法简称 ER 法，它利用金属探头因腐蚀使截面积减小，从而使探头的电阻增加的原理。这种方法可用于快速监测介质的腐蚀性。

磁粉探伤、超声检查与交流电位降法：交流电位降法简称 ACPD 法（A1ternating current potential drop），它和常用的磁粉探伤(MPI)、超声检查(UT) 等方法相配合，也能用于大口径管道和设备内壁裂纹等缺陷的定位，测定其长度、深度和大小等。

压降法：定期测量在一定长度的管线上的压降，可以定性地评估由于腐蚀引起的管道内壁粗糙度或腐蚀产物沉积状况的变化。

肉眼检查：当大口径管道打开以后可直接进行肉眼观察，取得资格认可的人员可以进行下列检查，管内表面的腐蚀状况/类型、腐蚀最深处的剩余厚度、腐蚀的周向与径向分布特征以及沉积物下的腐蚀状况，提取沉积物样品做进一步的分析等等。

四、集输系统防腐原则

气田大多自然条件恶劣，硫化氢腐蚀、二氧化碳腐蚀、土壤腐蚀随区域变化很大。为保证气田建设工程质量和使用寿命，应吸取已开发气田的防腐蚀经验和教训，超前开展调研工作，针对具体的气田开发现场，进行必要的研究和试验，对不同气井和区域的腐蚀性做出综合评价。同时，对具体的防腐蚀方案、施工工艺以及防腐蚀工程管理制定出实施细则，建立防腐蚀工程系统管理程序和归口体系，做到防腐蚀工程必须由具有一定防腐蚀施工经验的专业队伍施工，加强工程管理人员的防腐蚀专业培训工作，完善和补充防腐蚀工程的各项规章制度，协调防腐蚀科研、设计、施工三方面的工作，形成科研、设计、施工、质量监督、生产管理一体化的运行机制，将气田防腐蚀作为一个系统工程来规划和管理。

气田集输系统防腐蚀工程建设应遵循以下原则：

(1) 管道、设备和其他金属构筑物的防腐蚀工程建设，必须依靠科学技术进步，提高我国气田防腐蚀的水平。

(2) 因地制宜、立足国情和专业发展水平，运用系统工程管理方法，提出技术上可靠，经济上合理的一整套设计方案。

(3) 防腐蚀工程设计，必须立足于大量调研资料和科学论据之上，根据各种腐蚀环境，结合工程实际情况，采用成熟、可靠的先进技术。

防腐蚀施工方案的选择应考虑其技术可行性、经济合理性及施工简化等方面的因素。要针对具体工程的工艺、环境条件以及管线和设备的设计寿命，结合各种方案的特点及发展现状，提出可满足管线、设备施工及运行条件的防腐蚀施工对策。

第八章　海上油气田的腐蚀与防护

海洋中蕴藏着极其丰富的资源，而其中的矿物资源，是迄今人类对海洋资源的研究与开发实践投入最多的领域。海洋石油生产，大约始于40多年前，探索性的工作则有更长的历史。40多年来，开发海洋石油的技术，有了飞速的发展，人类不仅能利用港工技术开采浅海和滩涂的石油，而且可以使用高新技术，开采深海海底的石油资源。海洋石油的产量，对世界能源供给，已经起着举足轻重的作用。

开发海洋石油，主要是要战胜海洋环境所造成的困难，海洋环境与内陆环境有着显著的不同，其对钢铁的腐蚀是内陆的4～5倍。本章将阐述海洋环境对油气田设施的腐蚀，以及海洋环境中的腐蚀防护对策。

第一节　海上石油平台的腐蚀与防护

一、海上石油平台的腐蚀环境

海上石油平台是长期在海上从事钻探和采油生产的人工岛，它的腐蚀环境比内陆要严酷复杂的多，主要有以下原因：

(1) 海上石油平台是在远离港口的外海海域作业，没有防浪堤坝等港口设施保护，每天要承受海风、海浪、潮流的作用，某些海域还要经常遭受暴风、狂浪、浮冰、地震的袭击。风浪和潮流使平台潮差区和飞溅区腐蚀加剧，冲击力作用到结构物上产生应力腐蚀和腐蚀疲劳破坏。

(2) 海上石油平台结构复杂、庞大，大都从海底一直伸展到数十米以上的高空，不仅受到海上大气和海水的腐蚀，还遭受海水飞溅、潮汐、海泥的作用，尤其是海水飞溅区的腐蚀及保护已成为十分突出的问题。

(3) 海上石油平台甲板以下部分大都是管桩式结构，焊接结点多，部位集中，且焊接结点部位是最易产生严重腐蚀的部位，对其保护格外重要。

(4) 海上石油平台大多不能自航，生产平台不能移动，所以不像船舶那样可以定期进港维修，海上石油平台寿命一般为20～30年，这就要求保护系统的寿命与之相适应。防护腐蚀的措施要维持这么长的时间，实际上会有许多困难。

二、海上石油平台的腐蚀特点

(一) 平台腐蚀分区

海洋环境中的腐蚀特征，人们已经展开了许多富有成果的研究，对它们已有相当的了解。根据环境介质的差异，一般将海洋腐蚀环境划分为海洋大气区、飞溅区、潮差区、全浸区和海泥区五个区域，如图8－1所示。

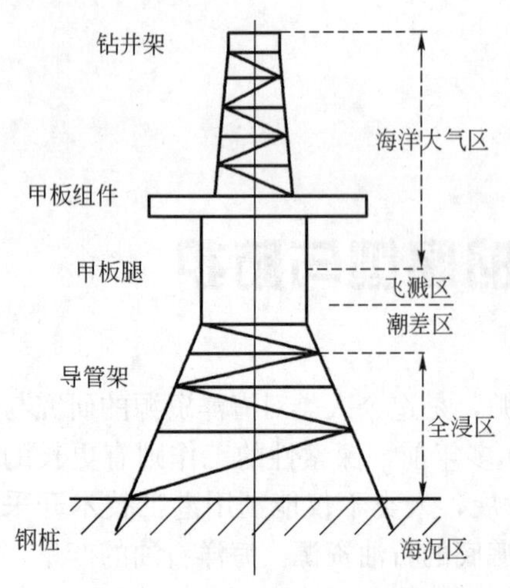

图8－1　海上石油平台主要结构及腐蚀环境分区

1. 海洋大气区

海洋大气与内陆大气有显著的不同，它不仅湿度大，容易在物体表面形成水膜，而且其中含有一定数量的盐分，使钢铁表面凝结的水膜和溶解在其中的盐分组成导电性良好的液膜，提供了电化学腐蚀的条件。相比于其他区域，海洋大气区中钢铁的腐蚀表面比较均匀。

2. 飞溅区

飞溅区位于高潮位上方，因经常受海浪溅泼而得名，也叫浪花飞溅区。飞溅区范围的大小，因海域海况条件的不同有很大的差异。飞溅区中钢铁构件的表面经常是潮湿的，而且它又与空气接触，供氧充足，因此这里便成为海洋石油开发设施腐蚀最严重的区域。

影响飞溅区腐蚀的因素有阳光、漂浮物等。恶劣的海况浪高流急，不仅使飞溅区范围增大，而且对钢表面的冲击力也加大，破坏保护层。水中漂浮物随波浪拍击结构物，引起机械损伤。不同海区的波浪高度差异很大，气温和水温也不一样，因此这一区域的腐蚀会有较大的差别。

3. 潮差区

高潮位和低潮位之间的区域称为潮差区。位于潮差区的海上结构物构件，经常出没于潮水中，与饱和了空气的海水接触，会受到严重的腐蚀。当采用单独的小试片进行腐蚀挂片试验时，钢铁在潮差区的腐蚀速率要比全浸区高得多。但是，如果试样是连续的长尺，则情况却不一样，潮差区的腐蚀速率反而要比全浸区小。出现这种现象的原因是由于在连续的钢表面上，潮差区的水膜富氧，全浸区相对缺氧，因此形成氧的浓差电池，潮差区电位为阴极，腐蚀较轻。

海上固定式钢质石油平台的结构是上下连续的，与长尺腐蚀试样所模拟的情形一样，其潮差区构件受到的腐蚀要比全浸区轻。在工程设计上有时把潮差区并入飞溅区考虑，这并不意味着潮差区构件受到的腐蚀和飞溅区一样严重，而是从设施的施工、维修以及阴极保护等方面加以综合考虑。

4. 全浸区

长期浸没在海水中的钢铁，比在淡水中受到的腐蚀要严重，其腐蚀速率为0.07～0.18mm/a。海水中的溶解氧和海水的盐度、pH值以及温度、流速、海生物等因素，对全浸区的腐蚀都有影响，其中溶解氧和盐度影响最大。较大的流速，不断地给钢铁表面供氧，同时冲走腐蚀产物，加速钢铁的腐蚀。

在前面提到的潮差区与全浸区形成的氧浓差电池中，其阳极行为发生在低潮位附近。在渤海4号石油平台使用12年后进行的一次检测中，发现低潮位附近的构件有多处腐蚀穿孔，推算腐蚀速率达0.6mm/a以上。在一些没有阴极保护的钢板桩码头，在低潮位附近的全浸区，也屡屡发现严重的腐蚀。

5. 海泥区

海底泥沙是很复杂的沉积物。不同海区的海泥对钢铁的腐蚀不同，尤其是受到污染和含有大量有机质沉积物的软泥，需要特别注意。一般认为，由于缺少氧气和电阻率较大等原因，海泥中钢铁的腐蚀速率要比海水中低一些，在深层泥土中更是如此。

影响海泥对钢铁腐蚀的因素有微生物、电阻率、沉积物类型、温度等。海泥中的硫酸盐还原菌对腐蚀起着极其重要的作用。

如同潮差区与全浸区之间一样，在全浸区和海泥区之间也会形成氧浓差电池。当结构物穿过海水和海泥时，泥线以下的钢铁会由于相对缺氧而成为阳极，加重腐蚀。对于长距离管线，不仅要注意不同区域的腐蚀因素，而且要注意由于不同腐蚀因素引起的宏电池腐蚀。

（二）焊接结点的腐蚀

海上石油平台的结构特点之一是广泛采用大型圆筒构件焊接。圆筒（或圆管）相交形成结点，一个能在 300m 水深处工作的钻井平台，焊接结点可达 300 多处。典型的结点如图 8－2所示。这些节点是平台上的高应力区，除有应力集中外，很可能还同时存在焊接残余应力、焊接缺陷等促进断裂的因素。加之焊接结点形状复杂，不易得到保护，故它的其他部分更容易产生点蚀和热影响区腐蚀。

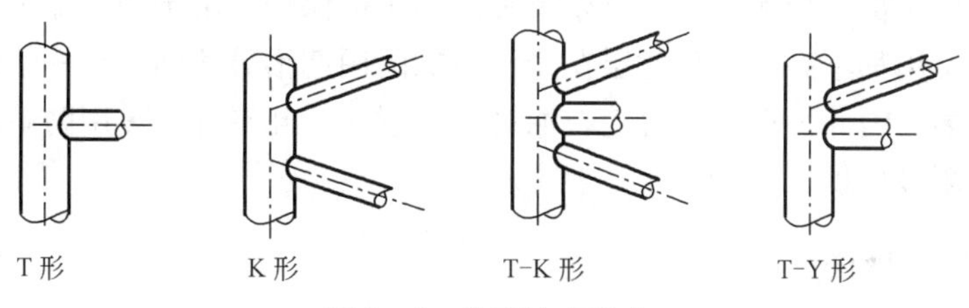

图 8－2　典型结点形式

焊接结点处的点蚀和热影响区腐蚀具有不容忽视的危险性。当结点处发生点蚀时，在已存在的应力集中区域内发生更高的应力集中，如果应力集中程度足够高，点蚀尖端的应力水平超过许可范围，会促使该焊缝开始疲劳断裂。在海水中，当焊缝没有消除应力，又没有足够的阴极保护时，焊缝热影响区优先发生电化学腐蚀，引起焊缝最大应力点处的应力集中并产生尖锐的裂纹。海上石油平台焊接结点在腐蚀和疲劳应力作用下，会在比较少的次数和比较低的应力下发生破坏，这就是腐蚀疲劳破坏。

调查研究发现，海上石油平台的断裂事故多半是由于腐蚀疲劳造成的，疲劳强度特别成问题的部位就是焊接结点。因此，世界各国对海上石油平台结点的选材、设计、施工和保护都十分注意。

三、海上石油平台的腐蚀防护

（一）防护措施的选用原则

用于钻台和开采海洋石油的平台，绝大多数是用钢铁建造的庞然大物，其结构从海洋大气一直深入到海底泥中。为了保护这种庞大而复杂的钢结构免遭腐蚀破坏，有许多可供选择的办法，但是，具体防护措施的确定，要遵循一些共同的原则。这些原则大体归纳如下：

(1) 由于建造平台要耗费巨额资金，而且海洋环境条件十分恶劣，平台的防护维修要付出很大的代价，因此，对海上石油平台防护措施的基本要求，是它的可靠性和长效性，在此基础上同时考虑技术的先进性和经济的合理性。防腐蚀材料的性能，要经过严格的测试；防腐蚀施工，要有具体的标准和严格的质量保证。

(2) 防腐蚀设计应当由具有腐蚀与防护专业知识的技术人员来完成。设计前，应当掌握平台所处海域的环境条件，特别是各种腐蚀因素及其强度。同时，还要了解平台的结构形式、建造材料的性能、平台的使用功能和设计寿命以及平台建造场地和施工条件等。

(3) 要准确掌握和使用标准、规范。我国海洋石油工程主要的防腐蚀标准有 SY/T 10008—2000，idt NACE RP 0176《海上固定式钢质石油生产平台的腐蚀控制》和 SY/T 4091—1995《滩海石油工程防腐蚀技术规范》。

(4) 结构设计应当有利于防腐蚀措施的实现。应当使结构减少腐蚀因素并有利于防腐蚀，例如尽量减少飞溅区的面积和海洋大气区需要涂覆的面积；在飞溅区不采用 T 形、K 形或 Y 形交叉连接；使用焊接而避免铆接、紧配合、螺栓连接等构件组合方式；创造有利于防腐蚀施工的条件等。

(5) 在确定防腐蚀措施时，应进行必要的技术经济论证。例如全浸区的防护措施，可以采用防腐层和阴极保护联合保护，也可以单独采用阴极保护。由于阴极保护技术已经相当成熟，投资和维护费用都不高，而防腐层在全浸区的耐用期很难达到平台的使用寿命，水下重新涂装费用非常高，因此，现在的海上石油平台全浸区，几乎都不采用防腐层和阴极保护联合使用，而只用阴极保护。

(二) 具体的防护措施

1. 飞溅区防护

对于海上石油平台，飞溅区是腐蚀最严重的区域，因此，人们以极大的注意力来关注这一区域的防护。当其他方法还不能确保成功之前，增加结构壁厚或附加防腐蚀钢板是飞溅区有效的防护措施。至今，为了预防措施失效，有关的规范仍然要求飞溅区结构要有防腐蚀钢板保护，厚度达 10～13mm，并且要用防腐层或包覆层保护。

即使在海洋大气区使用效果不错的涂料，在飞溅区虽也有好的效果，但它们仍不能作为飞溅区长期保护的主要措施。比较经典的飞溅区防护措施是使用包覆层。70/30Ni - Cu 合金和 90/10Cu - Ni 合金已有较长的使用历史。用箍扎或焊接的方法把这种耐腐蚀合金包覆在飞溅区的平台构件上，有很好的防腐蚀作用。然而，由于它们怕受冲击破坏，并且材料和施工费用很高，已经越来越少被采用。包覆 6～13mm 的硫化氯丁橡胶效果也很好，但是它不能在施工现场涂覆，因而使用受到一定限制。

近些年来，应用热喷涂金属层(铝、锌) 保护海洋环境中的钢铁设施，已有陆续报导。热喷涂层在海洋大气中有很好的保护效果，这已经为国内外许多实践所证明。这种覆盖层在飞溅区也有较长的防腐蚀寿命。通常在其表面都要涂封闭层。

对飞溅区进行腐蚀防护时，必须清楚地了解平台位置的风浪情况，准确确定飞溅区的范围。由于飞溅区防护对平台的安全是极为重要的，所以在确定其范围时可扩大一些，有一定的安全系数。

2. 其他区域的防护

海上石油平台的大气区，都采用涂层保护。对一些形状复杂的结构，如格栅等，也采用浸镀锌加涂层。近年来，喷涂铝、锌等金属层加涂层(封闭）已获得日益广泛的应用。

对潮差区，一般也采用涂层技术。涂层的范围通常深入低潮位 2～3m。

全浸区的构件可以只采用阴极保护。对于设计使用年限较短的平台，也可以考虑采用防腐层和阴极保护联合保护。

平台在海泥区的钢柱和油井套管，仅采用阴极保护。

（三）防腐层保护

1. 防腐层系统的选择

海上石油平台大气区、飞溅区和潮差区都可以用防腐层保护。防腐层也可以用于全浸区，但其耐久性和经济性已越来越不被人们接受。防腐层系统一般包括底漆、中间层和表面层。市场上随处可见的涂料不能随便取来用于海上石油平台上。海洋环境条件恶劣，维修费用昂贵，只有那些经过严格试验证明其具有长效保护性能的涂料才能选用。下列各项试验的结果，是选择海洋涂料的重要依据：耐盐雾 4000h、耐老化 2000h、耐湿热 4000h。或者在一个转动的装置上联合进行这三种试验，即 1000h 盐雾试验，1000h 老化试验，再进行 1000h 的盐雾试验，最后又进行 1000h 老化试验。

用在全浸区的防腐层，还要具有抗阴极剥离的性能。海上石油平台的海泥区部分，一般都不施加防腐层保护。

用于海上石油平台的涂料，还应当具有较好的机械性能，包括粘结强度、韧性、硬度、抗冲击性、遮盖力等等。

选择防腐层系统时，还应当考虑具备的涂装设备和施工条件，优先选择那些用常规方法便可涂装和维修的涂料。

有可能溅上腐蚀性较强的液体和柴油、润滑油等物质的地方以及有磨损的地方，例如钻井甲板等，应考虑采用抗腐蚀性物质侵蚀、抗溶性好和抗冲击性佳的防腐层。表面温度可能很高的设备，应采用耐高温的防腐层，也可使用金属喷涂层或陶瓷涂层保护。一些形状复杂的钢结构，例如格栅、梯子、扶手、仪表盒、设备橇座等，施加防腐层很困难，采用热浸镀锌是一种简便而有效的防护方法。大型构件采用喷涂金属或使用耐腐蚀合金、非金属材料包覆，要根据平台的实际需要经过技术经济论证加以选择，其设计和施工应符合相关标准和规范要求。

2. 表面处理与涂装

1）表面处理

表面处理对防腐层的保护效果是至关重要的。表面处理的方法有手工工具清理、动力工具清理、化学方法处理、离心轮和空气喷砂处理等。无论采用哪种方法，处理后的钢表面都必须达到相应标准的要求。过去，往往更多地注重涂料本身的性能而忽视表面处理的质量。在渤海最初建造的一些平台，采用手工除锈和电动钢丝刷除锈，结果有的平台一下水防腐层就成片脱落，没脱落的保护寿命也很短。近十多年来建造的平台，由于认识上和技术水平的提高，重视除锈质量，采用长效涂料，大气区和飞溅区防腐层保护取得了很好的效果。

表面处理方法和等级要求是由所选防腐层决定的。如上所述，海上石油平台所处的环境腐蚀性很强，而且投资巨大，使用寿命长，维修又很困难，因此，要求所选用的防腐层必须具有与平台使用条件相匹配的防护性能和使用寿命。一般来说，这样的防腐层都要求有较高等级的基地表面质量。为了实现这一目标，在平台涂层保护施工中，除了那些结构复杂的小型构件和设备的表面，以及在小面积的防腐层修补中，手工除锈、动力工具除锈和化学方法处理不宜采用，因为这些方法很难达到高性能防腐层所要求的表面清洁程度和粗糙度。在平台防腐层防腐蚀工程中，最适宜并且现在已经普遍使用的表面处理方法是自动喷(抛)砂清理和空气喷砂清理。这两种方法所用的磨料、压缩空气、设备以及施工中的注意事项，相关的标准中都有明确的要求。

表面处理的等级是对处理后构件表面清洁程度和粗糙度的要求。用离心轮和压缩空气喷砂处理的表面质量等级，国际上普遍采用瑞典标准 SIS 05 5900。一些国家有关标准和它的对应关系如表 8-1 所示。

表 8-1　表面处理标准对应关系

标　准	出白级	近白级	工业级	清扫级	标　准	出白级	近白级	工业级	清扫级
瑞典 SIS 05 5900	SA 3	SA 3	SA 2	SA 1	NACE RP 0176	No. 1	No. 2	No. 3	No. 4
国际 ISO 8501—1	Sa 3	Sa 2.5	—	Sa 1	美国 SSPC	SP 5	SP 10	SP 6	SP 7
中国 GB/T 8923—1988	Sa 3	Sa 2.5	Sa 2	Sa 1					

2）涂装

防腐层的涂装方法有压缩空气喷涂、高压无气喷涂以及手工刷涂、滚涂和浸涂等。在海上石油平台涂装中，最常用的是压缩空气喷涂和高压无气喷涂，只有对复杂的部位和小面积修补，才用手工刷涂。涂装方法要符合涂料生产厂的技术说明，同时要考虑施工场所和设备条件。

为了保证防腐层的质量，必须把握涂装过程中各个环节的要求。

涂装前要仔细检查所用涂料的种类、规格和储存期。标签不明、容器开启过或过期和变质的涂料均不能使用。不能使用有沉淀的涂料，为此，涂装前要彻底搅动涂料并对其过滤。

在涂装作业中，每道防腐层的厚度和防腐层系统的总厚度要符合设计要求。各道防腐层的涂装时间间隔，应符合涂料产品说明书。

有些情况下，涂装作业不能进行，例如表面处理不符合要求；基底表面温度低于周围空气露点以上 3℃，或者空气的相对湿度高于 90%；待涂表面潮湿或者可能被溅湿；存在安全隐患等等。

3. 检验与修补

为了保证海上和滩涂石油平台的防腐层质量，必须对表面处理和涂装作业的各道工序进行检验。对受损坏的防腐层，要采用合适的方法进行修补。

检验工作应当由合格的检验员进行，检验员丰富的实践经验是检验工作的有力保证。当然，检验员要使用各种先进的符合规定的检验工具，按照权威机构批准的程序开展检验工作，才能获得正确的结论。

无论是表面处理还是涂装作业的检验，检验员首先要对作业所使用的设备、工具和材料（磨料、压缩空气、涂料、稀料等）以及作业环境进行检查，看它们是否能够保证处理后的表面和涂装的防腐层达到规定的质量，同时，还要符合安全和环境保护的要求。

对防腐层的检验，主要是检查湿膜和干膜厚度、防腐层间的粘结性和硬度以及是否有漏涂点等。防腐层检验需要借助仪器和工具来完成，常用的有湿膜厚度计、无损干膜厚度计、湿海绵式和电火花检漏仪、小刀等。

检验不合格的防腐层要返工，受损坏的防腐层应修补。无论是出于什么原因，在涂装前对待涂表面都要进行处理，使其达到相应的要求。当防腐层损坏到钢材表面时，应切除掉损坏部位周边的防腐层，并打光毛边。锈蚀的基底用动力工具或喷砂处理。当防腐层未被损坏至钢表面时，用砂纸对损坏部位打光后再进行涂装。用作修补的涂料，应与原防腐层相同或相容。如果在平台就位后对飞溅区防腐层进行维修，要使用快干湿固化涂料。

（四）海上石油平台阴极保护

阴极保护对海上石油平台、海底和滩涂管线的保护效果，已经为许多实践所证明。考虑到水下防腐层的耐久性和维修涂层的难度，以及通过经济上的对比，现在建造的海上石油平台，全浸区的结构绝大多数都不采用防腐层保护，钢桩也不用防腐层，而仅依靠阴极保护来防止腐蚀破坏。阴极保护不但能抑制钢材的普遍腐蚀而且如果电位控制得当，可以使钢材的疲劳值趋近于空气中的值。对于像结点这样的高应力部位和焊缝热影响区，阴极保护能够防止可能促成疲劳裂纹的点蚀。阴极保护所产生的石灰质层可以填塞疲劳裂纹，降低裂纹的生长速度。不过，如果产生过保护，可能会加速某些钢疲劳裂纹的传播速度。

1. 阴极保护准则

为了使海上石油平台和管道阴极保护取得最佳的效果，在设计时要规定一些检测方法和量值，以评价保护系统投入使用之后的防腐蚀效果，这些方法和量值就是阴极保护的准则。

阴极保护准则是依据实验室实验和大量的现场经验确定的。目前海洋和滩涂阴极保护准则有电位、试片和外观检查三种。单独使用其中一种来评判一个阴极保护系统的效果不能足以令人放心，往往需要同时使用几种准则。

（1）电位。施加阴极保护时，被保护设施表面的电位相对于指定的参比电极符合 SY/T 4091—1995《滩海石油工程防腐蚀技术规范》规定，如表 8-2 所列的值或者保护电位比自然电位最少负移 300mV，则认为被保护设施处于良好的保护状态。表 8-2 中所列的测量值，包括钢和海水界面的 *IR* 降，不包括水中的 *IR* 降。对牺牲阳极系统，如果参比电极靠近被测表面，*IR* 降一般可以忽略。在有大量淡水流入的河口区和外加电流保护系统高电流密度区，*IR* 降会影响测量结果。

表 8-2　被保护设施保护电位

参比电极		$Cu/CuSO_4$	Ag/AgCl	Zn	参比电极		$Cu/CuSO_4$	Ag/AgCl	Zn
含氧环境中	最正值	−0.85	−0.80	+0.25	高强度钢（$\sigma_s \geq 700MPa$）	最正值	−0.80	−0.80	+0.25
	最负值	−1.10	−1.05	+0.00		最负值	−0.95	−0.95	+0.10
缺氧环境中	最正值	−0.90	−0.90	+0.15					
	最负值	−1.05	−1.05	+0.00					

(2) 试片。单纯用测量电位值来判断阴极保护效果有时会不够准确和全面，尤其是当保护电位处于临界状态时。因此，在被保护设施的适当位置设置一些试片，根据它们的腐蚀速率和腐蚀类型，可以评价设施受保护的状况，从而保证设施的安全使用。

(3) 外观检查。派潜水员或使用遥控水下机器人对结构表面进行观察、物理测量、拍照或摄像，是检查结构受保护状况最直观的办法，其标准是所观察和测得的结果没有超出结构使用寿命期间所允许的腐蚀限度。

2. 阴极保护系统类型的选择

众所周知，阴极保护系统的类型包括外加电流系统和牺牲阳极系统。海上石油生产设施阴极保护，既可以采用外加电流系统，也可以采用牺牲阳极系统，甚至可以采用两种类型联合使用。

选择阴极保护类型需考虑以下因素：

(1) 系统的可靠性。牺牲阳极系统已被证明是可靠的。外加电流系统只在阳极及其连接电缆受到很好的机械保护以及电源性能稳定时才是可靠的。

(2) 电力供应情况。

(3) 阳极材料和施工限制。并不是所有牺牲阳极材料都适用于海上石油生产设施阴极保护。

(4) 重量和结构限制。

(5) 管理、检测、维修条件。牺牲阳极系统几乎不需要管理和维修。

(6) 投资的经济性。牺牲阳极系统需要较多的初始投资，但如果设计和安装得当，在设施整个使用寿命期间，差不多不用管理和维修费用。外加电流系统初始投资较少，但使用期间要不断地投入电力和管理、维修费用。

现在大多数海上石油平台都使用牺牲阳极系统，但这并不意味外加电流系统已不适于海上石油平台的防护。究竟选用哪种类型，要综合考虑各种因素，论证后决定。

3. 阴极保护系统的设计与安装

1) 基础资料

设计一个海上石油平台阴极保护系统，首先要详细掌握设施所处位置的环境条件，包括以下一些资料：

(1) 海况条件。潮汐、海浪、海流、波浪。

(2) 海水的电阻率、溶解氧、pH 值、温度、泥沙、流速等。

(3) 海底或滩涂泥土的电阻率、污染情况、微生物等。

(4) 滩涂植物生长情况。

(5) 邻近设施，包括管线的绝缘和电连接情况。

(6) 干扰电流情况。

对设施的结构和使用功能，设计时也要全面了解适用法规、标准等资料。

2) 设计内容

一个阴极保护系统的设计，有以下主要内容：

(1) 确定保护电流密度。

保护电流密度因环境因素、设施表面状况、腐蚀介质的性质、防腐层质量等的不同而有很大的差异。环境因素对保护电流密度的影响和对腐蚀速率的影响是一致的，主要的影响因素有溶解氧、海水流速、温度、盐度(电阻率）等。实验室难以准确模拟现场的情况，而设施建成以前又无法在现场进行较长时间的试验。因此，在实际的设施中，通常都是参考类似条件，根据经验来确定保护石油生产区的阴极保护电流密度。NACE 为世界上 11 个主要海上石油生产区的阴极保护设施设计提供了一个一般性的指导，见表 8-3。

表 8-3 阴极保护设计电流密度

生产区域	环境因素				典型设计电流密度，mA/m^2		
	海水电阻率 Ω·cm	水温 ℃	紊流（波浪作用）	横向水流	初期	平均	末期
墨西哥湾	20	22	中度	中度	110	55	75
美国西海岸	24	15	中度	中度	150	90	100
库克湾	50	2	低度	高度	430	380	380
北海北部	26～33	0～12	高度	中度	180	90	120
北海南部	26～33	0～12	高度	中度	150	90	100
阿拉伯湾	15	30	中度	低度	130	65	90
澳大利亚	23～30	12～18	高度	中度	130	90	90
巴西	20	15～20	中度	高度	180	65	90
西非	20～30	5～21	—	—	130	65	90
印度尼西亚	19	24	中度	中度	110	55	75

我国 20 多年来海上石油平台防腐蚀的经验表明，海水中裸钢使用 70～150mA/m^2 的保护电流密度(初期)，在中国近海可以获得良好的保护效果。海泥中裸钢的保护电流密度为 10～30 mA/m^2。海底的管线一般都有防腐层保护，对于这样的管线和用防腐层联合保护的平台等设施，保护电流仅考虑防腐层缺陷和设施使用寿命期间防腐层损坏所占的比例（裸露的钢表面积与总保护面积之比）。防腐层的损坏程度很难确定，一般都采用有关规范推荐的数值。SY/T 4091—1995 推荐的防腐层损坏系数如表 8-4 所示。

表 8-4 防腐层的损坏系数（预计寿命 25 年） %

涂层类型	初始值	中间值	最终值	涂层类型	初始值	中间值	最终值
厚膜管道防腐层	1	10	20	环氧煤焦油沥青	2	20	50
乙烯基系统	2	20	50	环氧树脂（厚膜）	2	20	50

阴极极化使钢结构表面形成钙质沉积物，这样的沉积物会显著地降低维持长期保护所需要的电流密度。实验和现场试验表明，使钢的电位快速极化至−9 ～ −1.0V（相对于海水 Ag/AgCl 电极）比极化较慢时形成的钙质沉积层保护性更强。在阴极保护的研究中，钙镁沉积层早已受到人们的重视，并且得到较深入的研究。然而，在过去的海上石油平台阴极保护设计中，并没有很好地利用这一现象，仅用一个电流密度值作为设计参数，结果造成较大的浪费。渤海某平台牺牲阳极保护系统，根据 10 多年来的检测结果推算，其阳极寿命可达设计值的 2 倍以上。NACE RP 0176—1994 年版的附录 A（设计参数）中，已经改变只列一个保护电流密度的作法，同时列出了各海区初期、平均和末期的典型设计电流密度。对牺牲阳极系统，可以额外安装短寿命小阳极，或把阳极设计成细长形状，增加输出电流来提高早期的极化电流密度，促进钙质沉积层快速生成，减小维持的保护电流密度。由于阴极电位升高，使钢与牺牲阳极的电位差减小，阳极输出电流随之降

低，即牺牲阳极系统具有“自调节作用”，因而不必担心出现过保护现象。外加电流系统调整初期电流比牺牲阳极系统要方便得多，只是在设计时要考虑阳极承受大电流输出的限度，并且电源要有足够的输出能力。

(2) 计算系统的总保护电流。

阴极保护系统需要的总电流可以按下式计算：

$$I_p = \sum S_p i_p + nC \tag{8-1}$$

式中 I_p ——总保护电流，A；

S_p ——按不同保护电流密度区分的各区域保护面积，m^2；

i_p ——各区域保护电流密度，A/m^2；

n ——平台上的油井数量；

C ——为保护泥面以下油井套管附加的保护电流，一般取每口井 1.5～5.0A。

计算保护面积的范围，包括全浸区和海泥区的平台结构、泥下钢桩以及与平台结构有电连接的油井隔水导管。潮差区一般都采用防腐层保护，但是，当潮水上涨时，被浸没的构件要消耗一部分保护电流。渤海的平台阴极保护试验结果显示，放在平均潮位的试片保护度可达 60 %～70 %(裸钢）。因此，在设计保护电流时应当考虑潮差区的面积，尤其是当平台处于极浅水时，潮差区对保护电流的影响更不可忽视。

确定平台阴极保护系统实际需要的总保护电流，还要考虑它的分布效率。对牺牲阳极系统而言，由于阳极数量多，分布密，每个阳极电流输出较小，因此，如果阳极与结构物表面距离大于 30cm ，可假定其电流分布效率为 100 %。外加电流系统使用阳极少，单个阳极电流输出很大，阳极附近的构件会过多地消耗电流，使电流分布效率通常只有 67%～80% ，因此，系统实际需要的总保护电流应当是计算值的 1.25 ～1.5 倍。

(3) 阳极输出电流的计算。

阳极输出电流的大小应根据保护系统的需要加以设计。用于海上石油平台阴极保护的牺牲阳极，一般单个阳极的输出电流为 3～6A 。外加电流系统的辅助阳极，根据电流分布的需要和阳极材料的特性来确定。

阳极的输出电流服从欧姆定律，即，

$$I_a = E/R_a \tag{8-2}$$

式中 I_a ——阳极输出电流，A；

E ——驱动电压，V；

R_a ——阳极与电解质间的电阻，Ω。

牺牲阳极的驱动电压 E 为阳极工作电位与极化后阴极电位之差。计算取阴极电位为 −0.80V (Ag/AgCl) 。

阳极与海水间的电阻 R_a 取决于阳极的形状和海水的电阻率。不同形状阳极的 R_a 值按式 (8-3) 、式(8-4) 和式(8-5) 计算，海水的电阻率与温度和氯度的关系如表 8-5 所示。

表 8-5 海水电阻率与温度和氯度的关系 Ω·cm

氯度 Cl%	温度，℃					
	0	5	10	15	20	25
19	35.1	30.4	26.7	23.7	21.3	19.2
20	33.5	29.0	25.5	22.7	20.3	18.3

①细长阳极（当它与结构表面距离大于 30cm 时）：

$$R_a = \frac{\rho}{2\pi l}\left(\ln \frac{4l}{r} - 1\right) \tag{8-3}$$

$$r = \sqrt{\frac{a}{\pi}}$$

式中 ρ——海水电阻率，Ω·cm；

l——阳极长度，cm；

r——阳极等效半径，cm；

a——阳极截面积，cm^2。

②板状阳极：

$$R_a = \frac{\rho}{2 \cdot S} \tag{8-4}$$

$$S = (b + c)/2 (b \geqslant 2c)$$

式中 S——阳极边的平均长度，cm；

b——阳极长度，cm；

c——阳极宽度，cm。

③其他形状：

$$R_a = \frac{0.315\rho}{\sqrt{A}} \tag{8-5}$$

式中 A——阳极表面积，cm^2。

④阳极数量和重量的计算。

阳极的数量和重量应同时满足阴极保护系统对电流的要求以及平台使用寿命期间对阳极材料消耗的需要。

阳极数量至少不能少于按式（8-6）计算的值。根据阳极在平台上布置的要求，实际使用的阳极数一般都略多于计算数。阴极保护系统的总保护电流取按照平均（维持）保护电流密度计算得出的数值。

$$N = \frac{I_p}{I_a} \tag{8-6}$$

式中 N——阴极保护系统所需的阳极数，个；

I_p——总保护电流，A；

I_a——单个阳极输出电流，A。

单个阳极的净重量按下式计算：

$$W_a = \frac{Q I_a T}{\mu} \tag{8-7}$$

式中 W_a——阳极净重量（不含阳极芯），kg；

Q——阳极材料消耗率，kg/（A·a）；

I_a——阳极输出电流，A；

T——阳极使用寿命，a；

μ——利用系数，牺牲阳极一般取 0.9～0.95，外加电流阳极一般取 0.75～0.9。

用于外加电流阳极材料和海上石油平台的牺牲阳极材料的性能列于表 8-6 和表 8-7

中。表中的数据是长期试验得出的结果，材料的成分及热处理状况会显著影响其性能，设计时要参考其他有关资料确定选取值。

表 8-6　海水中某些外加电流阳极材料的性能

外加电流阴极材料	工作电流密度 A/m^2	消耗 g/（A·a）	特　征
Pb－6%～Sb－2%Ag	160～220	14～27	水深超过 30m，消耗率很高
Pb－1%Ag 嵌铂丝	600～1000	6～10	输出电流大，水深超过 30m，消耗率增高
Pt（以 Ti、Nb 或 Ta 为基）	540～3200	$(4\sim10)\times10^{-3}$	输出电流大、体积小，Ti 基阳极/海水电位限在 8V 以下
Fe－14.5%Si－4.5%Cr	10～40	230～450	质脆、难加工，可用于泥中
石墨	10～40	230～450	质脆，可用于泥中
涂钌钛	1000	0.5	处理不当易产生脱层

表 8-7　海水中牺牲阳极材料的性能

牺牲阳极材料	电容量，A·h/kg	消耗率，kg/（A·a）	闭路电位 V（Ag/AgCl）
铝—锌—汞	2760～2860	3.2～3.1	－1.0～－1.05
铝—锌—铟	2290～2600	3.8～3.4	－1.05～－1.10
铝—锌—锡	930～2600	9.5～3.4	－1.0～－1.05
锌合金	770～820	11.2～10.7	－1.0～－1.05

3）阴极保护系统的安装

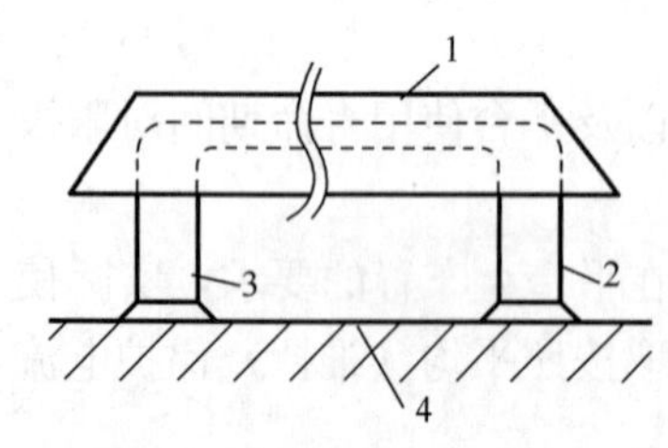

图 8-3　牺牲阳极安装方法
1—阳极体；2—铁芯；3—焊接处；4—平台构件

阴极保护系统的安装要以设计思想为依据，按照建造规格书的要求进行。牺牲阳极安装相对比较简单，现在，海上石油平台牺牲阳极的形状和安装方法如图 8-3 所示。阳极通过钢管做的芯子直接焊接在平台构件上。阳极体与平台构件表面的最近距离不小于 30cm，铁芯与构件的焊接要符合平台的焊接要求。阳极铁芯的强度应当能承受平台施工和各种海况产生的作用力，并保证在阳极整个使用寿命期间有良好的电连接。如果阳极重量超过 230kg，要使用加强板或角撑来提高连接强度。

也可以用悬吊和箍扎的方法来安装牺牲阳极。但是，这两种方法在承受外力和电连接方面，往往会出问题，因此渐渐地不被采用。

外加电流系统使用的阳极数量很少，丧失一个阳极对整个系统都会有很大影响。因此，外加电流系统的安装要特别注意阳极及其连接电缆的保护。

外加电流阳极可以直接安装在平台构件上，也可以安装在与结构连接的偏置悬臂上，或者用管子或吊缆悬挂。高硅铸铁阳极和石墨阳极可以置于平台底下或平台附近的泥中或泥面。为了防止因阳极下沉使电缆受张力破坏，安装在泥中或泥面的阳极可以置于用混凝土制成的撬上。无论采用哪种方法安装，都必须绝对保证阳极与连接电缆接头的密封绝缘性能不受损坏。对连接电缆应当采取机械保护，防止波浪、水流、浮冰等漂浮物损坏，同时，在飞溅区和大气区，要进行防腐蚀保护。对与阳极邻近的阴极表面和悬挂钢管要进行绝缘屏蔽。屏蔽层可采用现场涂敷的屏蔽涂层，也可使用预制的塑料、橡胶板或橡胶管。屏蔽层的形状和尺寸根据阳极的电流输出大小和安装方式以及介质电阻率、构件的几何形状等因素确定。外加电流系统的电源及其连接正负极的电缆安装，除了要符合有关的安全规定外，要特别注意极性、连接处的机械性能、导电性和腐蚀防护。

第二节 钢筋混凝土设施的腐蚀与防护

用钢筋加强的混凝土建造海上石油开采设施已屡见不鲜。用混凝土建造的人工岛、储罐、输油码头等设施早为人们熟知，用混凝土建造海上石油平台也有20多年的历史，使用水深已达150m以上。

混凝土中含有碱性的氢氧化钙，对钢筋有钝化作用或碱性保护作用，而且，混凝土层厚度大，对海水和氧气等腐蚀剂有良好的屏蔽作用，故混凝土被认为是钢筋良好的天然保护材料，然而，在海洋环境中，这种混凝土保护层的可靠性是不够的。故近年来，对海洋中钢筋混凝土设施的腐蚀与防护问题进行了广泛的研究并取得了不小的进展。

一、海洋环境中混凝土的腐蚀

（一）海水的化学腐蚀

混凝土是由水泥、骨料和水混合后凝结硬化而成的。水泥是Ca、Si、Al、Fe的氧化物的合成物。骨料主要有碎石、卵石和河砂。在内陆大气和淡水中，混凝土具有很好的耐蚀性。在海洋环境中，混凝土会受到腐蚀。海洋大气中的盐分和酸性气体（SO_2、CO_2、HCl等）是混凝土的主要腐蚀因子。酸性的有害气体与混凝土中的氢氧化钙、铝酸钙等反应，会使混凝土粉化、胀裂、孔隙液的pH值显著降低。

海水中的SO_4^{2-}、Mg^{2+}和Cl^-是损坏混凝土的主要有害离子。SO_4^{2-}与水泥形成混凝土时的部分生成物反应，其产物的体积显著增大，使混凝土结构受到破坏。Mg^{2+}和Cl^-会与混凝土中的氢氧化钙反应，生成可溶性的氢氧化镁和氯化钙，破坏混凝土的组织结构。SO_4^{2-}和Mg^{2+}对混凝土的侵蚀一般只发生在表面，而Cl^-渗透力强，会渗入到混凝土的内部。

干湿交替、海水冲刷、反复冻融等会加剧海洋环境中混凝土的腐蚀破坏。

（二）海水对钢筋的腐蚀作用

在混凝土的水合反应中，所生成的氢氧化钙有很大的碱性，这种碱性有利于其内部钢筋的防蚀作用。然而，经过一定时间，碱性降低，混凝土逐步呈中性，氯离子、水分、溶解氧气等腐蚀剂逐步渗透进入混凝土内部，使原来处于钝化状态的钢筋变为活性状态，然后开始生锈。钢筋的生锈引起体积膨胀，使表层的混凝土开裂或剥落，失去对钢筋的保护作用。因而在海洋建筑的设计和施工时，必需充分考虑这些问题。

对于一般的海洋港湾附近的混凝土建筑物，在20年间平均中性化(即碱性的氢氧化钙被中和或冲洗成为中性)深度约为5mm，因此，在设计和施工时应注意，在5mm深度范围内不应有突起的钢筋。此外，若用海砂作为混凝土材料，因海砂中含有盐分，也易引起钢筋的生锈。故海上建筑用混凝土最好使用河砂或用淡水洗除海砂的盐分后，才可使用。

使用矿渣水泥或特种成分的耐海水性水泥、耐硫酸性水泥、高硅酸盐水泥及含有大量火山灰的水泥，都可以延长混凝土在海洋中的寿命。在施工时应注意，力求形成强度高和水密性高的混凝土，并注意水泥和水的配比及水泥的保养期，选用耐蚀性较好的钢筋等。

二、混凝土设施防海水腐蚀措施

用于建造海上石油开发的钢筋混凝土设施的技术源于海港工程。海港钢筋混凝土结构的防护技术已相当成熟。海港工程的防护经验可以普遍地应用于石油工程。对钢筋混凝土设施的防护主要有以下措施。

（一）提高混凝土的密实性和抗渗性能

为了保证钢筋混凝土设施使用寿命内的安全，有关的规范规定了确保混凝土密实性的措施，并以确保混凝土质量作为钢筋防腐蚀的主要方法。保证混凝土密实性的措施有以下几点：

（1）使用符合要求的水泥品种和标号。

（2）骨料坚固，有一定级配，并且含盐量不能超标。

（3）拌和及养护用水不能含有有碍于混凝土凝结和硬化的杂质，尤其是 Cl^-、SO_4^{2-} 和 pH 值不能超过限度。

（4）用于不同海洋环境区域的混凝土，其水灰比和水泥用量应符合规范 JTJ 275—2000《海港工程混凝土结构防腐蚀技术规范》的要求，推荐值如表 8－8 所示。

表 8－8　混凝土的水泥用量及水灰比

环境区域	海洋大气区	飞溅区	潮差区	全浸区
水泥用量，kg/m^3	360～500	400～500	360～500	325～500
水灰比	⩽0.50	⩽0.45	⩽0.50	⩽0.60

（5）混凝土构件如出现超过规定宽度的裂缝，应采用枪喷水泥砂环氧砂浆或水泥乳胶砂浆进行修补。

确保混凝土的防护层厚度是保证其抗渗能力的重要措施。掺入某些添加剂，可以提高混凝土的抗渗性能。这类添加剂有硅灰、火山灰、粉煤灰和乳胶、液体树脂等。

（二）施加防腐层

在混凝土表面施加防腐层可以有效地保护钢筋混凝土设施免遭侵蚀。所用的涂料与混凝土要有良好的粘结力，具有抵御海浪冲击的强度，其耐腐蚀性应当满足海上钢质石油平台防腐层的要求。涂装前对混凝土表面要进行适当的处理，满足所用涂料对基底表面的要求。

混凝土防腐层有表面涂装型和渗透型。表面涂装型附着于混凝土表面，使用的涂料有厚浆型环氧涂料、聚氨脂涂料、氯化橡胶涂料等，防腐层厚度为 300 ～ 400μm。聚合物混凝土（树脂砂浆）也广泛地用于混凝土表面防腐层，并获得了良好的防护效果。渗透型的涂料可以渗入混凝土数毫米，填充封闭混凝土的孔隙，提高防渗能力。这类涂料有硅烷、氯乙烯—乙酸乙烯共聚物等。

（三）添加缓蚀剂

拌制混凝土时加入适量的缓蚀剂对钢筋能起缓蚀作用。使用的缓蚀剂对混凝土不能有不利影响。

由高炉矿渣含量在65%以上的矿渣水泥所制成的混凝土有优良的抗海水腐蚀和抗硫酸盐腐蚀性能，不会发生有害的反应(如碱凝集反应等)，这是由于矿渣水泥对于氯离子和水的渗透性很小，从而避免或减少了渗入的氯离子腐蚀钢筋。

在混凝土中加入66%～75%磷酸钠和25%～34%亚硝酸钠的混合缓蚀剂，可防止钢筋的腐蚀。

如果制造方法和用法正确，氧化铝含量较高的水泥混凝土可以耐硫酸盐、氯化物和海水腐蚀。但如果遇到过浓的硫酸盐、强碱(水解作用)或碳酸钠(钾)，则氧化铝含量高的水泥混凝土易开裂。

(四) 对钢筋进行防腐蚀处理

镀锌或涂装环氧树脂防腐层也是防止混凝土中钢筋腐蚀的有效措施。热固化环氧粉末防腐层有很好的结合力和防护效果，但它不能在现场涂装，而且费用较高。在现场涂装高固体成分的环氧树脂防腐层，已在一些工程中得到应用，将其涂布在海上石油工厂的钢筋混凝土建筑上，在被海水湿润6～12年的条件下，能保持良好的保护性。

(五) 阴极保护

在英国北海油田建筑中的深海混凝土部分已采用了电化防蚀法，这既能防止钢筋的腐蚀，且兼有防止其他附加钢铁构件腐蚀的作用。在设计电化防蚀的阳极配置和防蚀电流密度时，必须考虑多种腐蚀因素。

混凝土中的钢材能被从水泥毛细孔中渗入的高pH值(碱性)水分所钝化，这种钝化状态能抵消碳酸(二氧化碳)或氯离子腐蚀性的影响。氧气的扩散作用有一定的腐蚀性，但是从水泥的毛细孔渗入的溶解氧气和气相氧气都极少，不致对钢材形成较大的损害。由于以上原因，水泥的渗透性危害不大，故海下阴极保护也就没有必要了。而且，在腐蚀最严重的飞溅区，阴极保护电流不易进入。因此，只要水泥致密而无裂缝，钢筋就能受到较好的保护。然而，海上建筑物通常不会单独由混凝土组成，各种各样的结构材料通常都在阴极保护之中。这样，在同一设备上，无涂层的裸钢因阴极保护成为阴极，而被混凝土所覆盖的钢筋就会成为阳极而带有正电位，这样是否会受到腐蚀而损伤呢？因此，研究阴极保护时混凝土中的补偿电位还是具有实用价值的。

为此，把涂有水泥的钢筋样品浸在英国海姑兰岛(北海的小岛)附近的天然海水中，用锌和镁牺牲阳极进行阴极保护；另外，在实验室中，把钢筋分别涂以硅酸盐水泥和矿渣水泥，浸在0.5 mol / L的氯化钠水溶液中，在没有保护的自由腐蚀情况下进行测试，并用外加电源法进行阴极保护，其电位U_H为－0.98V(标准氢电极在－0.53～－0.98V范围内)。各种试验的总时间为3年。

在上述所有的试验条件下，钢筋都发生少量点蚀，在海水中点蚀的进展(扩大)很明显地取决于电位；而随着氯化物(盐)浓度的增加，点蚀只有极微量的增加。使用锌作牺牲阳极，不能完全避免这种阳极点蚀，然而，随着时间的延长，点蚀过程可自动地逐步减弱，这说明用牺牲阳极保护法不会对钢筋形成较大危害。

在实验室的钢筋点蚀试验中，电位过负并不引起点蚀，而且，在最强的负电位条件下(U_H＝－0.98V)，点蚀明显地减少，此时涂有波特兰水泥的样品中，点蚀最大深度只有0.5mm，这可以看成是阴极保护的结果。此时样品已完全磁化，但渗透到金属表面的氯化物不多，并且此时的负电位(U_H=－9.8V)太高，已可能有氢气产生，但在上述试验条件下，并无氢脆发生，充分证明了对于涂有水泥的钢材，阴极保护仍然是可行的。

在标准状态下，当阴极保护电位U_H<－0.53V，有磁性介质(水泥)存在时，有可能会发生阳极副反应，生成$HFeO_2^-$：

$$Fe+2H_2O-2e \longrightarrow HFeO_2^- +3H^+$$

此反应方程的平衡电位为：

$$U_H^+=U_H-\frac{3}{2}\frac{RT\ln 10}{F}pH=\frac{1}{2}\frac{RT\ln 10}{F}\lg[HFeO_2^-] \qquad (8-8)$$

在25℃时，式(8-8)中U_H=0.493V且$RT\ln 10/F$=59mV。

在海水中，由于阴极保护，会发生少量的多孔性石灰质积垢(海水中钙、镁离子的沉积)，使负电位明显下降，随着时间的延长，水泥的渗透性也因石灰质积垢的增厚而降低。因此，因氯离子富集而引起的腐蚀也会因这种阴极保护所产生的石灰质积垢增厚而逐步减小，使点蚀越来越小。由于上述各方面的原因，该反应所示的阴极腐蚀很浅，其数量小于0.7μm/a。显然，对于实际使用的混凝土钢筋，这一点腐蚀是微不足道的，可以忽略不计，故可以放心使用阴极保护法。

在实验室条件下，因缺少钙、镁离子，故生成的多孔性积垢(来自水泥本身溶出的钙、镁离子)数量很少，可忽略不计。此时，对于硅酸盐水泥所覆盖的样品，在U_H=－0.98V条件下，反应(1)所示的阴极腐蚀就比较明显；然而，若用矿渣水泥覆盖，就没有反应(1)这种阴极腐蚀，因为矿渣水泥本身碱性小，pH值稍低，而且矿渣水泥渗透性小，电流密度较低。

若电位维持为U_H=－0.98V，则方程(8-8)中最后一项后半部为：

$$\lg[HFeO_2^-]=3pH-47.22 \qquad (8-9)$$

即使在这种负电位条件下，所得数值还很小，因为其扩散作用受到了水泥的阻止，只有在pH值超过14时，才会发生明显的阴极腐蚀。根据方程(8-9)得到表8-9中的关系。

表8-9 不同pH值条件下$HFeO_2^-$的摩尔浓度

pH值	13.5	14	14.5	15	15.5
[$HFeO_2^-$]，mol/L	2×10^{-7}	6×10^{-6}	2×10^{-4}	6×10^{-3}	0.2

在实验室还进行了水泥中氯含量的分析，其结果证明，阴极电位降低或保护电流密度升高时，氯含量会降低，而穿透水泥的电流密度受到水泥混凝土电阻的极大影响，这种水泥混凝土电阻又取决于混凝土的成分及氯离子含量。

总之，研究结果表明，只要阴极保护电位不低于－0.95V(标准氢电极)，就不会有产生氢气的作用(事实上,使用有自动控制的外加电流阴极保护法或牺牲阳极法都可以满足这个条件)。在普通的实用阴极保护条件下，水泥内部的钢材实际上没有严重腐蚀的危险。只要电位不低于－0.95V，由于生成$HFeO_2^-$而发生阴极腐蚀的危险就不存在。

第三节 海底管道的腐蚀与防护

海底管道是海上油田的重要组成部分，其大部分浸没于海泥中，而小部分浸没于海水中，遭受着海泥及海水的强烈腐蚀。鉴于对海底管道的长寿命要求，相应地对它的防蚀要求也相当高，目前，已有很多国外标准明确规定了海底管道的防蚀要求。随着我国海上石油工业的发展，我国的海底管道数量会越来越多，必须对这些管道采取高度可靠的防蚀措施以确保安全生产和避免环境污染。海底管道防蚀通常应采用涂层和阴极保护联合保护的方法。

一、海底管道的腐蚀

海底管道所处的环境为海水或海底沉积物。其中海水的腐蚀特性前面已有介绍，因此，这里介绍海底沉积物对管道的腐蚀。

（一）海底沉积物的类型

海底沉积物包括海泥、海砂石和海底岩石。

（二）海底沉积物影响腐蚀的因素

海底沉积物影响腐蚀的因素包括温度、氧含量、电阻率、氧化还原电位、有机物含量、元素的含量(尤其是重金属、N 和 P)、沉积物的紧密程度(即透水性、透气性)、沉积物和海水在海床界面的干扰程度和微生物。

其中电化学腐蚀程度与温度和氧含量关系密切，而阳极系统的反应还与沉积物的成分和电阻率有关。

1. 温度因素

不同温度的海底沉积物，其腐蚀性不同，有时相差几倍。A3 钢在不同温度海底沉积物中的腐蚀速率见表 8－10

表 8－10　A3 钢在不同温度海底沉积物中的腐蚀速率

温度，℃	地　　域	A3 钢腐蚀速率，mm/a
−8～9	自然温度	0.0051
5	我国北方海域	0.0038
25	我国南方海域	0.0128
50	原油和天然气海底管道/泥界面温度	0.0129

2. 氧含量

管道在海底沉积物中的腐蚀主要决定于氧气不均匀引起的宏腐蚀电池(氧浓差电池)的作用，属于氧去极化腐蚀，其腐蚀速率受氧扩散速率的控制。但在有些情况下，如含氧量很低的海泥中，其腐蚀不受氧扩散控制，是一种缺氧状态下的腐蚀过程，腐蚀速率受二价铁离子从金属表面向外扩散的过程的控制。

（三）海底沉积物腐蚀性的预测

对海底沉积物影响腐蚀的因素给以相应数值(腐蚀值)，数值越高，则该因素对腐蚀的影响越大。各因素腐蚀值之和，即表示该地段腐蚀性的强弱程度，总值越大，腐蚀性越高。通过比较各地段腐蚀值大小，就可以得到各地段间的腐蚀差异。表 8－11 即为各腐蚀因素的预测腐蚀值。

表 8-11 腐蚀因素预测腐蚀值

腐蚀因素			腐蚀值
沉积物	海泥		4
	海砂石		2
	海底岩石		0
有机物含量	在海泥中	高	3
		中	2
		低	0
	在海砂石中	高	1
		中/低	0
水深	浅(＜200ft)		2
	深(＞200ft)		0
N和P的含量	高含量有机物+高含量N和P		2
	低含量有机物+高含量N和P		1
	低含量N和P		0
温度	10℃以上		2
	10℃以下		0

注：1ft=12in=0.3048m。

二、海底管道的防护

(一) 海底管道的涂覆层

1. 设计涂覆层时应考虑的因素

设计涂覆层时，应考虑腐蚀环境(海泥区、全浸区、飞溅区及大气区)、管线的安装施工方法、水深、管线工作温度及周围温度、使用寿命、地理位置、管径大小、搬运和储存、成本费用、阴极保护设计和采用的类型等。

2. 海底管道外涂层应具备的特性

外涂层应易于施工、修复，有良好的附着力，适应所暴露的环境，在搬运、储存和使用过程中不易损坏，具有一定的韧性，耐阴极剥离，使用过程中保持足够大的表面电阻，在工作温度下不易老化，具有一定的抗冲击能力，不易变脆，密度大于海水，耐安装应力，与配重配套性好等。

对于处于全浸区、飞溅区和大气区的管段还要根据所处环境考虑对涂覆层的特殊要求。

3. 应用于海底管覆的涂层种类

目前用于海底管覆的涂层有煤焦油瓷漆、沥青类保护涂层、蜡类保护涂层、预膜制造的涂层(如喷塑、胶带、聚烯涂层)、有机漆膜涂层(如熔合环氧涂层)等。对所施加的涂层，在施工、管线安装过程中，要进行必要的现场及实验室检验，此项工作应列入涂层实施计划当中。大多数有温度操作的海底管道均采用双壁管，其涂层结构包括双壁管外管、外涂层、屏障涂层和配重层(图 8－4)。

胜利油田设计院研制了单壁管管道，其涂层结构包括单壁管、外涂层、保温层、塑料夹层和配重层(图 8－5)。

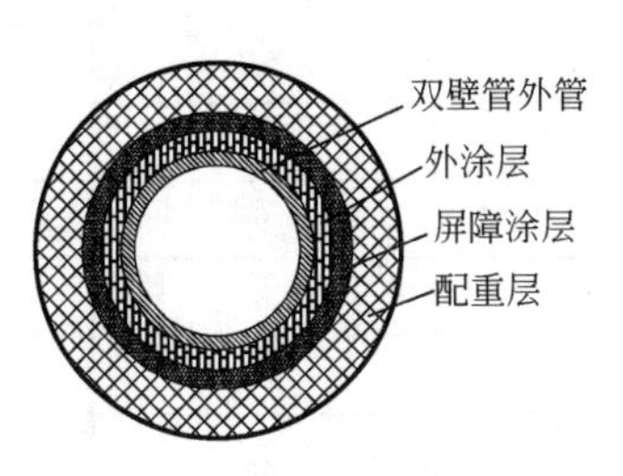

图 8－4　双壁管涂层结构

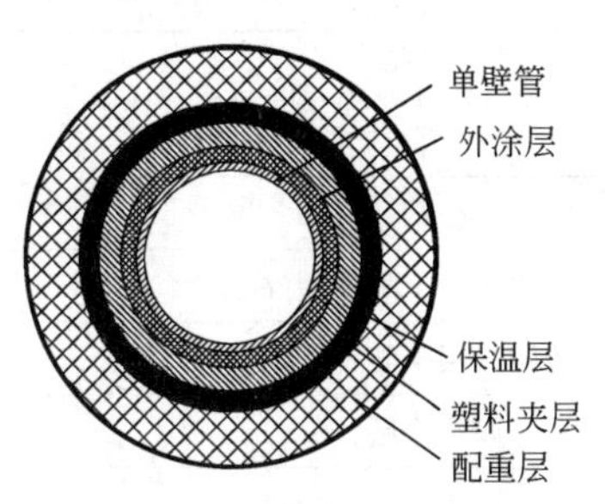

图 8－5　单壁管涂层结构

这种单壁管可节省大量的建造资金，但对其防蚀要求远远高于双壁管。首先要求外涂层在高温下具有长期稳定的性能；其次要求保温层为封闭结构(封孔态)，要做到这一点需要严格的工艺和参数；第三要求配重层具有更大的密度；第四对补口的要求更加严格。

据报导，也可采用热喷涂铝对海底管道实施保护。实验表明，76μm 的热喷涂铝、254μm 的封闭涂层可维持 25 年的使用寿命。这主要得益于该涂层体系具有隔离腐蚀介质和提供阴极保护电流的双重功能，该涂层体系仍需配以阴极保护作为补充防蚀措施。

(二) 阴极保护

海底管道的阴极保护可以采用牺牲阳极法，也可以采用强制电流法。但从可靠性和管理方便的角度来看，以牺牲阳极法保护居多。

1. 准备工作

对于要保护的海底管道，要求其必须具有电连续性，必须用足够截面积的跨接电缆进行连接，如在绝缘接头两端的跨接和与平行管线的跨接，以便使整个被保护体成为电性连接的一体，同时也减小电干扰。这种跨接可以采用焊接，也可采用机械连接，但要保证电性连接良好且连接部位与管道具有相同等级的防蚀覆盖层。

海底管道一般应与平台结构进行电绝缘，以防电流旁流。另外，在靠近平台结构的管道处应适当加大阴极保护电流以防来自平台结构保护系统的干扰。在某些情况下(如海底管道保护的后期)，为了补充海底管道的保护不足，往往将海底管道与平台结构短接，使平台结构的部分阴极保护电流流入海底管道，起到保护作用，这样可以延长海底管道阴极保护的有效作用时间。

2. 阴极保护设计基础

(1) 阴极保护电位。

海底管道钢的阴极保护电位见表 8－12。

表 8－12　阴极保护电位范围

环　境	通气良好或低 SRB、硫化物含量	厌氧环境或高 SRB、硫化物含量
保护电位范围，V	－0.80～－1.05	－0.90～－1.05

(2) 保护电流密度。

不同表面涂层的保护电流密度见表8-13。

表8-13 不同表面涂层的保护电流密度

涂层状况	保护电流密度，mA/m^2		
	起始	平均	最终
裸钢(海泥)	25	20	15
防腐涂层+配重层(海水)	2	9	15
防腐涂层+配重层(海泥)	1	3	5
厚浆涂层(海水)	5	18	30
厚浆涂层(海泥)	3	6	10

注：当海底管道高温操作时，表中所列数据温度每升高1℃(由25℃始)，保护电流密度增加$0.2mA/m^2$。当为薄膜涂层时，温度每升高1℃，保护电流密度增加$1mA/m^2$。

3. 牺牲阳极保护

1) 牺牲阳极材料及性能

牺牲阳极材料的关键是要控制其杂质成分，对于海底管道的保护，应采用铝合金或锌合金牺牲阳极。常用牺牲阳极材料的成分可参见国标或有关单位的企标。

牺牲阳极的电化学性能依不同区域的海泥(海底沉积物)而有较大变化，因此在设计之前，需针对埋置管线外的海泥进行牺牲阳极的电化学性能评价。

2) 牺牲阳极的形状

海底管道牺牲阳极基本采用两种方式。当环境温度较低时，采用镯状牺牲阳极固定于管道上；当环境温度较高时，为了避免牺牲阳极过快消耗，常采用阳极床。

3) 牺牲阳极数量计算

牺牲阳极数量可由牺牲阳极产生的电流和管道所需总电流计算。牺牲阳极产生电流的计算可由驱动电位与接水电阻计算而得，对于镯状牺牲阳极，接水电阻可由下式计算：

$$R_a=\frac{0.315\rho}{\sqrt{A}} \tag{8-10}$$

式中A为阳极工作面积。

F. T. Su等人基于腐蚀电化学理论、15%涂层破损率，计算出阴阳极最佳面积比为266∶1，若采用Φ500mm×4mm管线，阳极间距为78.4m。

4) 牺牲阳极的寿命

牺牲阳极寿命计算公式为：

$$L=\frac{W\cdot u}{E\cdot I_m} \tag{8-11}$$

式中 L——阳极有效寿命；

W——阳极净质量；

u——阳极利用系数，取0.75~0.80；

E——阳极消耗率；

I_m——有效寿命期内阳极平均发生电流。

5）牺牲阳极的安装

安装前，镯状牺牲阳极内表面应涂覆环氧类等性能较好的防蚀涂层。安装时，阳极应与管道紧密配合，不应留有空隙。阳极铁芯禁止与配重层中的加强筋结构有电性连接。阳极与管道的焊接处应具有足够的强度和良好的电性连接，并在焊接所影响的范围内涂以与管道相同级别的防蚀涂层。

近年来，人们正在研究和发展海底管道牺牲阳极阴极保护的数值计算模拟，尤其是边界元方法，它可以将海底管道简化分割成管单元而大大减小计算量。这些方法的应用可以更准确地进行阴极保护的计算设计、电位分布和寿命预测，但仍存在的问题是要获得准确的牺牲阳极的实际极化行为及其依时间的变化还相当困难。

4.强制电流阴极保护

海底管道在建造初期一般不推荐使用强制电流系统，但当管道有一端伸到陆上或牺牲阳极系统寿命未满足要求且电源可方便获得时，可以考虑采用强制电流阴极保护。在这种情况下，要充分考虑阳极的分布与位置，以使管道得到最均匀的电流分布。强制电流阴极保护系统包括恒电位仪、阳极床、控制用参比电极等。

恒电位仪可以是可控硅或开关电源式的，要求其耐海上环境(CB3320)，波纹系数不大于10%。为方便起见，某些情况下可以采用整流器进行恒电流控制。

外加电流阳极可以采用高硅铬铁阳极、铂复合阳极、贵金属氧化物阳极等。在计算阳极寿命时，要采用其在相应介质中的消耗率。连接阳极的电缆接头要求有非常好的水密性、机械强度和耐腐蚀性。若阳极床位于岸上，应采用深井式；若位于海上，阳极床应固定于混凝土基础上或通过浮筒进行固定。阳极床应远离管道，使管道得到均匀保护电位分布。

控制用参比电极可以是多支的，以便具有较大的选择余量，其位置应靠近管道处。强制电流系统电缆应具有足够的强度、绝缘性和防水性，并进行必要的固定，以防潮汐或海浪冲击。

第九章 城市燃气输配系统的腐蚀与防护

第一节 城市埋地燃气管网的腐蚀

城市燃气是城市能源供应的重要组成部分，是城市基础建设的主要设施之一。发展城市燃气事业是保护环境、节约能源、方便人民生活、发展和促进生产的必要保障，是实现城市现代生活的重要标志。

近20年以来，我国燃气事业有了长足的发展。据1994年统计，城市燃气企业已达670多家，年供气量达445.1×$10^8$$m^3$，发展用户2987万户，城市用气人口约1亿。但与发达国家相比差距仍十分大。例如俄罗斯莫斯科市，是全世界范围内供气量最大的城市之一，仅1992年一年，莫斯科市的天然气供气量就达290.0×$10^8$$m^3$。到1996年，美国2.21亿总人口中有1.83亿人使用天然气。

为了保障燃气供给，确保燃气管道的安全运营，城市埋地燃气管网防腐蚀工程的优劣有着举足轻重的地位，务必大力推广先进的防腐蚀技术，并加强对旧管道的修复与整治。

城市埋地燃气管网是输配系统的主要组成部分。我国早期埋地燃气管网的防护，仅采用单一的石油沥青外防腐层，没有专业的防腐蚀施工队伍，大部分在现场作业，受作业条件的限制，难以保障除锈和涂敷工艺的质量。

进入20世纪90年代，阴极保护技术逐步为人们所认识，但仍有不少城市的埋地燃气管网还只采用外防腐层防护的方法。随着城市现代化建设的进展，地下购物街的拥挤程度日益加剧，埋地燃气管与自来水管线、上下水管线、热力管网、电力电缆、通信电缆的平行敷设或交叉、或处于很狭窄的地下空间，加上地下铁道等工程的建设和发展，地下环境越来越复杂，对埋地燃气管网的防护安全可靠性的要求越来越高。燃气管网的输送介质有易爆、易燃、有毒等危险特性，一旦发生泄漏，其后果严重性是显而易见的。专家们指出，我国城市燃气事业在经过前几年的高速发展后，现已进入一个事故高发期。2006年大连市甘井子区山日街发生燃气爆炸，剧烈的爆炸导致二层、三层楼板塌落，楼体山墙开裂，一至三层的三户九人均遇难；2008年上海宝山区三门路发生燃气爆炸事故，致使2人死亡，8人受伤，其中1人重伤。

2004年、2005年西安市共发生60余起燃烧事故，其中镀锌钢管为43次，其破坏部位大部分发生在引入口部位，为氧浓差电池的腐蚀所造成。

一、城市埋地燃气管网的外腐蚀

城市埋地燃气管网除具备与长输管道相同的外腐蚀类型外，由于其地下环境的复杂性，典型的腐蚀类型如下。

（一）土壤腐蚀

由于城市建设的特殊需要或反复施工、开挖，城市燃气管道埋设的土壤壤质多种多样。一根不长的管道往往需经历多种壤质的土壤环境，常见的有回填土、石灰土、泥炭土及原有的土壤粘土、沙质土等。同时，由于城市环境的地貌要求，敷设在马路两侧的管道或者处于绿地下，或者处于水泥方砖或水泥路面下，环境介质有明显的差异。由于燃气管道的建设随着城市的建设分期分批进行，因此同一条管道建设时期不同，新旧管材不同，导致管道存在着形式多样的土壤腐蚀形式。

例如，马路两侧的燃气管道(大多是高中压燃气管道)，埋设在慢行道或人行道下，管道上方地貌一段为绿地、一段为水泥方砖，显然两者的透气性差异很大。由于绿地上的草坪和花木要经常浇水，从而促使土壤湿润和补充了溶解氧，造成了氧浓差电池腐蚀的加剧。在北京的府右街路口，煤气管道曾连续发生两次泄漏，就是处在类似上述土壤环境中。开挖后发现，腐蚀恰好发生在马路的水泥路面下，管道表面已经千疮百孔，有很多麻点，修补时管材难于焊接，钢管已失去了强度。

相同壤质环境下不同管材间的电偶腐蚀发生在新管与旧管的连接处、钢管与铸铁管的连接处。

燃气管道穿过不同的环境介质时，腐蚀发生在穿越段不同介质的交界处。例如室内引入房中，钢管从土壤中穿墙体，墙体与土壤构成差异环境。由屋外引入时也存在多个界面环境，如钢管从地下穿出是一个界面变化，从墙外穿入墙内有是第二个界面变化，从墙内穿出进入室内大气环境下是第三个界面变化，在这些界面部位均会发生腐蚀。这些部位的腐蚀破坏后果是很严重的，煤气公司要花上千万元资金去更换这些引入部位的钢管。

（二）微生物腐蚀(细菌腐蚀)

据有关报导，约50％～80％的地下管道腐蚀都有微生物参与。城市埋地燃气管网的特殊地段有微生物腐蚀发生。这些特殊地段存在以下条件：厌氧环境，硫酸盐的存在，水的存在，对环境有利的pH值和温度(如pH值为5～9，温度为25～30℃)，有机碳的存在，粘土胶粒的存在。

发生微生物腐蚀的显著特征是有刺鼻的硫化氢气味产生，且多产生于管道的4～5点钟、7～8点钟面代号位置；超过5～7点钟面代号位置的管向最低处，腐蚀形态呈现“凹”型坑穴。

与腐蚀有关的微生物主要是细菌类，如硫氧化细菌、硫酸盐还原菌、铁细菌、某些霉菌等。由细菌、霉菌构成的污垢和生物粘泥，其腐蚀具备多种微生物和氧浓差电池联合腐蚀特征 。

（三）杂散电流腐蚀

城市内电力设施、工业设施分布广泛，如高压输电塔、输变电设施；使用直流电的工厂如电解厂、电镀厂、电焊厂等极为常见；电力电缆、电话电缆在地下星罗棋布；再加上城市的电车、地下铁道等，这些供电系统散流至地下的杂散电流均对城市埋地燃气管网构成威胁 。

城市中燃气管道的破坏，有不少呈现电蚀特征。还有些管道表面大面积的腐蚀破坏现象，包括管道顶部和底部区域大范围的坑穴腐蚀，且深度较深。

二、城市埋地燃气管网的内腐蚀

我国城市燃气中人工煤气的使用量占很大比例。国内调查的实际运行记录表明，人工煤气杂质含量严重超标，特别是硫化氢、水分、萘和焦油、灰尘的含量大大超过标准的规定。这是由于煤气净化工艺装置水平低，而运行的成本高，技术改造的难度较大，从而造成了煤气气质的劣化，也就造成了城市埋地燃气管网的内腐蚀严重。

第二节　城市埋地燃气管网的防护

一、管道外防腐层

随着防腐技术的进步，各地根据本地区的防腐蚀状况开发和选用不同的防腐材料。目前，在城市燃气领域使用的管道外防腐层有如下几种。

（一）聚乙烯胶粘带

聚乙烯胶粘带既可在现场缠绕施工(冷缠)，也可在工厂预制缠绕和在现场补口，是一种施工方便，机械性能良好，耐化学介质、耐水性能强的防腐蚀材料，很受施工人员的欢迎。在国外的城市燃气管道防腐施工中，也常采用聚乙烯胶粘带。随着国内防腐胶带质量的提高，该种防腐蚀材料的应用将越来越广，而且每平方米的造价低于使用石油沥青和环氧煤沥青。

聚乙烯胶粘带的主要缺点是耐土壤应力性能差，且当防腐层发生剥离时易对阴极保护电流产生屏蔽作用。

（二）石油沥青防腐层

石油沥青防腐层是城市燃气管网使用最早、最广泛的一种防腐材料。由于其来源较广、成本低廉、易于施工操作，被大多数地区的燃气部门使用。因此，石油沥青在城市燃气领域有统一的施工验收标准和规范。

由于日益高涨的环境保护意识和城市现代化建设的进展，石油沥青的使用越来越受到城市安全法规和环境保护法规的限制。但石油沥青热缠带技术方便了燃气管道切、接线的日常操作施工，在城市旧管道的改造和修复中将继续使用。

石油沥青防腐层的缺点是其不耐细菌腐蚀，吸水性强，易老化，在施工时要点火熬制，污染环境。在北方电阻率较高、地下水位较低的干燥土壤中，其防腐功能依然十分可靠。

（三）环氧煤沥青防腐层

城市埋地燃气管网于 20 世纪 80 年代中期开始使用环氧煤沥青外防腐层。环氧煤沥青具有优良的耐水、耐化学介质侵蚀和抗细菌腐蚀的性能，因此是一种比石油沥青性能优异的防腐材料。由于城市埋地燃气管网一次施工的长度一般较短且采用冷涂施工，因此适合于城市埋地燃气管网的建设需要。目前，环氧煤沥青在城市燃气管道中使用比较普遍，基本沿用了石油部门的有关标准规范，且能满足城市燃气工程的要求。

（四）熔结环氧树脂

熔结环氧树脂也称为环氧粉末涂层。20世纪80年代以来成为发达国家新建管道最通用的、首选的防腐层。熔结环氧树脂具有极优良的防腐性能，与钢管表面有极佳的粘结力，并且耐酸、耐水、耐细菌腐蚀，耐土壤应力和耐阴极剥离性能也很好。

但该种防腐层很薄，通常为350～400μm，不利于管子的搬运和施工，抗冲击性能和耐尖角棱石的性能很差。针对此弱点，国外又发展了复合结构的防腐层，即三层结构的复合防腐层体系，近年来已得到较快的发展，其总造价成本依所施工管线的长度而变化。

（五）挤压聚乙烯防腐层

挤压聚乙烯防腐层20世纪80年代中期在城市燃气管道上试用，多用在直缝管或无缝管外防腐层中，这种防腐层的耐化学介质性能、耐水性能都很好，尤其是耐土壤应力性能较佳。施工时应注意共聚物粘结剂与管子外聚乙烯壳层间的粘结是否有效。如粘结不当则会形成两层皮，聚乙烯外保护层一旦破损，则造成地下水的浸入，发生保护层下的局部腐蚀现象。由于上述防腐层均需具备较高的技术水平，因此防腐层的质量可靠。

二、阴极保护技术的应用

（一）阴极保护的标准

（1）施加阴极保护时阴极的负电位至少为850mV，这一电位是相对于接触电解质的饱和铜/硫酸铜参比电极测量的，测量中必须排除IR降影响。

（2）管道表面与接触电解质的饱和铜/硫酸铜参比电极之间的阴极极化电位差值最小为100mV，这一数据的测定可以在极化的形成或衰减过程中进行。该标准最常用于涂层差或裸露的结构上。

（3）保护度≥90%。

（二）阴极保护设计前的勘测

在大多数情况下，进行阴极保护设计，需要进行实地勘测，通过勘测收集设计所需的数据和参数。

1. 土壤中离子的测试

土壤中含有多种矿物质，其可溶盐的含量与成分是形成电解质溶液的主要因素。其中氯离子和硫酸根离子的含量越大，土壤的腐蚀性越强。

2. 土壤pH值的测定

土壤的酸碱性也是影响土壤腐蚀性的因素。酸性越强，土壤的腐蚀性越强。

3. 土壤含氧量、含水量的测定

土壤含氧量对腐蚀过程的影响很大，土壤含氧量的差异，为形成氧浓差电池提供了条件。土壤中含水量增加，电解溶液增多，腐蚀回路的电阻减小，腐蚀速率增大。

4. 土壤电阻率的测量

土壤电阻率直接受土壤颗粒大小、含水量、含盐量的影响，多数情况下可以反映出土壤的腐蚀性。目前普遍按土壤电阻率的大小对土壤的腐蚀性进行分级，因此土壤电阻率的测量是评定土壤腐蚀性的最重要的参数。

5. 温度

温度对阴极保护的影响主要是改变介质的电阻，土壤和水的电阻通常是随着温度的升高而降低的。在冰冻时土壤的电阻率会发生突然变化，所以要了解土壤的冻土情况。阳极应安装在冻土层以下。

6. 电的屏蔽

从阴极保护电源来的电流很容易被外层结构所吸收，只有少数电流会到达内层结构，于是外层结构就形成了一种电的屏蔽。在这种情况下就需要把阴极保护的阳极安装在屏蔽区域内，使保护电流能够到达内层结构。

7. 杂散电流的影响

电车、电气化铁路、以接地为回路的输电系统等直流电力系统，都可能在土壤中产生杂散电流，使地下管道产生电化学腐蚀。杂散电流的流动过程形成了两个由外加电位差而建立的腐蚀电池，使其附近的埋地金属管道遭受腐蚀，其腐蚀速率比一般土壤腐蚀快得多。地下管道在没有杂散电流时，腐蚀电池的两极电位差只有零点几伏，而在有杂散电流存在时，管道上的管地电位可能高达 8～9V，通过的电流最大能达到几百安培，其影响则可以远达几十公里的范围，由此可见杂散电流影响的严重性。因此，在进行阴极保护设计时应考虑杂散电流的影响，并采取相应的排流措施。

8. 阴极保护系统的干扰

考察被保护金属管道附近是否有其他金属管道，可采取均压线、绝缘法兰、接地电池等方法避免其干扰。

9. 保护寿命

应该知道被保护的金属管的预期使用年限，使阴极保护系统的设计寿命与被保护管道的寿命相同并留有裕量。

10. 维修能力

维修能力和人员效率的可靠性对阴极保护系统是有影响的。如果条件不具备，最好选择简单易行、安全可靠的阴极保护方式，倾向于采用牺牲阳极系统。

（三）阴极保护设计中应考虑的问题

1. 外部管道的绝缘问题

在城市埋地燃气管网中存在错综复杂的管道，如果一个有良好涂层且能经济地实施阴极保护的管道，与一个没有良好涂层或不需被保护的管道连接，将严重影响保护效果。绝缘的目的是将被保护管道和不应受保护的金属从导电性上分开，它是在施加阴极保护的管道上设置的，以切断管道的电连续性为目的，因此采取必要的绝缘措施是阴极保护的必要条件。同时对燃气管道采取全方位的阴极保护也是十分必要的。

2. 管道内部的电连续性问题

为了保证阴极保护电流的均匀性，有良好的电连续性，非焊接连接的管道与管道设施应设置跨接电缆或其他有效的电连接方式，跨越管道安装绝缘装置的部位应设置跨接电缆。

3. 锌接地电池的使用

为了防止因雷电或电磁感应而产生的高电压使绝缘接头(或绝缘法兰)击穿，导致绝缘失败可采用锌接地电池。锌接地电池采用两根相互绝缘的锌棒将管道两端的电压通过填包料和大地连接，从而有效地释放绝缘头两端的电压，避免绝缘头被击穿。锌接地电池的安装与牺牲阳极的安装基本相同，不同之处是锌接地电池有两个连接电缆分别通过铝热焊连接在绝缘接头的两端。需要注意的是包装袋中的两根锌棒要严格绝缘，其中的绝缘块要固定牢靠，可以通过万用表测量其绝缘性。

4. 防腐垫的应用

为了防止阳极连接电缆与被保护管道焊接处防腐处理不当，引起局部漏电和腐蚀，可采用一次成型防腐垫进行焊点防腐处理，这可以有效保护焊点，使焊点处的防腐等级高于原管道的防腐等级。

5. 杂散电流对阴极保护系统的影响

阴极保护系统以外的电流为杂散电流。如直流电气化铁路、阴极保护系统及其他直流电源附近的管道会受到杂散电流的影响。

杂散电流腐蚀情况如下：

(1) 当管道靠近其他管道的阴极保护站的辅助阳极时，电流在靠近辅助阳极处进入未被保护的管道，而在较远的地方流出，这样泄流点处便产生腐蚀。由于阴极保护站的辅助阳极仅占据了管道的一段位置，因此大多数管道就成了泄流点，受到阳极干扰腐蚀。据统计，100～200m 的外加电流阳极装置，可产生相当广泛的电压峰。

(2) 在阴极保护的管道附近的土壤电位较其他地区低，其他管道若经过该地区，则有电流从远端流入管道，而从这里流出发生阴极干扰腐蚀。

(3) 当一条管道靠近一个阴极保护站的阳极附近后，又经过阴极附近，会发生两种情况，一是在阳极区附近获得电流，在某一部位泄放造成腐蚀；二是在远端拾取电流，在交点处泄放，而引起腐蚀。

(4) 直流杂散电流的干扰腐蚀与杂散电流的电流强度成正比，即杂散电流的强度越大，引起的金属腐蚀就越严重。

(5) 杂散电流的干扰腐蚀还会在阴极区引起析氢破坏，使管道外防腐层遭到破坏。由于杂散电流影响的严重性，在进行阴极保护设计时应考虑杂散电流的影响，并采取相应的排流措施。由于产生杂散电流的管道为输气管道，不能采用直接排流、极性排流和强制排流。应采用接地式排流，这样可以将杂散电流从管道排到土壤中，以排流装置中辅助阳极的腐蚀取代管道的腐蚀。但该排流方法会一定程度消耗保护电流，降低保护效率。排流工作是十分重要和专业的一项工作。在采取相应排流措施前应做如下工作：测量干扰源；测量本地区土壤腐蚀情况；管地电位及其分布；流入、流出管道的干扰电流的大小和部位。

由于多数管道还未投入运行，因此杂散电流对管道的影响还是未知数，这就需要阴极保护施工单位具有丰富的经验和理论基础，要对现场情况进行调查，特别是管道投入运行后的调查。因为，如果排流措施不当会产生如下问题：

（1）排流不当将干扰危害转移，引起管道的腐蚀。

（2）排流点的选择是否正确，往往会影响排流效果。

（3）排流后，管道电位超过最大保护电位引起过保护或使保护电流损失引起管道腐蚀。

（4）对现场干扰情况不清楚，选择排流方法不当。

（5）排流工程运行后还应保证阴极保护的电位要求，需进行跟踪测试，如排流不当或跟踪测试服务不到位都会影响管道的正常运行。

无论什么类型的干扰，任何用于减少干扰影响的方法，其结果都很难达到理想的程度，因此排除杂散电流干扰的方法选择、参数设定、施工的严密性、排流装置的安全性和可靠性会直接影响排流效果。选择专业的施工队伍，性能可靠的产品，优良的售后服务和技术支持至关重要。

埋地管道采用涂层加阴极保护的方法进行防腐蚀控制是目前广泛采用的方法，已被列入城市燃气管道标准中作为强制标准进行推广应用。根据 SY/T 0019—1997《埋地钢质管道牺牲阳极保护设计规范》及 CJJ 95—2003《城镇燃气埋地钢质管道腐蚀控制技术规程》的要求，“新建的高压、次高压、公称直径大于或等 100mm 的中压管道和公称直径大于或等于 200mm 的低压管道必须采用防腐层辅以阴极保护的腐蚀控制系统。现有防腐层保护的高压、次高压和公称直径大于或等于 150mm 的中压在役管道应逐步追加阴极保护系统。”

采用阴极保护系统对城市燃气管道进行保护是一项科学、可靠的保护方式，它有其他系统不可代替的优点。同时阴极保护是一项专业性较强的防腐技术，在实施阴极保护时，阴极保护系统的设计、安装、运行和维护，必须由具有防腐蚀技术资格的专业人员执行，或在其指导下执行。实施操作人员应经过规定的专业培训。

第三节　城市埋地燃气管网的腐蚀检测

随着“西气东输”、“广东 LNG”等国家重点工程建设的开展，城市燃气管道压力不断提升，钢管将越来越多地铺设于城市地下。这些钢管长期受到外部土壤腐蚀和应力作用，可能会发生泄漏事故，进而引起爆炸和火灾，造成人员伤亡和财产损失。因此，对地下在役钢质燃气管道的防护状况检测和周边环境调查，就显得极为重要。

对城市埋地燃气管网的腐蚀检测，一般包括三个方面：土壤腐蚀性检测、防腐状况检测和阴极保护系统检测。

一、土壤腐蚀性检测

长输管道根据土壤情况划分检测单元时，往往以土壤电阻率数据为依据。SY/T 0023—1997（2005）《埋地钢质管道阴极保护参数测试方法》推荐土壤电阻率的测试，采用等距（四极）法测管道埋深处的电阻率。对于城市燃气管道，地面上方往往是铺设方砖的人行道，根本无法找到足够的土壤空间，以管道埋深作为间距插入四根接地极。对此，有些检测单位在远离管道的绿化带中进行测试，或在管道上方以方便插入为准，随意确定接地极间距，检测数据并不能代表管道埋深处的情况。即使地表为土壤，由于管道周边其他地下金属结构的影响，无法满足接地极测试条件，结果偏差达 30%～40%，作为检测单元划分依据是不合适的。

实际测试时，利用管道上方附近通常都有行道树或小面积裸露土壤处，树坑中可以方便地进行极化电流密度测试。极化电流密度测试是在测量现场将与管道钢同质的试件(探头)插入土壤中，仪器自身的电源使试件电位产生 10mV 的极化，即可从仪器上直接读出数值。由于该项目是在现场与管道埋设的土壤完全相同的环境下测定的，因此能较准确地反映土壤的原始腐蚀性。更重要的是，其测试快捷方便，很适合作为检测单元划分的手段。

土壤的电解失重、pH 值、氯离子量情况，需要通过土样分析才能确定。可从开挖现场采集管道埋深处的原土进行测试，确保分析评价的准确性。

二、防腐状况检测

燃气管道防腐状况检测分为防腐层绝缘电阻测量和防腐层缺陷检测。城市埋地燃气管网防腐层绝缘质量是反映管道整体老化程度的重要参数，也是划分评价单元的基本参数，必须进行准确的检测。SY/T 6063—1994《埋地钢质管道防腐绝缘层电阻率现场测量技术规定》规定采用变频选频法，从管道的阴保测试线发射和接收讯号。在城市燃气管道上没有阴保测试线，又存在大量的分支，限制了该仪器的使用。在全面检测时，应以开挖坑内暴露的管体为发射和接收点，注意检测单元中不得有钢质分支。在一般检测时，以管中电流法测试为主，其可靠度稍差，但基本不受接入点的限制。在管道下沟回填的施工过程中，可能存在一些防腐层碰伤，管道埋地后由于第三方施工或土壤应力，也会造成防腐层老化破损。国内一般仅采用 SL-2088 型管道防腐层探测检漏仪进行检测，检测快捷。但实际使用中发现，由于周边其他管道的影响，经常发生误报，故应对所有报警点用 DCVG 仪进行鉴别。DCVG 仪检测比较麻烦，进度效率较低，但精度较高。二者结合，可以较好满足破损点修复任务，并最大限度避免不必要的开挖。对于探坑内防腐层检测，SY/T 0063—1999《管道防腐层检漏试验方法》规定使用电火花检测仪对暴露的防腐层进行检测。传统上都是将接地极插在探坑内管道附近的土壤中，铜丝电刷扫过防腐层，破损处就会有火花发生。然而近期对三层夹克的钢管进行检测时发现，在破损处没有火花出现。经分析，是接地不当所致。对于早期的冷缠胶带防腐层，探坑附近的土壤中，总会存在许多破损点，插在土壤中的接地极通过这些破损点与管道连通。三层夹克整体质量优异，探坑两侧很长的管道上都没有破损点，接地极无法与管道良好连通，所以破损点处不会发生火花。对此，将检测仪的地线延长数十米，直接连到最近的凝液缸或阀门上，而不是插在土壤中，这样可将所有破损点都检出。

三、阴极保护系统检测

SY/T 0023—1997 (2005)《埋地钢质管道阴极保护参数测试方法》规定，管道保护电位测试通过管道的阴保测试线进行。在城市燃气管道上没有阴保测试线，但存在大量凝液缸或阀门等漏铁点，可以进行检测。管道沿线应采用 CIPS 进行密间隔电位测试。将万用表通过 10m 左右的导线直接连到最近的这类漏铁点上，另一端连接硫酸铜电极。将电极插入管道沿线上方的土壤中，得到各点的电位，标绘到图上形成连续的电位测试曲线。

腐蚀检测的方法目前多为现场探坑检测，与现场取样实验室检测相结合。北京市某高压管道埋地仅 10 年就发生了较为严重的泄漏，该管道为 ϕ720mm×10mm 的螺旋焊管，外部为石油沥青防腐层，无内防腐层，也未采取阴极保护，泄漏点位于凝水器旁 3m 左右距离，位于管道正下方，漏点周围沿径向测得壁厚为2.1～5.2mm。据漏点的腐蚀表现初步判断为内腐蚀，因为漏点周围钢板表面光滑、无蚀孔和腐蚀产物存在。

检测分为现场检测和实验室检测两部分。检测内容如下：管道开挖的地面检漏；探坑开挖后的各项普查(包括土壤腐蚀性、管道外防腐层性能、钢管表面状况和剩余壁厚等)；腐蚀样品的失效分析；管内积水水样分析；钢板在管道积水水样中的腐蚀速率测定。除上述检测内容以外，还对管道运行状况和全线土壤的电阻率、管道管理中的问题进行了调查。

检测和调查结果如下：

(1) 全线地面检漏发现该管道外防腐层施工质量良好，绝缘破损点较少。

(2) 埋设该管道的土壤，其电阻率值较高，属中等偏弱腐蚀强度范围，且地下水位极低，开挖4m深，未见地下水溢出，初步判断管道外腐蚀轻微。

(3) 该管道运行状况分析发现，管道中燃气含杂质严重超标，尤其是水和硫化氢的含量超过国家有关规定几十倍甚至几百倍。

(4) 水样分析表明，管道中积水呈弱酸性，pH值较低，在4左右，且氯离子含量明显偏高，为323mg/L，含有一定量的二价硫离子，水样中悬浮物质主要是硫化亚铁。

上述检测结果明确证实了管道的泄漏是由内腐蚀造成的。内腐蚀由腐蚀性较强的管内积水造成，腐蚀介质是溶于水的硫化氢等。腐蚀发生在管道钢表面的金属架杂物处，且泄漏点恰好位于凝水器附近的干湿交替部位，存在较强流体的冲蚀，导致腐蚀—冲蚀的联合作用。

以上是城市燃气管道重点检测的实例。具体检测内容和方法还应根据检测对象、检测目的进行。目前对城市燃气管道的腐蚀检测仅限于腐蚀事故分析，正常的管网调查将逐步有计划地展开。

近年来随着城市燃气工程的大规模建设，敷设的输气管线越来越多，且管线大多数建在人口稠密的城市中心区域。由于敷设于地下的燃气管道遭受内外腐蚀介质的作用，从而使钢管面临管壁减薄、安全性降低的局面。受地面挖掘条件的制约，对管道的检测有一定的局限。为准确真实了解管道的缺陷或泄漏点位置，近年来国内外大力发展了内检测技术，并逐步走向规范化、法制化的轨道。采用内检测技术可以做到以下几点：

(1) 为管道管理者提供管壁缺陷的准确信息，使其在达到泄漏危险之前就被找到，及时维修，避免泄漏事故或更大的损失发生。

(2) 可为管道维修、更换提供准确的科学依据，消除管道维修的盲目性，避免报废某些还可使用的管道，变抢修为计划检修，变报废整条管线为更换、维修个别管段，充分利用管道资源。

(3) 对管道的承压心中有数，充分地发挥管道的最大运输功能。

(4) 为管道提供长期完整的记录资料。

重视对管道腐蚀调查数据的收集、记录和归档是实现管道安全管理的必要保障。国外的输气公司均对自己管理的管道建立有完整的技术档案资料，根据多年积累的各种数据，对管道进行风险评估，通过风险评估确定为减少风险而采用的改造管理措施。但国内大部分城市燃气公司仍缺乏对该项工作的重视，相信随着城市建设的发展，对管道工程风险的评估也将逐步展开，因此上述各项数据的收集和积累的重要性就会被人们所认识。

第十章　金属腐蚀实验方法与评价新技术

第一节　金属腐蚀测量技术

目前比较常用的腐蚀测量技术有以下几种：

(1) 试样失重分析法。最简单也是最早的测量设备腐蚀的方法是试样失重分析法。将一块已称重的与被检测设备材质相同的样品放入系统中，经过一段时间后，取出样品，清洗掉所有的腐蚀物并重新称重。根据重量损失可以计算出平均腐蚀速率。

(2) 电阻法(ER)。电阻法是测量工厂设备和管路内部金属腐蚀最常用的方法之一。该法是通过测量浸入产品介质中的金属材料与密封在探针内部的参考材料间的电阻改变来检测腐蚀的。所谓的超级电阻技术(Super ER)是从ER原理发展而来的，随着电子技术的发展，并采用特殊结构的探针，该方法提高了检测的灵敏度和反馈速度。电阻法的缺陷是金属的损耗反映在电阻的改变上需要很长时间。即使是超级电阻技术，反映时间通常也需要2h。

(3) 现场电阻分布法(FSM)。该方法基于电阻法，在管路表面测量一个区域的金属腐蚀。多探针以矩阵的形式被安置于管路外面以监测管壁内部的腐蚀损耗。一个诱导电流被引入所要监测的区域，同时测量电压在该区域分布以检测腐蚀损耗。

(4) 声波测量法(AE)。该方法测量微小缺陷增长过程中发出的声波，如超应力引起的腐蚀的噼啪声。因此传感器从本质上来讲可以看作一个按一定规则排列的麦克风。然而，在线测量过程中，背景噪声的影响是一个非常棘手的问题。

(5) 超声测试法(UT)。超声测试法是通过波长较短的高频声波检测缺陷或测量材质厚度。通常情况下，通过一个置于样品上的传感器(探针)采用超频率声波的脉冲波进行测量。被反射并返回传感器的脉冲波(就像回声一样)发出的任何声音可以给出脉冲波的振幅和返回传感器所需的时间。设备任何地方的缺陷都会将声音反射到传感器，从而可以测量缺陷的大小、距离及反射率等指标。

(6) 电化学交流阻抗法(EIS)。该方法测量电荷转移或极化的阻力，其与被监控表面的腐蚀速率成正比。EIS的结果必须通过一个反应界面模拟电路来解释。

(7) 电化学噪音法(ECN)。通过ECN检测的腐蚀包括测量腐蚀过程中发生在金属表面的电流和电压的微小变化。根据电压和电流的相对变化可测量平均腐蚀速率。文献上曾报导根据电压和电流相对关系所定义的点蚀指数可用于指示是否有局部腐蚀。该点蚀指数不能用于测量局部腐蚀的速率(只是定性的指示)。

(8) 线性极化法(LPR)。该方法测量腐蚀电位附近[一般为±(10～30)mV]的极化曲线并由此得到极化电阻(电压与电流的比值)。该“电阻”与平均腐蚀速率成反比，所以LPR可以半连续地测量平均腐蚀速率，因此在连续控制系统中有很好的应用。

(9) 谐波调制分析法(HA)。该方法将交互的电压震荡应用于一个传感器的三个探针，反馈回总电流。其不仅能分析基本频率，而且能分析谐波震荡。该方法可以计算线性极化法中所用的一个电化学参数，这一参数通常是假定值。因此，HA与LPR联用时可以提高腐蚀测量的准确性。

(10) 动电位极化法。动电位极化法实际上就是偏离腐蚀电位较远的线性极化曲线法，该方法通常用于实验室腐蚀测试。

(11) 放射性示踪法。该方法由核科学发展而来，将材料的试样置于中子源下接受轰击，使其表面层发生核反应并产生放射性。这种试样在腐蚀介质中，其表面的放射性物质进入介质。通过检测介质中的γ射线可研究该材料的腐蚀速率。

(12) 零电阻法(ZRA)。该方法通常测量两个电极间的耦合电流。其中一个电极与被检测设备材质相同或相近，而另一个电极由比较耐腐蚀的材料制成。由于结构简单，该方法广泛地用于腐蚀定性测量。因为被检测电极远离腐蚀电位，该方法不能用于腐蚀定量测量。

(13) 耦合多电极矩阵传感器(CMAS)。当金属受腐蚀程度不均匀时，如点状腐蚀或隙间腐蚀等比较典型的局部腐蚀，电子从金属腐蚀相对严重的地方(阳极)流向腐蚀较轻或没有被腐蚀的地方(阴极)。在耦合多电极矩阵传感器中，装有多个与被测设备相同材质的微型电极。其中一些电极具有与腐蚀金属的阳极接近的性质，而另外一些电极性质与阴极接近。当微型电极相互间电绝缘，却通过外电路连接到一个共同的节点上被耦合在一起时，与阳极性质接近的电极模拟腐蚀金属的阳极，与阴极性质接近的电极模拟腐蚀金属的阴极。阳极释放出的电子被迫通过外电路流向阴极。因此，有正电流从腐蚀较轻或没被腐蚀的电极通过外电路流入腐蚀严重的电极。这种电流正是局部腐蚀所致的电流。因此通过测量产生的电流，CMAS可定量地确定局部腐蚀或不均匀腐蚀的速率。

第二节　金属腐蚀实验及数据处理

一、金属腐蚀实验概述

(一) 实验目的

腐蚀实验是研究各种材料、设备和构筑物腐蚀的重要手段。任何一项腐蚀研究或腐蚀控制施工，几乎都包括腐蚀实验、检测以及监控。腐蚀实验的目的在于：

(1) 在给定环境中确定各种防蚀措施的适应性、最佳选择、质量控制途径和预计采取这些措施后构件的服役寿命。

(2) 评价材料的耐蚀性能。

(3) 确定环境的侵蚀性，研究环境中杂质、添加剂等对腐蚀速率、腐蚀形态的作用。

(4) 研究腐蚀产物对环境的污染作用。

(5) 在分析构件失效原因时作再现性试验。

(6) 研究腐蚀机制。

（二）实验方法

按腐蚀实验与实际工作条件接近的程度或实验场合的不同，实验方法可分为实验室实验、现场实验和实物实验三类。

1. 实验室实验

实验室实验是在实验室有目的地将小型试样在人为设置、受人工控制的环境下进行的腐蚀实验。

实验室实验的优点是：可以充分利用各种仪器、设备，严格控制实验的精确性，实验条件与实验时间比较灵活，可自由选取试样的大小，可严格控制有关影响因素等。这是腐蚀研究人员广泛应用的主要腐蚀实验方法。一般可分为模拟实验和加速实验两类。

模拟实验是在实验室小范围环境内尽可能模拟自然界中的介质及条件，是不加速的长期实验，虽然想要严格重现自然环境是非常困难的，但它充分考虑了主要影响因素。这种实验周期长，费用大，但实验数据较可靠。

加速实验是一种强化的腐蚀实验方法。改变对材料腐蚀有影响的因素，如温度、流速、化学成分、介质浓度等，使之加强腐蚀作用，从而加速整个实验过程的进行。这种方法可以在较短时间内确定材料的腐蚀倾向，或几种不同材料在特定条件下的相对腐蚀顺序。在进行加速实验时应注意，只能强化一个或少数几个受控因素。

2. 现场实验

现场实验是把特制的试样置于现场的实际环境中进行的腐蚀实验。这种实验的特点就是环境的真实性，实验结果比较可靠，实验本身也比较简单，但实验现场的环境因素无法人为控制，实验结果的重复性较差，实验周期较长。

3. 实物实验

实物实验是将实验材料制成实物部件等，在现场的实际应用下进行的腐蚀实验。这种实验解决了实验室实验及现场实验中难以模拟的问题，能够较全面正确地反应材料在使用条件下的耐蚀性。但是费用较大，周期较长，且不能对几种材料同时进行对比实验。因此，实物实验应在实验室实验和现场实验的基础上进行。

以上三种实验方法、目的各不相同，各有利弊，应根据不同要求和条件加以选择。

（三）实验步骤

为了正确地进行腐蚀实验，获得可靠的实验数据，对实验结果做出分析判断，得出规律性的认识，以指导生产实践的顺利进行，腐蚀实验一般应遵循以下步骤。

1. 确定腐蚀实验的目的

目的不同，腐蚀实验所选用的方法、材料、实验条件、实验结果的分析处理和评价方法都不同。

2. 收集资料

广泛收集有关实验资料，借鉴他人的实验方法和生产中的经验，更好地估计实验中可能出现的情况，这样便可以有效地进行腐蚀实验工作。

3. 确定实验内容

明确了实验目的后，就应该在丰富的资料基础上确定实验内容：试样及其表面处理；实验方法、程序及实验仪器；测量项目及确定实验参数；确定控制各变量的变化范围和等级水平。

4. 确定实验方案

将实验内容里确定的变量因素组合成不同水平的各种实验条件，把试样分组编号分配给各种实验条件，确定实验方案。

5. 实验

在实验中，一方面要进行定性的观察、记录和描述；另一方面，应通过仪器、仪表定量地测量实验数据。

6. 数据分析

由于实验受很多因素的影响，实验中取得的大量数据会有较大的分散性。为了排除各种因素的影响与干扰，对实验结果做出正确的推论与判断，就必须使用统计分析的方法对实验数据进行分析处理。

7. 实验结论

根据数据分析所做出的推论与判断，进一步讨论腐蚀实验中所产生现象的原因和实验数据所反映的客观规律，以深化对腐蚀实验中要解决问题的认识，提出防腐蚀的措施与方法。

二、数据处理方法概述

由于各种偶然因素的作用，会使实验数据产生一定的误差。当这种误差足够大时就会导致在安排实验、处理数据和进行判断的过程中出现困难。

金属腐蚀实验是一种与生产关系比较密切的科学实验，一些腐蚀实验的条件很难严格加以控制，在实验的影响因素之间又存在着复杂的相互作用；同时，腐蚀实验往往需要较长的时间，需要研究较多参数的影响，要消耗较多的实验材料。因此，腐蚀实验的数据处理和科学地组织实验就成为一个十分重要的课题。

统计分析方法将有助于我们解决这方面的问题。它的作用可以归纳为以下两点：

(1) 正确地分析和处理实验数据，估计各种因素对实验结果的影响，做出不掺杂主观成分的科学推导。

(2) 合理地安排实验，以尽可能少的实验次数得到的尽可能全面和准确的结果。

尽管统计分析方法广泛应用于物理、生物和经济科学，发展了大量的计算方法，但是在腐蚀问题方面却只应用了少量的和经过简化的方法。

统计学的计算方法繁多，在方法的选用方面对同一问题可以存在多种选择，同时新的方法也在不断地被开发，因此读者在选用时应该放开视野。

第三节　金属管道腐蚀的综合评价

油气管道在运行过程中不可避免地会发生防腐层的破损以及管体腐蚀。为做到对泄漏事故的提早发现，防止渗漏扩散，对管道的检查、评估和修补，是管道腐蚀与防护工作的主要内容。

20 世纪 60 年代末，由于腐蚀损伤造成管道破裂所发生的费用剧增，引起世界各国的广泛关注，纷纷着手研究对管道腐蚀的评价。我国对管道腐蚀损伤的评价，仍处在经验判断阶段，具有很大的盲目性。然而，随着我国六七十年代建设的长距离输送管道运行时间已接近设计使用寿命，在管道大修、改造工程中发现了数量颇大的腐蚀损伤，迫切需要科学的评价方法和标准。在这种形势下，我国管道部门积极开展了管体腐蚀损伤评价方法的研究，并于 1995 年制订了 SY/T 6151—1995《钢制管道管体腐蚀损伤评价方法》。

为了对埋地管道的腐蚀与防护状态进行监测和评估，我国防腐工作者做出了大量的科学研究以及腐蚀调查等基础工作，并制定出一系列适合我国现状的技术标准。

一、腐蚀管道的剩余强度评价

目前国内在役的压力管道大部分将陆续进入事故高发期，不可避免地存在原始的或在使用过程中出现的各种各样的缺陷，如体积型缺陷、平面型缺陷。这些缺陷的存在会降低管道的强度，对管道的安全运行产生隐患。限于财力、人力、物力，不可能也无必要对所有超标缺陷管道进行更换，因此，需要进行安全评估。腐蚀管道剩余强度评价的目的在于研究含缺陷管道是否能在某一操作压力下正常运营，以及在某一缺陷下允许存在的最大工作压力，从而科学地指导管道的维修计划和安全生产管理。

目前，关于剩余强度评价的方法很多，美国评价腐蚀管道的 B31G 准则偏于保守，后来对 B31G 准则作了必要的修正。一些学者在针对 B31G 准则保守性的进一步研究中，考虑轴向载荷、弯矩、腐蚀宽度以及腐蚀缺陷螺旋角对管道的影响，提出了不同的腐蚀管道评价方法，形成了新的评价准则，即 API 579 “Fitness－For－Service”、有限元分析方法和基于可靠性理论的可靠性评价方法。

（一）ASME/ANSI B31G 准则

B31G 准则是评估腐蚀管道的最初的和最基本的方法，它是一些规范的基础。大量的研究工作都是在此基础上进行的。

20 世纪 60 年代末 70 年代初，得克萨斯州东部运输公司和 AGA 的管道设计委员会提出了 B31G“腐蚀管线剩余强度评价方法”。它是目前西方国家流行的评价方法，其理论基础是中低强度材料的弹塑性断裂力学，其目的是力求采用解析式来表达材料不连续时管道的强度或应力，其手段是采用实验的归纳综合和理论的分析研究相结合，其结果实际上得到的是半经验半理论表达式。经过研究，提出了基于断裂力学的 NG－18 表面缺陷计算公式，该公式是基于 Dugdale 塑性区尺寸模型，受压圆柱轴向断裂的 Folias 分析和经验的缺陷深度与管子壁厚的关系式。其表达式为：

$$S=\overline{S}\left[\frac{1-A/A_0}{1-(A/A_0)M_T^{-1}}\right] \tag{10-1}$$

$$A_0=Lt$$

$$M_T=\sqrt{1+\frac{2.51(L/2)^2}{Dt}-\frac{0.054(L/2)^4}{(Dt)^2}} \tag{10-2}$$

式中 S——环向失效应力，MPa；

$\overline{S}$——材料的流动应力，是和屈服强度有关的材料特性，MPa；

A——裂纹或缺陷在轴向穿壁平面上的投影面积，mm^2；

A_0——裂纹或缺陷处原来管壁的横截面积，mm^2；

M——“Folias”系数；

L——缺陷的轴向长度，mm；

t——管道厚度，mm；

D——管道直径，mm。

式(10－1)可以用于评估有表面缺陷的管道。Kiefner 对有腐蚀缺陷的管道所做的大量试验表明，NG－18 表面缺陷公式用来评估腐蚀管道的剩余强度是可行的。在 Kiefner 和 Duffy 的工作基础上，以 NG－18 表面缺陷公式为基础，提出了 B31G 准则。

B31G 准则基于以下假设：

(1)“Folias”系数表达式简化为：

$$M_T=\sqrt{1+\frac{0.8L^2}{Dt}} \tag{10-3}$$

式中 D 为管道公称外径，单位 mm。

(2) 式(10－1)中，材料的流动应力 $\overline{S}$ 为最小屈服强度(SMYS) 1.1 倍，即 $\overline{S}=1.1SMYS$。

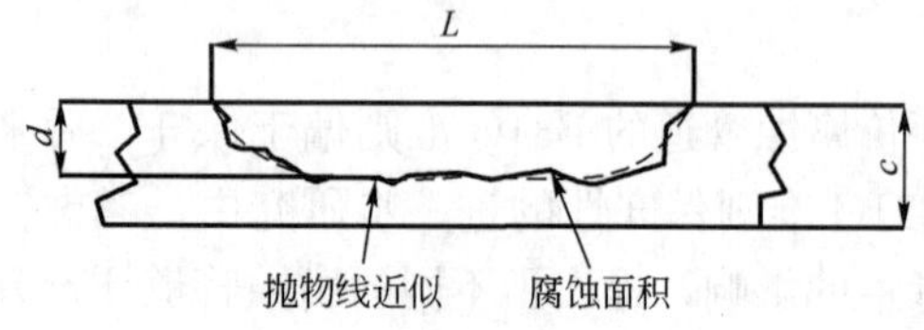

图 10－1　金属损失面积用抛物线近似

(3) 式(10－1)中，腐蚀缺陷的金属损失面积可用矩形或者抛物线来近似，一般来说，短腐蚀缺陷用抛物线近似，而长缺陷用矩形近似。图 10－1是抛物线近似的情况。

(二) API 579 准则

API 579 准则是根据炼化企业对压力设备服役适应性评价(FFS，Fitness－For－Service)标准的需要而形成的。它是在 API 510，API 750 和 API 653 的基础上，根据工程需求进行的补充和增加，目的是：

(1) 使长期服役的结构和设施能继续运行的同时，确保人员、公众和环境的安全。

(2) 从技术上提供一个完善的适应性评价步骤，以保证能对不同的服役结构和设施提供其寿命预测方法。

(3) 有助于在役设备的最优维护、保养和运行，保持老结构和设施的可用性，以及提高结构和设施的长期经济运行的可行性。

API 579 准则是在改进的 B31G 准则基础上，按照缺陷类型和损害机理加以组织的，它考虑了相邻缺陷的相互影响和附加载荷的影响，为腐蚀缺陷的剩余强度评价提供了更为直接的标准。API 579 准则服役适应性评价的基本思路是：建立含有缺陷管道的剩余承压能力、缺陷的尺寸及有关材料强度参数三者之间的关系，只要其中两者是确定的，那么另一项的极限值也就可以计算得到。服役适应性评价对腐蚀缺陷的剩余强度采取分级评价，建立了三级评级体系。一级评价提供保守的评价和审查准则，需要最少的检查数据和人力资源。二级评价提供了一个更为详细的评价准则，得出的评价结果比第一级评价更精确，它需要由工程师或在服役适应性(FFS)评价方面有丰富经验的工程专家完成。三级评价提供了一个最详细的评价准则，得出的评价结果比第二级评价更精确。但是，在三级评价中，需要最详细的检查和构件资料。推荐使用诸如有限元分析等数值分析方法。三级评价基本上都应由在服役适应性(FFS)评价方面有丰富经验的工程专家完成。

（三）有限元分析方法

近年来，很多学者采用有限元分析方法分析腐蚀管道的剩余强度，取得了很大的进展。有限元分析方法主要有弹性分析和非线性分析两种方法。

弹性分析就是以材料的弹性极限为根据分析管道失效。Wang 对腐蚀管道进行了弹性分析，提出了一种用弹性极限原则来评价管道剩余强度的方法，推导出了在受内压、轴向载荷和弯曲载荷的情况下管道腐蚀区应力集中系数的计算公式。

非线性分析就是采用三维弹塑性大变形单元，用有限元分析方法对腐蚀管道进行塑性失效分析，分析中应考虑几何形状和材料的非线性。加拿大的 Chouchoaui、Pick、Bin fu 和 M. G. Kirkwood 等都对腐蚀管道进行了非线性有限元分析，并进行了实验验证。

应用有限元分析方法对腐蚀管道的剩余强度进行研究，可以考虑多种载荷的联合作用，同时可以模拟复杂的腐蚀形状，使得分析模型更接近于实际，所得结果的精确度和可信度较高。通过有限元分析，证实了 B31G 准则中一些结论的正确性，同时也得出了一些很有价值的结论，如腐蚀间的相互作用，轴向载荷和弯曲载荷对剩余强度的影响等。对具有内、外腐蚀管道的剩余强度进行非线性有限元分析，结果表明，具有相同腐蚀尺寸的内、外腐蚀模型，结果非常接近，说明内、外腐蚀可以用相同的方法评价。

（四）可靠性评价方法

可靠性评价方法就是基于可靠性理论，建立适当的可靠性模型，考虑腐蚀缺陷尺寸和载荷等变量的随机特性，对腐蚀管道进行可靠性分析的一种评价腐蚀管道的新方法。英国的 D. G. Dawson 和 S. J. Dawson 等提出了一种基于可靠性理论的方法，可以计算腐蚀管道的失效压力和失效时间。加拿大的 I. R. Orisamolu 等用概率的方法对腐蚀管道剩余强度进行了研究，基于 B31G 准则提出了三个概率模型来计算腐蚀管道的可靠度。最近，研究人员对腐蚀管道的可靠性进行了研究，基于现存的剩余强度的评价方法，建立了相应的可靠性模型，考虑了变量的随机性，用蒙特—卡洛数值模拟和一阶二次矩方法分析了腐蚀管道的可靠性，得出了随机变量与可靠度的关系，从而找出了影响管道可靠度的主要因素。从可靠性的极限状态对油气管道进行可靠性研究，研究表明，尽管当前油气管道的设计标准采用安全系数方法，但是基于可靠性的极限状态设计方法是一个发展趋势。

二、腐蚀管道的剩余寿命预测

管道腐蚀研究工作的范畴，不仅仅局限于腐蚀为什么发生及怎样发生等问题，还应当包括腐蚀将会怎样发展及将来发展变化的趋势如何等问题，亦即腐蚀预测问题。腐蚀管道剩余寿命预测就是研究油气管道腐蚀的发展变化规律，并回答管道还能使用多久等问题，它是腐蚀研究领域中较高层次的研究范畴。

腐蚀管道剩余寿命预测研究的意义，就在于寻求安全性与经济性的最佳结合点。通过对含有腐蚀缺陷的管道进行无损检测，利用适当的数值分析方法建立起相应的腐蚀速率模型，由此来预测管道的剩余寿命，并在此基础上确定管道合理的检测和维修周期，这样就可避免过早地更换本来还可以继续运行的管线，减少不必要的经济损失。

对现有的一些腐蚀管道剩余寿命预测方法进行分析，可把这些方法主要分为三种类型：

（一）基于概率统计的预测方法

腐蚀的影响因素的极大不确定性及缺陷的发生和发展的不确定性就决定了腐蚀具有随机性的本质，尤其是对于点蚀更是如此。因此概率统计就成了腐蚀管道剩余寿命预测的一种有效手段。

（二）基于腐蚀速率的预测方法

在役油气管道的运行状态在很大程度上以强度作为评定准则。因此当腐蚀管道强度衰减到一定程度时就达到了极限状态，于是其寿命也达到了极限值。那么用从当前状态发展到强度极限状态时的壁厚减薄除以相应的腐蚀速率得到的时间就是其剩余寿命。这种方法很直观。

（三）概率统计与腐蚀速率结合的方法

正如上面分析的那样，基于概率统计的预测方法和基于腐蚀速率的预测方法各有其优点，把二者有机地结合起来就形成了新的预测方法。其基本思路就是在处理缺陷形态的确定、缺陷尺寸的测定、缺陷尺寸的发展时引入概率统计的方法，在此基础上再应用合适的强度评价方法和腐蚀速率进行剩余寿命预测。

第四节　油气管道腐蚀的风险评价技术

当今，在全球范围内，有超过一半的油气管道已经进入老龄阶段(我国长输管道有82%的管龄已经超过20年，66%的超过25年)，存在不少事故隐患。而由于这些管道大多埋设于地下，穿越地区广，地形复杂，土壤性质差别大，输送介质工作压力高，潜在危险很大，再加上日常检测比较困难，而且容易受到环境、腐蚀和各种自然灾害的影响，因此事故发生有隐蔽性。加上油气具有易燃、易爆和易扩散的特性，油气管道一旦发生泄漏或断裂将有可能引发爆炸、中毒等重大事故，使社会生产和国家经济遭受严重破坏，人民生命财产蒙受重大损失，甚至造成严重环境污染，直接影响社会生活的安定。

近几年，美国、俄罗斯、加拿大、英国、阿根廷、委内瑞拉等欧美国家发生过多起油气管道爆裂、泄漏事故，损失惨重，给社会造成极大影响。在20世纪80年代前后，国外(欧美及前苏联)油气管道的事故发生率约为0.4～0.6次/(10000km·a)。据美国管道安全办公室统计，从1986年1月到2001年12月的16年间，全美输气干线共发生事故1286起，死亡达58人，受伤217人，财产损失2.84亿美元。美国拥有480000km的输气干线，其事故发生率为1.67次/(10000km·a)。而在我国，长期以来，由于管理分散、法规不健全、技术水平落后等原因，管道普遍缺陷严重，带“病”运行，每年因第三方破坏、腐蚀、误操作等原因造成的泄漏与爆炸事故也时有发生。据不完全统计，输油管道在近30年内共发生大小事故上千次，天然气管道也发生事故几百起。

因此，管道腐蚀的风险性评价是一项非常重要的工作，发展和完善风险评价技术刻不容缓。

一、风险性评价的目的与原理

风险性评价的目的是确定最佳的维修、检测与置换级别，从而确定出最佳的经济投资，通过对管道运行的风险性评价使管道管理的经济决策更加科学化。随着检测、维修和置换级别的增加，一方面，管线运行的安全性将增加，但要投入的安全费用也要增加；另一方面，管道运行的风险性却随之降低，这意味着其风险费用也将随之降低。如果将安全费用和风险费用综合考虑，其总费用曲线上有一个最低点，这个最低点所对应的费用就是最佳投资费用，所对应的检测、维修和置换级别也就是最佳的检测、维修和置换级别。这就是风险性评价的原理。

二、风险性评价的内容与方法

管道风险评价技术在历时30多年后的今天，已经有许多管道公司形成了自己的风险分析方法，并有不少相关的文献出版。但总的说来，这些方法可以分为三类：定性风险评价、半定量风险评价和定量风险评价。

定性风险评价(Qualitative Risk Analysis)的主要作用是找出管道系统存在哪些事故危险，诱发管道事故的各种因素，这些因素对系统产生的影响程度以及在何种条件下会导致管道失效，最终确定控制管道事故的措施。其特点是不必建立精确的数学模型和计算方法，评价的精确性取决于专家经验的全面性和划分影响因素的细致性、层次性等，具有直观、简便、快速、实用性强的特点。传统的定性风险评价方法主要有安全检查表（CL)，预先危害性分析(PHA)，危险和操作性分析(HAZOP)等。定性风险评价方法可以根据专家的观点提供高、中、低风险的相对等级，但是危险性事故的发生频率和事故损失后果均不能量化。在风险管理过程中需要识别潜在危险事故，这是重要的第一步。比如，确定管道维修的优先次序时，就可按定性风险评价方法提供的资料确定系统中哪条管道最需要维修，哪种维修措施最合适。这种方法为合理分配管道维修资金提供了依据。管道维修的实施使操作人员积累了有关管道的定量知识，从而为管道风险评价定量法的形成奠定了基础。

半定量风险评价(semi - Qualitative Risk Analysis)是以风险的数量指标为基础，对管道事故损失后果和事故发生频率按权重值各自分配一个指标，然后用加和除的方法将两个对应后果严重程度和事故发生频率的指标进行组合，从而形成一个相对风险指标。最常用的是专家打分法，其中最具代表的是海湾出版公司出版的《管道风险管理手册》。目前，该书所介绍的评价模型已为世界各国普遍采用，国内外大多数管道风险评价软件程序都是基于它所提出的基本原理进行编制的。

定量风险评价(QRA - Quantitative Risk Analysis)是管道风险评价的高级阶段，是一种定量绝对事故发生频率的严密数学和统计学方法，是建立在失效概率和失效结果直接评价的基础上的。其预先给固定的、重大的和灾难性的事故的发生频率和事故损失后果约定一个具有明确物理意义的单位，所以其评价结果是最严密和最准确的。通过综合考虑管道失效的单个事件，算出最终事故的发生频率和事故损失后果。定量风险评价方法给面临风险的管道经营者提供了最大的洞察能力。其评价结果还可以用于风险、成本、效益的分析之中，这是前两类方法都做不到的。然而，目前大多数研究工作都集中于生命安全风险或经济风险。而液体管道失效的环境破坏风险还不能定量评估，生命安全风险、环境破坏风险和经济风险的综合评价也尚未有合适的方法。另外，定量风险评价需要建立在历史失效概率的概率统计的基础之上，而公用数据库一般没有特定管道的详细失效数据，公布的数据也不足以描述给定管道的失效概率。

管道风险评价的主要步骤是：

（1）资料收集。收集管道的物理特性参量(包括管道直径、壁厚、机械性能等)，输送介质的特殊参量(包括温度、压力等)，管道缺陷尺寸和操作环境等。

（2）管道管段划分。根据管道沿途的土地使用情况、人口密度、地质情况等将管道划分为不同的管段。

（3）管道失效概率计算。根据有关理论和公式，求得管道不同失效模式下的年平均失效概率。

三、风险性评价的标准与规范

风险性评价最初是由美国能源部为核工业的安全评价而开始的。迄今为止，在如地震及其他自然灾害领域，风险评价及安全分析的文件都颁布了很多，API 也将颁布石油化工管道的基于风险检测的检测标准，但油气输送管道的风险性评价标准还有待于建立。

参考文献

[1] 杨筱蘅．输油管道设计与管理．北京：石油工业出版社，2006.
[2] 秦国治，丁良棉，田志明．管道防腐蚀技术．北京：化学工业出版社，2003.
[3] 肖纪美，曹楚南．材料腐蚀学原理．北京：化学工业出版社，2002.
[4] 白新德．材料腐蚀与控制．北京：清华大学出版社，2005.
[5] 吴荫顺．金属腐蚀研究方法．北京：冶金工业出版社，1993.
[6] 翁永基．材料腐蚀通论：腐蚀科学与工程基础．北京：石油工业出版社，2004.
[7] 秦治国，田志明．防腐蚀技术及应用实例．北京：化学工业出版社，2002.
[8] 张宝宏，丛文博，杨萍．金属电化学腐蚀防护．北京：化学工业出版社，2005.
[9] 柯伟，杨武．腐蚀科学技术的应用和失效案例．北京：化学工业出版社，2006.
[10] 赵麦群，雷阿丽．金属的腐蚀与防护．北京：国防工业出版社，2002.
[11] 俞蓉蓉，蔡志章．地下金属管道的腐蚀与防护．北京：石油工业出版社，1998.
[12] 石仁委，龙媛媛．油气管道防腐蚀工程．北京：中国石化出版社，2008.
[13] 卢绮敏．石油工业中的腐蚀与防护．北京：化学工业出版社，2001.
[14] 肖纪美．应力作用下的金属腐蚀．北京：化学工业出版社，1990.
[15] 纪云岭，张敬武，张丽．油田腐蚀与防护技术．北京：石油工业出版社，2006.
[16] 贝克曼 W V. 阴极保护手册．胡士信，译．北京：人民邮电出版社，1990.
[17] 寇杰，梁法春，陈婧．油气管道腐蚀与防护．北京：中国石化出版社，2008.
[18] 贝克曼 W V. 阴极保护手册：电化学保护的理论与实践．胡士信，译．北京：化学工业出版社，2005.
[19] 米琪，李庆林．管道防腐蚀手册．北京：中国建筑出版社，1994.
[20] 蒋官澄，黄春，张国荣．海上油气设施腐蚀与防护．东营：中国石油大学出版社，2006.
[21] 杨筱蘅．油气管道安全工程．北京：中国石化出版社，2005.
[22] 万德立．石油管道、储罐的腐蚀及其防护技术．北京：石油工业出版社，2006.
[23] 祝馨，孙智．长输管道的腐蚀与防护．全面腐蚀控制，2005，19(4)：32－34.
[24] 梁艳华．长输管道腐蚀与防护设计浅析．石油化工腐蚀与防护，2002，19(6)：41.
[25] 吴江．地下钢质燃气管道腐蚀与防护．煤炭技术，2004，23(4)：17－18.
[26] 彭在美．城市天然气管网外防腐层的选用．管道技术与设备，2002(3)：32－33.
[27] 孙勇．埋地金属管道的腐蚀与防护．化工装备技术，2005，26(3)：73－75.
[28] 赵晋云，滕延平，刘玲莉，等．新大线管道杂散电流干扰的分析与防护．管道技术与设备，2007(2)：38－40.
[29] 罗金恒，赵新伟，白真权，等．输油管道的腐蚀剩余寿命的预测．石油机械，2000，

28(2)：30－32.
[30] 王瑞利，李斌，高强．漏磁检测与超声波检测技术应用比较．管道技术与设备，2006(5)：15－17.
[31] 孙勇．埋地金属管道的阴极保护应用与探讨．石油和化工设备，2005(6)：32－33.
[32] 郭生武，方军锋，郝晓晨，等．埋地钢质管道外防腐层的腐蚀机理．油气储运，2003，22(8)：19－22.
[33] 范金晖．钢管防腐涂层研究．上海煤气，2005(3)：26－29.
[34] 王芷芳，王健．阴极保护中阳极地床的设计．煤气与热力，1999(6)：19－21.
[35] 胡士信．煤气管道杂散电流干扰及排流保护．煤气与热力，1996(1)：23－25.
[36] 詹淑民，龚新．埋地燃气管道防腐现状与对策．煤气与热力，2000(3)：204－206.
[37] 喻焰．埋地天然气管道防腐技术的新进展．煤气与热力，2001(6)：535－537.
[38] 朱承德．渤海海底输送油气海水管道的防护．中国海上油气工程，1995(8)：35－37
[39] 王德武．钢油罐内部的腐蚀与防护．腐蚀与防护，1998，19(5)：221－222.
[40] 孙建斌．20000m^3 金属储罐阴极保护经验及效果分析．油气储运，2001，20(1)：23－24.
[41] 孙岩波，崔可玉．储油罐腐蚀因素分析及对策．油气地面工程，2004，23(1)：45－47.
[42] 李云花，骆晓玲．原油储罐的腐蚀与防护．机械研究与应用，2005，18(1)：20－22.
[43] 张吉泉，王震宇．立式原油罐底板腐蚀原因分析及解决方法．油气储运，2006，25(11)：45～46.
[44] 闫广豪，仇性启．原油罐底腐蚀机理研究．油气储运，2007，26(5)：30－32.
[45] 杨印臣．城镇地下钢管腐蚀检测方法．煤气与热力，2006(4)：55－57.
[46] 油气田腐蚀与防护技术手册编委会．油气田腐蚀与防护技术手册(上、下册)．北京：石油工业出版社，1999.
[47] 张学元，王凤平，于海燕，等．二氧化碳腐蚀防护对策研究．CORRODION & PROTECTION，1998.
[48] 卢绮敏．石油腐蚀与防护领域的新进展．石油规划设计，1999，10(3)：4－6.
[49] 李士伦．注气提高石油采收率技术．成都：四川科技出版社，2001.